国家林业和草原局研究生教育"十三五"规划教材
中国林业科学研究院研究生教育系列教材

森林生态学研究方法

王兵　牛香　陶玉柱　主编

中国林业出版社

图书在版编目(CIP)数据

森林生态学研究方法/王兵,牛香,陶玉柱主编. —北京 :中国林业出版社,2019.12
国家林业和草原局研究生教育"十三五"规划教材 中国林业科学研究院研究生教育系列教材
ISBN 978-7-5219-0351-5

Ⅰ.①森… Ⅱ.①王… ②牛… ③陶… Ⅲ.①森林生态学–研究方法–研究生–教材
Ⅳ.①S718.5-3

中国版本图书馆 CIP 数据核字(2019)第 249974 号

国家林业和草原局研究生教育"十三五"规划教材

中国林业出版社·教育分社

策划编辑:肖基浒 范立鹏 责任编辑:范立鹏 肖基浒 责任校对:苏 梅
电 话:(010)83143555 传 真:(010)83143516

出版发行 中国林业出版社(100009 北京市西城区德内大街刘海胡同 7 号)
E-mail:jiaocaipublic@ 163. com 电话:(010)83143500
http://www. forestry. gov. cn/lycb. html
经 销 新华书店
印 刷 北京中科印刷有限公司
版 次 2020 年 7 月第 1 版
印 次 2020 年 7 月第 1 次印刷
开 本 850mm×1168mm 1/16
印 张 16
字 数 420 千字
定 价 65.00 元

中国林业科学研究院研究生教育系列教材
编写指导委员会

《森林生态学研究方法》
编写人员

主　　编　王　兵　牛　香　陶玉柱

参编人员　(按姓氏笔画排序)

丁访军　艾训儒　丛日征　龙文兴　刘春江

刘苑秋　阮宏华　陈祥伟　陈志泊　李明文

宋庆丰　宋维峰　宋希强　张吉利　张维康

张文辉　姚　兰　高　鹏　高桂锋　秦　岭

蔡体久　谭正洪　潘勇军　魏江生

编写说明

研究生教育以培养高层次专业人才为目的，是最高层次的专业教育。研究生教材是研究生系统掌握基础理论知识和学位论文基本技能的基础，是研究生课程学习必不可少的工具，也是高校和科研院所教学工作的重要组成部分，在研究生培养过程中具有不可或缺的地位。抓好研究生教材建设，对于提高研究生课程教学水平，保证研究生培养质量意义重大。

在研究生教育发达的美国、日本、德国、法国等国家，不仅建立了系统完整的课程教学、科学研究与生产实践一体化的研究生教育培养体系，并且配置了完备的研究生教育系列教材。近20年来，我国研究生教材建设工作也取得了一些成绩，编写出版了一批优秀研究生教材，但总体上研究生教材建设严重滞后于研究生教育的发展速度，教材数量缺乏、使用不统一、教材更新不及时等问题突出，严重影响了我国研究生培养质量的提升。

中国林业科学研究院研究生教育事业始于1979年，经过近40年的发展，已培养硕士、博士研究生4000余人。但是，我院研究生教材建设工作才刚刚起步，尚未独立编写出版体现我院教学研究特色的研究生教育系列教材。为了贯彻落实《国家中长期教育改革和发展规划纲要（2010—2020年）》和教育部、农业部、国家林业局《关于推动高等农林教育综合改革的若干意见》等文件精神，适应21世纪高层次创新人才培养的需要，全面提升我院研究生教育的整体水平，根据国家林业局院校林科教育教材建设办公室《关于申报"普通高等教育'十三五'规划教材"的通知》（林教材办〔2015〕01号，林社字〔2015〕98号）文件要求，针对我院研究生教育的特点和需求，2015年年底，我院启动了研究生教育系列教材的编写工作。系列教材本着"学科急需、自由申报"的原则，在全院范围择优立项。

研究生教材的编写须有严谨的科学态度和深厚的专业功底，着重体现科学性、教学性、系统性、层次性、先进性和简明性等原则，既要全面吸收最新研究成果，又要符合经济、社会、文化、教育等未来的发展趋势；既要统筹学科、专业和研究方向的特点，又要兼顾未来社会对人才素质的需求方向，力求创新性、前瞻性、严密性和应用性并举。为了提高教材的可读性、易解性、多感性，激发学生的学习兴趣，多采用图、文、表、数相结合的方式，引入实践过的成功案例。同时，应严格遵守拟定教材编写提纲、撰稿、统稿、审稿、修改稿件等程序，保障教材的质量和编写效率。

　　编写和使用优秀研究生教材是我院提高教学水平，保证教学质量的重要举措。为适应当前科技发展水平和信息传播方式，在我院研究生教育管理部门、授课教师及相关单位的共同努力下，变挑战为机遇，抓住研究生教材"新、精、广、散"的特点，对研究生教材的编写组织、出版方式、更新形式等进行大胆创新，努力探索适应新形势下研究生教材建设的新模式，出版具有林科特色、质量过硬、符合和顺应研究生教育改革需求的系列优秀研究生教材，为我院研究生教育发展提供可靠的保障和服务。

中国林业科学研究院研究生教育系列教材

编写指导委员会

2017 年 9 月

序 一

研究生教育是以研究为主要特征的高层次人才培养的专业教育，是高等教育的重要组成部分，承担着培养高层次人才、创造高水平科研成果、提供高水平社会服务的重任，得到世界各国的高度重视。21世纪以来，我国研究生教育事业进入了高速发展时期，研究生招生规模每年以近30%的幅度增长，2000年的招生人数不到13万人，到2018年已超过88万人，18年时间扩大了近7倍，使我国快速成为研究生教育大国。研究生招生规模的快速扩大对研究生培养单位教师的数量与质量、课程的设置、教材的建设等软件资源的配置提出了更高的要求，这些问题处理不好，将对我国研究生教育的长远发展造成负面影响。

教材建设是新时代高等学校和科研院所完善研究生培养体系的一项根本任务。国家教育方针和教育路线的贯彻执行，研究生教育体制改革和教育思想的革新，研究生教学内容和教学方法的改革最终都会反映和落实到研究生教材建设上。一部优秀的研究生教材，不仅要反映该学科领域最新的科研进展、科研成果、科研热点等学术前沿，也要体现教师的学术思想和学科发展理念。研究生教材的内容不仅反映科学知识和结论，还应反映知识获取的过程，所以教材也是科学思想的发展史及方法的演变史。研究生教材在阐明本学科领域基本理论的同时，还应结合国家重大需求和社会发展需要，反映该学科领域面临的一系列生产问题和社会问题。

中国林业科学研究院是国家林业和草原局直属的国家级科研机构，自成立以来，一直承担着我国林业应用基础研究、战略高技术研究和社会重大公益性研究等科学研究工作，还肩负着为林业行业培养高层次拔尖创新人才的重任。在研究生培养模式向内涵式发展转变的背景下，我院积极探索研究生教育教学改革，始终把研究生教材建设作为提升研究生培养质量的关键环节。结合我院研究生教育的特色和优势，2015年年底，我院启动了研究生教育系列教材的编写工作。在教材的编写过程中，充分发挥林业科研国家队的优势，以林科各专业领域科研和教学骨干为主体，并邀请了多所林业高等学校的专家学者参与，借鉴融合了全国林科专家的智慧，系统梳理和总结了我国林业科研和教学的最新成果。经过广大编写人员的共同努力，该系列教材得以顺利出版。期待该系列教材在研究生培养中发挥重要作用，为提高研究生培养质量做出重大贡献。

中国工程院院士

2018 年 6 月

序 二

中国特色社会主义进入新时代，发展到具有时代特点、时代意义的新阶段。进入新时代，森林生态学研究者肩负着更加重要的使命。党的十九大报告提出建设生态文明、打造美丽中国，并指明"要创造更多物质财富和精神财富以满足人民日益增长的美好生活需要，也要提供更多优质生态产品以满足人民日益增长的优美生态环境需要，人类已经进入生态文明时代，生态建设是当今世界发展的主题"。森林是重要的陆地生态系统，在维护生态平衡、保护和修复生态环境、生态扶贫中具有极其重要的作用，在生态建设中具有优先地位。森林关系国家生态安全，林业建设事关经济社会可持续发展。

森林生态学是研究森林生物之间及其与森林环境之间相互作用和相互依存关系的学科。森林生态学的研究目的是阐明森林的结构、功能及其调节、控制的原理，为不断扩大森林资源、提高森林质量、充分发挥森林的多种效能和维护自然界的生态平衡提供理论基础。时代的发展对森林生态学理论提出新的需求，要维护和改善森林的生态服务功能，使林业在生态文明建设中发挥更大的作用，需以森林生态学理论为支撑。森林退化、土地沙化、湿地锐减、水土流失、物种灭绝等生态环境问题以及建设生态文明需要森林生态学理论不断深化，以满足时代、应对新问题的需要。

我从事森林生态学研究几十年，始终致力于推动森林生态学的发展，在森林群落学、生物多样性、亚高山森林功能、森林生态系统长期定位观测、森林可持续经营等方面做了一些科学研究工作。多年的研究经历使我深感研究方法是学科理论发展的推进器。森林生态学研究对象多、研究内容丰富、研究方法众多，如何选择合适的研究方法，怎样实现研究方法的创新是森林生态学研究的关键问题。虽然，已有一些关于生态学研究方法方面的书籍，但关于森林生态系统长期生态学研究、前沿森林生态学技术、关键森林生态学问题相关的新方法、新技术、新手段的参考书籍远不能满足科研实践与研究生教学的需要。目前还没有单独介绍森林生态学研究方法的教材，制约了森林生态学科研与教学的发展。王兵研究员等人所著的这部《森林生态学研究方法》实现了一个新的突破，进一步完善了森林生态学教材体系，对于森林生态学人才培养和科研实践大有裨益。

　　王兵研究员带领的森林生态长期观测与网络管理学科组，以大岗山森林生态系统定位研究站为基地，在森林生态系统生态过程、森林生态系统服务功能研究、森林生态系统长期定位观测、森林生态站建设等方面进行了深入研究。制定了以国家标准《森林生态系统长期定位观测方法》（GB/T 33027—2016）和《森林生态系统长期定位观测指标体系》（GB/T 35377—2017）为代表的一系列重要标准，出版了"中国森林生态系统连续观测与清查及绿色核算"系列丛书、《森林治污减霾功能研究——以北京市和陕西关中地区为例》《中国森林资源及其生态功能四十年监测与评估》为代表的一系列有影响力的研究著作。在森林生态学研究中有着深厚的积淀，对森林生态学研究有着深入的了解，持续关注长期生态学、碳汇、模型模拟等领域相关研究方法的国内外进展。在此基础上所写作的这本《森林生态学研究方法》涵盖了水文要素、土壤要素、气象要素、生物要素及其他要素的森林生态全要素的研究方法，从多个方面和角度对森林生态学研究中的一些前沿研究方法和热点问题研究方法进行了多维度、多层次、多方面的系统分析，对森林生态系统蒸散量、水量空间分配格局、土壤呼吸、森林小气候、树木年轮、森林碳汇、抽样方法在森林水文、森林土壤、森林气象、森林植被等相关领域研究的基础方法进行了详细介绍；对森林群落大型长期固定样地、大尺度空间格局的大样带研究方法、稳定同位素、模型模拟、R语言等新方法、新技术进行了深入讲解；对森林生态系统调节空气质量、森林生态系统长期生态学定位观测研究网络布局、森林生态系统健康等新的科学问题相关研究方法进行了深入阐述。该书既具有较高的学术价值，也具有很强的实用性。该书填补了森林生态学研究生教育教材体系的空白，满足了教学的迫切需要，能够为森林生态学相关专业学生提供良好的指导。同时，该书对森林生态学研究具有很强的指导意义，能够满足科研一线的需要，并为科学实践提供有益的指导。

　　撷方法技术之精要，探水土气生之奥妙。在此，为此书的出版表示祝贺，愿此书能够发挥其作用，为森林生态学学科的发展和我国的生态文明建设做出贡献。

　　是为序。

中国科学院院士　蒋有绪

2019 年 8 月

前　言

　　森林在推动全球可持续发展和全球环境治理进程中的作用日益凸显，提高森林生态功能是生态文明建设的重要举措。要维护和改善森林的生态服务功能，使林业在生态文明建设中发挥更大的作用，需以森林生态学理论为支撑。近年来，借助于传统的生物学、物理学、化学、气象学、水文学以及系统工程和电子计算机等学科的知识和手段，森林生态学快速发展，取得了很大的成就，但森林生态学教材体系中尚无对森林生态学研究中新技术、新方法、新仪器进行介绍、分析、讲解的教材，使得教材体系不够完整。科技创新，方法先行。研究方法是科研的基础、动力和保障，只有实现研究方法的不断发展进步，才能给科学研究提供不竭的动力，才能够保障科学研究的蓬勃发展。在科技飞速进步的今天，研究方法的作用更加突出。目前，关于生态学研究方法的书籍较少，仅见《生态学常用实验研究方法与技术》（章家恩，2006）、《生态学研究方法》（张文军，2007）、《生态学研究方法》（孙振钧，2017）、《陆地生态学研究方法》（陈吉泉等，2014）等生态学研究方法方面的著作，但尚无针对森林生态学研究方法的书籍。随着森林生态学研究的深入和发展，急需编著一本既具有实用性、可操作性，又有一定理论高度、系统介绍森林生态学相关研究方法的教材来填补空白，以便完善森林生态学教学体系，满足森林生态学教学的需要。

　　全书内容除绪论外，分别按照森林水文要素研究方法、森林气象要素研究方法、森林土壤要素研究方法、森林生物要素研究方法及其他要素研究方法的顺序进行编排，系统介绍森林蒸散量、水量空间分配格局、配对集水区与嵌套式流域土壤呼吸、森林小气候、凋落物与粗木质残体等研究方法。在写作过程中充分利用了文献法、专家咨询法、整合分析法，既查阅了大量的相关文献，也带着书稿在北京、黑龙江、辽宁、湖南、海南、浙江、广东、甘肃等地与广大学者进行了多次研讨。书稿写作过程中得到了中国林业科学研究院、北京市农林科学院林业果树科学研究院、广东省林业科学研究院、辽宁省林业科学研究院、大兴安岭农林科学研究院、东北林业大学、北京林业大学、南京林业大学等林业科研院所相关专家学者的大力帮助，内蒙古农业大学、沈阳农业大学、西北农林大学、北京农学院等涉林农业大学的相关专家学者和海南大学、华南师范大学、广西师范大学等综合大学的专家学者也为书稿的写作和改进提出了很多宝贵的意见，提供了大量有益的帮助。在此，向所有曾为书稿写作提供帮助的专家学者及文献作者表示深深的感谢！

　　本书可作为生态学、林学、森林生态学及相关专业本科与研究生教材，也可作为从事森林生态学教学、科研、管理和生产实践的工作者提供参考。

　　森林生态学研究内容丰富，研究手段多样，研究方法众多，本书限于篇幅仅针对部分研究方法进行了介绍，分子生态学、景观生态学等研究内容相关的多种研究方法都没有包含在本书的内容之中，期待在将来对书稿再版修订时进行扩充和完善。由于编著时间仓促，水平有限，书中难免存在一些错误和不足，恳请广大同行和读者批评指正。

编　者

2019 年 6 月

目　　录

第**1**章
绪　论

[**本章提要**]正确选择研究方法才能保证研究结果的可靠性，研究方法的创新能够有效提高研究的效率和深度。森林生态学在自身发展过程中充分借鉴和利用了大量相关学科的研究方法。森林生态学研究方法泛指开展森林生态学研究所用到的各种方法。森林生态学研究方法数量庞大、类型多样，在开展森林生态学研究时需对相关研究方法进行比较、分析、讨论，明确相关研究方法的原理、优缺点、适用条件等，从而选择科学、高效、适用的方法，实现最优化研究。

1.1　森林生态学研究方法的内涵

"方法"（method）一词源于古希腊语，意指在给定的前提条件下，人们为达到一个目的而采用的行动、手段或方式。在西文中，"方法"一词原指沿着某条道路前进的意思，现代人们一般将其理解为是把握现实，达到某种目的的具体方式、手段、途径的总和，是人们从事某种活动的行为方式（邵法焕，2005）。在中文中，"方法"一词的基本含义是办法、技术和手段。

科学研究方法是指科学研究活动过程中用到方法，是科学研究的有效工具，它指导科研工作者进行思考和操作，并提供一定的程序使科学研究过程沿着一定的路径进行，科学地认识研究客体，有效地达到研究目的（栾玉广，1986）。研究方法能够使复杂问题简单化，使复杂的科研活动有"法"可依有效地进行，实现科研活动的有序化。方法的先进程度也决定了对研究对象认识与改造的深度与水平。因此，现代科学研究中尤其需要注重科学方法的研究和利用。森林生态学研究方法是在对森林生态系统研究过程中，依据其具体特点，应用现代自然科学和社会科学的有关理论、方法和手段而采取的相应研究方法。正确的研究方法可以使森林生态学研究者根据科学发展的客观规律，确定正确的研究方向；可以为研究者提供研究的具体方法；可以为科学的新发现、新发明提供启示和借鉴。一项完善的森林生态学研究是科学认识主体的探索性、创造性与科学方法灵活应用共同作用下的结果。森林生态学研究方法至关重要，它能够为森林生态学研究提供程序化、规范化的手段和途径，是能否取得研究成果的关键。森林生态学研究方法基于森林生态系统的时空异质性和尺度的复杂性，借助多学科、交叉学科的研究方法，采取实验观测、数值模拟，结合"3S"技术和建模等手段，采用多尺度实测分析和分布式数值模拟技术，实现过程耦合和尺度转换。

森林生态学研究方法是一种科学研究方法，具有多个层次，是从科学研究过程中总结出来的具有普遍性的方法，按其普遍性由小到大的顺序，可分为3个层次（林定夷，1986）：第一层次是各门学科中所特有的研究方法，如稳定性同位素分析技术、质谱分析方法等；第二层次是整个自然科学所适用的普遍性方法，如野外观测方法、室内实验方法、建立数学模型方法等；第三层次是自然科学、社会科学和思维科学普遍适用的方法，即一般的哲学方法，如归纳法、演绎法、分析法、综合法等。

1.2 森林生态学研究方法与相关学科的关系

作为生态学的一门子学科，森林生态学研究方法受到生态学研究方法的影响和制约。生态学研究方法是对生态学领域所涉及的生物及非生物环境进行研究所采取的方法与技术，如观测、实验、综合分析等，通过对生态现象进行观察记录、测计度量和实验，并对资料数据进行分析，以获取相关生态规律（马世骏，1990）。生态学是研究生物与环境关系的学科，依照生态学的研究内容，生态学研究方法包括以生物为主和以环境为主两大类研究方法。以生物为主的生态学研究方法主要包括：以动物学、植物学、微生物为基础的动物、植物、微生物分类技术；动物行为观测技术；分子、生理、生化等生物学实验技术；种群分布、迁移、出生率、死亡率、活动节律等特征的调查与数量统计技术；群落和生态系统研究中的同位素示踪技术、数学模型技术、遥感技术等（李文华等，2004）。以环境为主的生态学研究方法主要包括大气、水、土壤等环境因子的测定方法，涉及温度、湿度、气流、化学成分、污染物、物理成分等指标；环境控制与模拟研究方法，包括人工模拟水体、草地、农田及其他各种小气候环境等。这些生态学的研究方法，在森林生态学的研究中得到了广泛的应用。除生态学以外，森林生态学研究方法与森林培育、森林保护、森林水文、林木遗传等林学相关学科的研究方法相互交叉，同时还大量地采用了地理学、物理学、生理学、气象学、系统科学、信息科学等多个学科的研究方法和测量技术。现代森林生态学家们还广泛地吸收了系统论、控制论、信息论、协同论、突变论、耗散结构理论的新概念和新方法，应用于森林生态系统的结构和功能的研究。近年提出的生态界面系统的理论和方法，是从存在于生物与环境间界面层的性质、结构、功能和作用，直接探索生态系统的运动规律，又使森林生态学关于生物与环境之间因果关系的传统概念和研究方法有了改变。

1.3 森林生态学研究方法的主要类型

森林生态学研究方法具有来源学科广、涉及面宽、种类多等特点。依照研究对象的不同，森林生态学研究方法可以分为森林水文研究方法、森林土壤研究方法、森林气象研究方法、森林植被研究方法、森林动物研究方法、森林微生物研究方法等类型；依照研究层次的不同可以分为森林生物个体生态学研究方法、森林生物种群研究方法、森林生物群落研究方法、森林生态系统研究方法、森林景观生态研究方法、全球森林生态研究方法等类型；依照研究方法来源学科的不同，可以分为物理研究方法、化学研究方法、数学研究方法、遥感研究方法等类型；依照适用范围的不同可以分为，一般性方法和具体性方法；依照采取手段的不同可以分为观察法、仪器分析法、模型模拟法等类型。

在郑师章等(1994)、张文军等(2007)、周东兴等(2009)、孙振钧等(2010)的生态学研究方法著作中，主要依据研究内容对生态学研究方法进行分类，包括生态因子、生态取样、种群、群落、生态系统几类研究方法。在环境中，对生物个体或群体的生活或分布起着影响作用的因素称为环境因子(environmental factor)，或称生态因子(ecological factor)(李振基，2006)。生态因子可以分为生物因子和非生物因子两大类型。生物因子的研究方法可以参照种群、群落中的研究方法，非生物因子中主要包括太阳辐射、温度、风、雷击火等气象因子，土壤质地、土壤养分、土壤 pH 值等土壤因子和雨量平衡、径流、河流水位等水分因子以及地形、地貌等地理因子。生态因子的研究方法主要包括野外观测、室内分析和模拟 3 种研究方法。野外观测是直接获得生态因子资料的有效方法，分为长期定位观测与短期观测两种类型。室内分析方法是指在室内采用相关仪器依照一定的程序对生态因子样品的物理化学等属性进行分析研究的方法，包括溶解氧、盐分、pH 值等水质分析方法，土壤容重、孔隙度、持水量、机械性质、有机质含量、氮磷钾元素含量、重金属含量、pH 值等土壤理化性质分析方法等。生态因子的模拟研究方法包括设备模拟方法和数学模拟方法，设备模拟方法如通过人工气候室、风洞等仪器设备进行气象因子模拟的研究方法；数学模拟是通过数学模型进行模拟的研究方法，如通过集总式水文模型、分布式水文模型等数学模型对水分相关因子进行模拟等研究方法。

种群研究方法包括种群特征、生命表、数学模型等研究方法。种群特征研究方法是指用来研究种群数量、空间、遗传及系统等方面特征的种群密度、分布型、年龄结构、性别比例等指标的研究方法。生命表又称为死亡表和寿命表，是以表格的形式记载某种群随时间、年龄或阶段的生存死亡数量和繁殖数量的统计表，包括动态生命表和静态生命表两种。生命表可以用于动物种群参数的获取、种群数量的模拟预测以及评价各种管理措施控制种群数量的效果等(赵志模等，1984；李博，2000)。种群数学模型包括数量模型和关系模型两大类：种群的数量模型描述种群数量变化动态特征，主要包括与密度无关的增长模型及与密度有关的增长模型；种群关系研究的常用模型主要是竞争模型和捕食/寄生模型，具体可分为竞争、互惠共存、捕食与被捕食、寄生与寄主。

群落研究主要关注的是群落的数量特征和结构特征。数量特征包括多度、密度、盖度、频度、高度、体积、重量、丰富度、优势度、重要值、综合优势比等指标的调查；结构特征包括生活型、叶片性质(大小、形状、叶面积指数)、层片、同资源种团、生态位等的调查。对群落相关指标的调查测定，可以采用样方或无样方方法进行，根据需要测定指标进行调查，如物种多样性调查时可采用长方形、正方形或长条形的样地调查法，也可以采用观察者行走样条和陷阱法(夜行性生物)。另外，一些模型指数也广泛应用在群落研究中，使其计算、测度方法不断得以发展和完善，如物种丰富度指数、物种相对多度模型、物种多样性指数(Simpson 指数、Shannon-Weiner 指数)及均匀度指数等。

　　生态系统研究主要从物质循环和能量流动两方面开展。实地调查结合相关模型方法是生态系统研究常用的一般方法。调查包括物质循环库和流、生物量与现存量等输入和输出特征,包括原地观测和受控实验两种方法。生态系统是极其复杂的多成分综合系统,传统的定性方法研究难以适应其深入发展的需要,系统分析的方法和技术是发展趋势所需。数学分析在生态系统研究过程中具有重要作用,很大程度上决定着研究结论的得出。生态系统功能研究是生态系统研究的重要内容,特别是其健康评价和综合评价研究。生态系统服务功能评价包括对保持水土、固碳制氧、生物多样性保护、保育土壤、调节大气环境、美学和文化价值等各项指标的调查评估。除了实地调查测定,"3S"技术及模型的应用不可或缺。随着生态系统研究尺度的不断增大,生态系统研究网络发展迅速,在不同研究尺度上具有综合化、系统化和交叉融合的特点。

本章小结

　　本章主要内容包括森林生态学研究方法的内涵,森林生态学研究方法与相关学科的关系,以及森林生态学研究方法的主要类型,明确森林生态学研究方法的内涵及其重要性,掌握研究方法的来源及其与相关学科的关系,了解森林生态学研究方法的主要类型。

延伸阅读

1. 孙振钧,周东兴,2010. 生态学研究方法[M]. 北京:科学出版社.
2. 陈吉泉,阳树英,2014. 陆地生态学研究方法[M]. 北京:高等教育出版社.
3. 大卫·福特,2012. 生态学研究的科学方法[M]. 肖显静,林祥磊,译. 北京:中国环境出版社.

思 考 题

1. 森林生态学研究方法与相关学科存在哪些联系?
2. 森林生态学研究方法有哪些主要类型?

第**2**章
森林生态系统蒸散量
观测研究方法

[**本章提要**]林地蒸发散是森林生态系统水量平衡与能量平衡中最为重要的因素之一，因此，准确测定或计算林地蒸散量的时空变化对于评价森林水文循环影响机理以及制定合理森林经营方案具有十分重要的意义。尺度不同，森林蒸散量的观测研究方法也不同。本章分别介绍单木尺度、单个林分尺度及多个林分尺度三个尺度的森林蒸散量观测方法。

蒸散量的计算方法众多，而且涉及学科领域不同。从 1802 年道尔顿提出蒸发定律，到通过地表能量平衡方程得到的计算蒸发的波文比能量平衡法；1948 年，Penman 提出"蒸发力"的概念和计算公式；Swinbank 采用涡度相关法直接测量并计算各种湍流通量。目前，测定蒸散量的方法主要有水文法、微气象法和生理法等(余新晓，1996；魏天兴，1998)，每种方法都各有其适用范围。但蒸散多以均质下垫面(草地、农田等)的研究为重点，而非均质下垫面研究的大多数理论与方法都直接来源于均质下垫面，且都建立在其基本假设之上(Allen et al.，1998；Angel et al.，2004)。然而不同下垫面的结构与功能存在显著差异，很多假设在不同下垫面并不能很好地得到应用，导致在蒸散研究中仍没有通用的方法，因此，总结蒸散研究现有的理论和方法，研究其适用性，发展基于新技术和新途径的研究方法成为必然(刘京涛等，2006)。

2.1 单木树干液流量研究方法

(1)热脉冲技术

热脉冲技术被认为是当时测量流速最好的技术方法(Zimmerman，1983)，该技术用于测定树干液流的研究最初是由德国学者 Huber(1932)提出。Marshall(1958)对 Huber 的设计进行了流量转换分析，使热脉冲技术的适用范围扩大到测量任意茎流速度。Swanson et al.(1981)对热脉冲法的误差进行了分析，首次建立起伤口补偿的数学计算模型。Green et al.(1988)应用 Swanson 方法测定了苹果树中的树干液流速度并与断茎离体吸水试验的结果相比较，发现二者非常一致。Dye et al.(1991)探讨了树干断面液流量的准确估计与径向探头间隔的关系，提高了有关测定结果的准确性，Liu et al.

(1993)于1993年首次将热脉冲测定树干液流的技术引入国内，用该技术测定了杨树树干液流动态并与快速称重法和微气象法相比较，也取得了较为满意的结果。

经过前人的大量实践和探索总结，热脉冲技术的理论和方法日臻成熟和完善，具有其他方法所难以比拟的优越性。目前，热脉冲技术提供了一种对树干液流量和树冠蒸腾量测定的最好工具，为精细了解树木蒸腾作用及其过程提供了新的希望，也向由单个树木样本过渡到森林生态系统总体蒸腾量准确推算迈出了一步（司建华，2007）。

热脉冲技术能够在树木自然生长条件下，基本不破坏树木的正常生长状态，可以连续测定树干液流量，时间分辨率高，减少了从叶片到单株尺度的转换次数，具有野外易操作、可远程下载数据等优点，能够通过精确的单木整株耗水测定，推算林木个体和群体的耗水量，在世界范围内广为应用（龙秋波，2012）。应用热技术测定树干液流主要有热脉冲、热扩散和热平衡3种方法（丁访军，2011）。由于热脉冲法的测量结果偏低，且操作困难，使用不便；而热扩散法只考虑了树干垂直方向的热量传导，没有把径向传导考虑在内或者低估，所以将会导致树干液流的测量结果高于实际情况，因此，这两种方法已经过时。

（2）热平衡法

热平衡法根据加热的部位不同分为茎干热平衡法（stem heat balance，SHB）和组织热平衡法（tissue heat balance，THB）两种。茎干热平衡法是基于用环形热源加热被测茎干段周围区域，通过被加热段茎干输入输出的热平衡计算树液流量；组织热平衡法又称茎段热平衡法，与茎干热平衡法相似，是对一部分茎干组织加热，热量向垂直方向、径向和侧向扩散，树液流量取决于随树液流动时损失的热量，与茎干热平衡法不同的是该法仅对一段茎干从内部加热，而不是对整个茎干从外表面加热。

热平衡法在国外应用广泛，可适用于大树茎干、树木枝条和小树茎干（王华田，2002；张小由，2006）。且该方法的技术简单，比热脉冲法以及基于热脉冲基础的热扩散法可靠准确，因为热脉冲速率法及热扩散法的前提假设是木材为热量传递的均一介质，热量在树液与木质部间的传递是即时的。这种假设对大导管的树种不成立，而热平衡法则不受这个假说的限制，并且热平衡法是热技术中唯一全面考虑热量在垂直、径向和侧向扩散的方法，液流计算结果无需校正，并且不需要通过经验公式来计算。该法对各种茎干直径的树种都能提供长期有效的测定数据，甚至已成为检验其他测定方法的标准。

首先要求对单木树干液流量观测场的地点进行选择，单木树干液流量观测场需要设在观测区地势平坦的典型林分内，土壤、地形、地质、生物、水分和树种等条件具有广泛的代表性，避开道路、小河、防火道、林缘，观测场形状为正方形或长方形，林木200株以上，植被分布均匀，无病虫害。

单木树干液流量观测场的设置统一按如下规范进行：观测场面积为30m×30m，要求对观测场内的林木进行每木检尺，对观测场内的林木进行逐株调查测量，测定树木的胸径、树高，并记载树种、年龄和林层，对每株树木按径阶进行记载和统计。在此基础上，选择出样木，样木选择须根据样地林木分布的径阶范围，选择不同径阶的样木，也可根据树种、生长状况、健康水平进行样木选择，每个径阶选择2~3株样木，每个林分选择8株或8株以上样木作为单木树干液流的观测样木。

单木树干液流量观测场内的仪器设备建设根据选定的THB和SHB，所选样木直径≥3cm时，采用组织热平衡系统（又称插针式液流计）；而样木直径<3cm时，采用茎干热

平衡系统(俗称包裹式液流计)。

组织热平衡系统安装步骤:①确定观测样木后,在观测样木表面选择安装传感器的位置,距离地面1~2m为宜。先去除老的粗糙树皮,然后清除出一个4cm宽,10cm高的矩形空间。注意去除树皮时不要损伤树皮下的软木。②钻孔前,用10%的Chlorox(0.52%次氯酸钠)漂洗钻头。每次换样木时重新漂洗钻头以防止疾病在样木之间传播。将钻模平放在准备好的位置表面,硬木树应使用直径0.059cm的小钻头钻孔,而软木树使用0.063cm的较大钻头(或先使用小钻头,插入传感器探针吃力时再换用较大直径的钻头),两个钻孔之间的距离是40mm,保持在垂直直线上(图2-1)。取下钻模,并且利用注射器吸取过氧化氢冲洗钻孔。③将传感器的加热探针插入钻孔,并将参比探针插入下面的钻孔。每次大约出入10mm,交替推动每个探针直到钻孔最深处,针杆的2~3mm在树皮外面可见。④探针插好后在其周围涂抹胶泥,在针的周围形成防水密封。传感器探针的两侧安装1/4球状泡沫,用胶带将泡沫块固定在树干上,再用反射性泡沫铝膜将探针、泡沫球与树干包裹,另需在外套加锡箔作为护罩以阻止太阳光照射在测量进行的位置或测量位置的下方。包裹上方要密封,防止水分进入,包裹下方应留些空隙。⑤插入电极,电极间放置温度传感器,将电极与控制模块的加热端连接,接通电源,包裹防辐射膜。

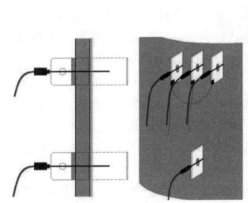
图2-1 THB系统-EMS51电极的布设示意图

图2-2 双通道便携式EMS62
植物茎流观测仪

茎干热平衡系统安装步骤:①样木上观测点的选择与树干表面的处理方法同组织热平衡系统。②处理完树干表面后,固定热电耦附件在树干上,先打孔,将针插入茎干。③安装上部传感器,检查绝缘泡沫是否紧贴温度传感器支架,传感器外的锡箔是否保持圆柱形,且均匀围绕茎干。同样方式安装下部不带加热部分的传感器,检查方法同上部传感器(图2-2)。④传感器周边需留有20cm长的空间。若树干有结节,可放在传感器两个圆柱体之间。⑤安装上部、下部辐射膜,用PVC胶带勒紧,注意树干和缆线间留有缝隙,使凝结水流出。⑥连接传感器电缆到控制模块,将控制模块连接到数据采集器和电源上。

单木液流观测系统数据处理。通过通串线(USB)或异步传输标准接口(RS232)将数据采集器连接到电脑,运行软件,直接下载内存中的所有数据。

THB 法整株树的液流值：

$$Q_{tree} = Q \times (A - 6.28B) \tag{2-1}$$

式中　Q_{tree}——液流值，kg/h；

　　　Q——调节功率(输出值)，kg/h；

　　　A——树干周长(带树皮)，cm；

　　　B——树皮+韧皮部厚度，cm。

该结果包含应该去除的热量损失。

SHB 法整株树的液流值：

$$Q = -0.021\ 5 + 0.000\ 125U - Q_{idle} \tag{2-2}$$

式中　Q——液流值，kg/h；

　　　U——直接来自下载的数据，mV；

　　　Q_{idle}——调节功率(输出值)，kg/h。

该结果包含应该去除的热量损失。

系统软件 Mini32 识别到从液流系统中下载的数据文件后，自动激活去除基线功能，选择该功能后，可得到去除了热量损失的"净"液流量。

2.2　单个林分蒸散量研究方法

目前，尚无办法对一个大的林分的总蒸散量进行直接观测，而通常在不同的典型林分内的局部地块进行观测，然后推算到整个林分。单从水文学角度研究森林生态系统蒸散量有 3 种方法：水量平衡法、水分运动通量法和蒸渗仪法。

(1)水量平衡法

水量平衡法通过计算区域内水量收入与支出差额来推求蒸散量。测定特定时段的降雨量、径流量、土壤水分变化量等因子，根据水量平衡方程计算(魏天兴，1999)。但由于森林生态站主要是从事长期定位观测研究的，更希望通过实测来量测蒸散量。

(2)水分运动通量法

水分运动通量法是从土壤水分运动出发结合土壤物理状况来研究蒸发量的一种方法。水分运动通量法有两种，即零通量法和定位通量法，由于零通量面并非任何时刻都存在，常用定位通量法计算蒸发量或入渗量(王晓燕，2007)。

(3)蒸渗仪法

蒸渗仪法是一种基于水量平衡原理发展起来的植物蒸发、蒸腾量测定方法。所谓蒸渗仪法，即将蒸渗仪(装有土壤和植物的容器)埋设于土壤中，并对土壤水分进行调控，可有效反映实际的蒸发、蒸腾过程，再通过对蒸渗仪的称量，可以得到蒸发、蒸腾量。目前，常用的蒸渗仪主要有称重型和渗漏型两种。

蒸渗仪法是一种直接测定蒸散量的方法，蒸渗仪法的测量结果比较可靠，但设计复杂、成本昂贵，器内植株的代表性对蒸发测定有影响，器内水分调节有困难，因此其应用受到限制。目前，随着仪器的不断完善和改进，采用自动称重式蒸渗仪长期连续观测单个林分或植物群落蒸散量已经成为可能，为此推荐使用蒸渗仪法进行林分蒸散量观测。

　　蒸渗系统安装的地点可以与水量空间分配格局观测场、森林配对集水区和嵌套流域观测场在同一观测区。蒸渗系统安装比较复杂，其安装直接关系获得数据的准确性。蒸渗系统安装点应地势相对平坦，土壤中没有产流，植被分布均匀，应至少能安装一个最小规格为 2m×2m（直径×高）的圆柱状蒸渗系统；土柱采样点要具有代表性，要能代表集水区或一个区域；避开土壤剖面有隔层、黏土防渗层、土表层极粗糙的位置。

　　由多个蒸渗仪柱体组成的蒸渗系统，蒸渗仪柱体和维护井的位置有如下几种布局：

　　①维护井与柱体是直角或柱体，在维护井的两边成直线排列（图 2-3a）。这种布局用于在一种土壤类型上比较不同的处理（如施肥、灌溉或二氧化碳处理）。

　　②维护井安装在 4 个等距柱体的交叉中心，成正四边形排列（图 2-3b）。通过用户定制的管长连接柱体与维护井。在这种布局中，4 个柱体分别是 4 种类型的样地。

　　③维护井安装在两列各 3 个柱体的对称中心，成矩形排列（图 2-3c）。这种布局用于比较不同植被类型或植被不同处理，方便机器或机械设备操作，如施加示踪剂（或同位素），放置不同气体处理罩等。

　　④维护井安装在 6 个等距柱体的交叉中心，成正六边形排列（图 2-3d）。6 个柱体的原状土柱来自不同试验观测点，用于比较不同植类型或立地条件的土壤。正六边形布设使蒸渗仪柱体处于同样的条件下，便于比较研究。

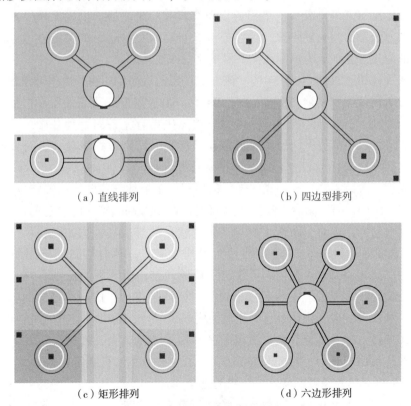

（a）直线排列　　　　　　　　　　（b）四边型排列

（c）矩形排列　　　　　　　　　　（d）六边形排列

图 2-3　蒸渗仪柱体与维护井位置图

蒸渗系统安装步骤如下：

　　①维护井或地下室建造：建造方法参照《建筑地基基础设计规范》（GB 50007—2011）。地下室的防雷地线要连接到观测场的总防雷地线。

②取原状土柱：采用 4 汽缸同步水压驱动器取原状土柱。在钻孔过程中，采用人工或机器检查采样点是否有石头、植物根、洞穴或其他干扰物，发现后手工剔除防止在土柱中造成孔穴或凹槽。采用抛光的切板切割土柱底部。土柱切割后，通过两个中心螺栓吊运和翻转罐体，使上部朝下。安装底部水势控制管，确保罐体内的水分情况与野外完全一致。

③安装传感器：在维护井或地下室安装称重系统。在柱体内安装土壤水分、土壤水势传感器和土壤溶液采样器，并将原状土柱吊装安置在称重传感器上。在维护井或地下室内安装底部水势控制部件和溶液采样器的泵及控制器。在距离蒸渗仪柱体 10m 内的地面上安装气象传感器。重量测量时间间隔为 1min，土壤水分、水势、温度、气象参数测量时间间隔为 10min。系统软件直接输出土柱重量、渗漏液重量、土壤剖面水势、土壤水分、土壤温度、土壤溶液采样负压、柱体底部水势及同深度野外水势。

2.3 多个林分蒸散量研究方法

在几千米到几十千米的多个林分尺度上，特别在非均匀下垫面情况下，有代表性的区域湍流通量的观测仍然非常困难。近些年，根据涡度相关原理，涡度相关法采用快速响应的传感器来测量大气下垫面的物质交换和能量交换，可以算作一种直接测定通量的标准方法，已成为近年来测定生态系统碳、水交换通量的关键技术，得到了越来越广泛的应用，逐渐成为国际通量观测网络的主要技术。

涡度相关法始于 20 世纪 30 年代。该方法在粗糙表面使用更为方便和准确，而测量平坦表面时所需仪器较复杂（Meijninger，2000）。由于该方法所需仪器制造极为复杂且价格昂贵，目前，在我国的实际应用较少。该方法具有完备的物理基础，无需陆地表面性质的假设，也不需要大气稳定度的修正。但是，需测数据量较大，对仪器的精度和测定技术要求较高。

依靠涡度相关技术，近红外光闪烁仪的出现使多个林分蒸散量的测定成为可能（工作波长 0.67~0.94μm）。单台大孔径闪烁仪可以测量 200m 至 10km 范围内的平均感热通量，不仅对时间，也对空间作了平均。其测量尺度与大气模式的网格尺度以及卫星遥感的像元尺度匹配较好。这一优势使其迅速发展，并具有广阔的应用前景（卢俐，2005；刘绍民，2010b）。大孔径闪烁仪的工作原理是由于大气湍流的存在，当电磁波在大气中传输时，大气折射率的起伏会引起电磁波强度、相位与传播方向的变化。大孔径闪烁仪利用接收大气扰动引起的光波强度起伏信号，测得大气折射率结构常数（刘绍民等，2010a）。多个林分蒸散量测定的基本出发点是将大孔径闪烁仪观测的各个地表类型斑块通量值按照一定的平均法则，如光程路径权重法得到区域值。

（1）多个林分蒸散量观测场建设地点的选择

观测场可能是多个林分，下垫面需均一，且有代表性；由于观测场可能会在几千米范围内，而目前有些林区会有高压电路等大型障碍物，会对光径产生影响，因此光径路线的附近不能有大型障碍物，同时，光径路线通过的地方不能有河流和湿地，发射端与接收端之间的光路应≤5km；大孔径闪烁仪安装时附近有电源，电压要求稳定。另外要强调的是，测量路径长度要包含或覆盖单木树干液流和单个林分蒸散量观测点所在的典型林分。

在多个林分蒸散量观测场地点确定后，需要进行观测塔的建设，要根据林分选择不同高度观测塔，塔形可为三角形、方形、全钢筋或角钢加钢筋结构。观测塔建设要由取得国家建塔资质的公司设计、建造及施工。根据已有的森林生态站建设经验，观测塔不宜太大，太大一是造价会很昂贵，二是林区运输困难，另外，观测塔为全钢筋或角钢加钢筋结构，如果观测塔身过大，塔身会影响温度传感器对塔周微环境气温的准确计量。

(2)近红外光闪烁仪

根据光学孔径的不同近红外光闪烁仪分为小孔径闪烁仪(small aperture scintillometer，SAS)、大孔径闪烁仪(large aperture scintillometer，LAS)和超大孔径闪烁仪(extra large aperture scintillometer，XLAS)等几种。目前使用较多的是大孔径闪烁仪(卢俐等，2005)，仪器构成主要包括：发射器、接收器、信号处理单元(SPU)、无线传输模块、交流充电控制器、自动气象站、太阳能供电系统(包括可充电电池、太阳能板及充电控制器)、防雷装置(包括避雷针、接地系统、电源防雷模块、信号防雷模块等)。仪器购置后，专门的工程人员会负责安装，但需森林生态站技术人员了解仪器架设要求及今后的日常维护方法(图2-4)。

图2-4　大口径闪烁仪

(3)大口径闪烁仪的布设和安装

考察观测点边缘相距最远的两个点林分冠层的均匀度情况，选择中间林分冠层比较均匀的两点架设观测塔。发射器和接收器底部有安装支架，可将支架固定在观测塔上。固定后，用接收器上的望远镜调整，使发射器在望远镜瞄准镜的十字准线上。接收器通过电缆和信号处理单元(SPU)连接，SPU可安装在观测塔上或观测塔下的观测室内。电源单元面板上有主电源接入口和域控制器(DC)输出口，用于连接主电源，转换成12V域控制器后供给发射器或SPU，SPU可供电给接收器。电源单元安装在观测塔下的防水观测箱内或观测室内。通过调节发射器和接收器的定位器，使屏幕上的信号最强。连接温度传感器、气压传感器、风速传感器到SPU面板上的温度和气压或气象站接口。传感器距离SPU的标准电缆长度是10m。传感器由SPU供电。上层温度传感器的安装高度距离地面3m以上。下层温度传感器安装在距离地面0.3~0.7m范围内。风速传感器一般安装在光路的中心位置。风速传感器的安装高度是空气粗糙长度的20~100倍。风向测量结果用于系统自动选取粗糙长度。风向值可来源于小气候系统中的风向传感器值。

(4)大口径闪烁仪的数据采集

大口径闪烁仪通过网线将SPU连接到计算机(PC)。在计算机上安装SRun软件后，进行系统和数据采集参数设置。先设置SPU中的时间和日期，然后设置SPU中的采样间隔为29s，采样时间为1s，采样速率为500Hz，再设置气象传感器接口的采样频率为1次/30s等其他参数，上传设置文件到SPU后开始测量。

（5）林分蒸散量观测系统的数据处理

通过电缆或网线连接蒸渗系统的数据采集器和 PC 后可下载数据。蒸渗系统各参数计算如下：

①大气沉降量：

$$\Delta M = W_2 - W_1 \qquad (2\text{-}3)$$

式中　ΔM——大气沉降量，g；

　　　W_2——结束时间的柱体重量，g；

　　　W_1——开始时间的柱体重量，g。

②土壤持水量：将土壤剖面土壤含水量，输入 MLog 软件，可得到任意土体的持水量。

③蒸散量：

$$\Delta S = W_4 - W_3 \qquad (2\text{-}4)$$

式中　ΔS——蒸散量，mm；

　　　W_4——终点时间的柱体质量，g；

　　　W_3——开始时间的柱体质量，g。

④植物系数修正：蒸渗系统的软件通过内置的 FAO Penman-Monteith 方程，可计算出参照蒸散量 ET_0 值。通过如下公式可修正植物系数。

$$ETc = Kc \times ET_0 \qquad (2\text{-}5)$$

式中　ETc——蒸渗系统输出的植物需水量，mm/d；

　　　Kc——植物系数；

　　　ET_0——参照蒸散量，mm/d。

利用蒸渗仪的实时蒸散量 ET，还可修正卫星遥感蒸散量，进而得到单个或多个林分蒸散量。

⑤水量平衡法蒸散量计算：根据蒸渗仪系统中的气象传感器获得的数据，可用于水量平衡法蒸散量计算。

$$ET = P + I \times r - I - \Delta S - Sw \qquad (2\text{-}6)$$

式中　ET——蒸散量，mm/d；

　　　P——降水量，mm；

　　　r——灌溉量，mm；

　　　I——截流，mm；

　　　ΔS——蒸渗仪柱体重量变化，mm；

　　　Sw——渗漏水，mm。

⑥能量平衡法蒸散量计算：

$$\lambda ET = Rn - H - S - P - L \qquad (2\text{-}7)$$

式中　λET——潜热通量，W/m²；

　　　H——显热通量，W/m²；

　　　S——研究区域的储热变化通量（包括空气、植被和土壤），W/m²；

　　　Rn——净辐射量，W/m²；

　　　P——光合作用热通量，W/m²；

L——土壤热通量，W/m^2；

λ——水的汽化潜热，J/kg。

每次完成原始数据包采样后即进行原始数据处理，同时形成诊断数据文件列表。在每个主要数据采集间隔（由用户自定义），处理诊断数据。从合并的诊断数据中计算物理量和气象结果，并保存作为主要数据。单个或多个林分蒸散量观测系统输出数据包括时间、蒸散量、潜热通量、折射率脉动结构常数 Cn_2、温度脉动结构常数 CT_2、自然对流情况下的显热通量、需要外接气象传感器时计算的显热通量等。可对数据采用背景校正、消光和外尺度校正及湍流饱和校正。

本章小结

本章重点讲述森林生态系统蒸散量观测研究方法。分别介绍了单木尺度、单林分尺度及多林分尺度 3 个尺度的森林蒸散量观测方法。在单木尺度上主要介绍树干液流量的研究方法，在单林分尺度上重点介绍蒸渗仪法，在多林分尺度上重点介绍大口径闪烁仪法。需要学生了解蒸散量观测研究的尺度，掌握不同尺度蒸散量观测研究的基本方法。

延伸阅读

1. 刘世荣，温远光，王兵，等，1996. 我国森林生态系统水文生态功能规律研究[M]. 北京：中国林业出版社.

2. 余新晓，朱建刚，李轶涛，等，2016. 生态水文学研究系列专著：森林植被—土壤—大气连续体水分传输过程与机制[M]. 北京：科学出版社.

思 考 题

1. 不同尺度的森林生态系统蒸散量观测研究方法的区别和联系是什么？

2. 林分蒸散量与单木树干液流量之间存在什么关系？

第**3**章
森林生态系统水量空间分配格局研究方法

[**本章提要**]降水是水资源的总补给，也是水量平衡的重要要素。降水对森林的生长起决定作用，是河川和湿地的重要补给源，分析降水的时空分布及变化规律，是研究森林水文规律的基础。森林生态系统水量空间分配格局研究由若干研究方法组成研究体系，涉及林外降雨量研究方法、穿透降雨量研究方法、树干径流量研究方法、枯枝落叶层截留量研究方法、地表径流量及水质观测研究方法、坡地水量平衡及水质观测研究方法、土壤水分观测研究方法等。

  森林水文系统是森林生态系统的重要组成部分，现代森林水文的研究是以生态系统为中心，结合森林生态系统的结构、功能及其生产力的探讨，参与森林生态系统能量流动和物质循环的研究来揭示各种水文现象的发生、发展规律及其内在的联系，并以包括森林水文循环、水质变化及森林水文效益在内的森林生态系统的综合知识来调节森林生态系统的平衡，维持森林生态系统的稳定性和持续性(刘世荣，1996；Kumar et al.，2014)。

  真正将森林水文学作为一门科学来进行实际观测和分析的研究开始于19世纪末至20世纪初。1921年，美国农业部门在Ashevile建立了阿巴拉契亚山森林实验站(现称南方实验站)，广泛的研究从1926年开始，包括径流和侵蚀控制的研究。1933年，美国政府在北卡罗来纳州建立了Coweeta实验站。1939年以后，在Coweeta进行了各种实验性研究，例如，证明陡坡耕作、林地放牧、无限制采伐对土壤和水资源的有害影响，观测森林皆伐和渐伐对流域水文状况的影响以及森林采伐过程中的水文状况变化等，直至发展到多学科协同来研究森林生态系统中的水文问题等。到了1984年，Cowteeta进行了第一个50年研究总结，据其研究成果出版了《森林水文与生态》。1948年，美国学者Kittredge首次提出森林水文学的概念，并定义为："森林水文学是一门专门研究森林植被对有关水文状况影响的科学。"

  森林生态系统水量空间分配格局观测场就是要完成森林水文过程的观测和研究(王晓燕等，2012)。按照空间尺度，森林内的水分循环可以层次清晰地分为林外降雨量、穿透降雨量、树干径流量、枯枝落叶层持水量、地表径流量、土壤含水量、壤中流量等(中野秀章，1983)。对森林生态系统不同层次水量空间分配格局及水量平衡进行分析，可以揭示森林生态系统水文要素的时空规律，可为研究森林植被变化对水分的分配和径流的调节提供基础数据。

降水是水资源的总补给，也是水量平衡的重要要素。降水对当地森林的生长起决定作用，是河川和湿地的重要补给源，分析降水的时空分布及变化规律，是研究森林水文规律的基础。同时，其生态意义之一在于能够评价森林的涵养水源功能，而降水输入是森林发挥涵养水源功能的基础（史宇，2011）。

降落到森林中的雨滴，一部分首先落在树木的叶、枝、干等树体的表面，由于树体表面张力和重力的均衡作用而被吸附，或者积蓄在枝、叶的分叉处被保留下来。被保留的雨水一部分直接蒸发到大气中，但随着降雨的继续，保留雨量不断增加，当达到一定数量时，表面张力和重力失去均衡，其中一部分自然地或由于风的吹动而从树上滴下，或者从叶转移到枝、从枝转移到干，顺干流到林地地面，前者的量称为树冠滴下雨量，后者称树干茎流雨量。林外降水一旦停止，林内可能还会有降水，这是因为树体上还保留着一部分降水。它们中的一部分会通过蒸发而散失，一部分会继续滴落。降落到森林中的雨滴还会有一部分未接触任何树体，而直接穿过林冠间隙降落到林地表面（周梅，2003）。这部分雨量称为林冠通过雨量。把树冠滴下雨量和树冠通过雨量之和称为林内雨量（也称为穿透降雨量）。森林对降水的截持对减少雨滴击溅地表、减缓洪水过程都有重要作用（吴旭东，2006）。

经过冠层到达地被物层的林内降水，一部分被截持，另一部分入渗到土壤中，还可能有一部分发生水平位移，形成地表径流。枯落物的结构疏松，具有良好的透水性和持水能力，在降水过程中起着缓冲器的作用（余新晓，1999）。一方面，枯落物层能削弱雨滴对土壤的直接溅击；另一方面，吸收一部分降水，减少到达土壤表面的降雨量，起到保持水土和涵养水源的作用。森林地被物层具有较强的水分截持能力，从而影响到穿透降雨对土壤水分的补充和植物的水分供应。

森林对土壤渗透的影响是森林水文特征的重要反映，土壤渗透的发生及渗透量取决于土壤水分饱和度与补给状况，不同的土壤和森林生态系统类型决定着土壤的渗透性能（陈波，2013）。一般而言，森林土壤疏松、物理结构好、孔隙度高，具有比其他土地利用类型高的入渗率。土壤渗透能力通常与非毛管孔隙度呈显著正线性相关。林地土壤具有较大孔隙度，特别是非毛管孔隙度大，从而加大了林地土壤入渗率、入渗量（刘汗，2006；刘春雨，2013）。

土壤是森林生态系统水分的主要蓄库，系统中的水过程大多是通过土壤作为媒介而发生的，土壤水分与地下水相互联系，加大了森林生态系统中土壤水分蓄库的调蓄能力（刘敏，2010；鲁绍伟，2013a、2013b）。不同森林类型土壤的蓄水能力大相径庭，这需要进行长期定位观测和研究。

迄今为止，由于研究方法的局限性及森林生态系统本身的复杂性，对森林生态系统内与系统间水分循环的时空变异规律、机理及驱动变量还不甚清楚，难以对森林生态系统水文过程的非线性变化做出明确的解释，更无法对其水文功能做出准确的定量评价。因此，加强对不同区域典型森林生态系统水文过程与生态学过程及相关因子的长期观测与研究，积累长期连续的森林植被与水分循环研究的数据显得十分必要。

森林生态系统水量空间分配格局观测场是由若干观测设施组成的（图3-1）。其对地点的选择主要要求设在观测区典型林分内，土壤、地形、地质、生物、水分和树种等条件

图 3-1   森林生态系统水量空间分配格局观测场

具有广泛的代表性，另外要求避开道路、小河、防火道、林缘。观测场面积为为 30m×30m；每木检尺，如果进行树干茎流观测，选择样木的具体做法是观测树干茎流的样木采用径阶标准木法，首先调查观测场内所有树木的胸径，按胸径对树木进行分级（2~4cm 为一个径级），从各级林木中选取 2~3 株树形和树冠中等的标准木，每个林分选择 6~8 株或以上标准木作为树干茎流的样木进行观测。根据现有森林生态站常采用的方法，绘制了森林生态系统水量空间分配格局观测场各观测设施的布局示意图，如图 3-1 所示。

由于在森林生态系统水量空间分配格局观测场内需要观测的内容和所需仪器设备较多，《森林生态系统长期定位观测方法》（GB/T 33027—2016）专门将建设内容和设施设备以表的形式列出。按照降水再分配形式，该标准按林外降雨量、穿透降雨量、树干径流量、枯枝落叶层持水量、地表径流量、土壤含水量、壤中流量等观测内容进行观测设施及仪器设备的分类建设。

3.1   林外降雨量观测研究方法

林外降雨量观测设施要安装在森林降水再分配观测场周边的林外或林中空地。林外安装地点应放置在离林缘距离约等于树高 1~2 倍处，林中空地面积至少 20m×20m；也可架设在森林小气候观测塔的上方，需高出林冠层 2m。林外降雨量观测设施主要采用全自动雨量计或标准雨量筒测定林外降雨量。仪器水平放置在指定地点，可自制铁架、木台，受雨口的高度为 60cm。除了采用全自动雨量计或标准雨量筒外，也可放置激光雨滴谱仪，观测降雨量、降雨强度、降雨速度、降雨粒径大小及分布谱图，但需要利用全自动雨量计或标准雨量筒进行对比观测（图 3-2）。

在观测林外降雨量的同时，可以在安置全自动雨量计、标准雨量筒或激光雨滴谱仪的位置，配置水样采集装置。传统的水质观测，采样装置非常简陋，容器的材质会影响水质的监测。因此，水样采集装置应使用玻璃、瓷、塑料等不影响水质监测的器皿。

3.2   穿透降雨量观测研究方法

穿透降雨量观测的难点是在观测场内怎样布置量水设施，几十年的野外观测发现，如果把标准雨量筒放置在密闭冠层下面，所观测到的可能全部是林冠滴下雨量，如果放到林冠间隙下面，可能观测到的只是林冠通过雨量，为避免这一问题，一方面应对观测设施加以改进，将雨量筒改为槽式受雨器；另一方面，在量水设施的具体安装上，强调随机或垂直等高线布设。具体的安装要求在森林降水再分配观测场内，随机或垂直等高线布设 5~6 个槽式受雨器。槽式受雨器需安装在树冠下，避免安装在林窗位置，受雨器口高出林地地面 60cm。

槽式受雨器的一端底部留出水口，出水口处连接数据采集器。观测场内，根据样地形状及面积，安装全自动雨量计，在样地中画出方格线，在方格网的交点均匀布设装置。

关于穿透降雨量观测设施，根据已建森林生态站多年实际运行情况来看，采用自制的槽式受雨器效果很好，根据当地实际降雨量，自制长2m或3m、上口宽20cm、三角形尖底的槽式受雨器，其一段底部留有一出水口，另焊接一段延长管，插入一段软型水管，插入数据采集器的入水口中。槽式受雨器的材质可使用镀锌铁皮、工程塑料等。为什么要求自制，主要是由于各地穿透降雨量差异非常大。

在观测穿透降雨量的同时，可以将穿透降水水质采样装置可放置在槽式受雨器旁，围绕着一些树木摆放（围树采样），或在观测场内系统摆放（样地采样）。每个观测场应布设10~15个采样装置。

3.3 树干茎流量观测研究方法

树干茎流观测多年来也没有很好的方法，目前国内主要采用缠绕法、环箍截水法。环箍截水法主要是选定的样木上，用薄铁皮（或聚乙烯橡胶管）在树干基部绕一圈闭合而形成截水环，然后用导管连通截水槽（或截水环），把树干茎流水引入地面上的集水装置中进行观测。由于这种办法可能会限制树木生长，采用的不多，另外，只在树木基部处设置一处这样的装置承接水量，也使观测数据精准性值得怀疑。因此，推荐使用缠绕法，环箍截水法也可以使用。缠绕法首先要自制树干茎流的导流管，即取一直径为2~3cm的聚乙烯橡胶管，其聚乙烯橡胶管的长度依据样木的树高和胸径选定，采用锋利刀具在聚乙烯橡胶管直径1/3位置沿着45°角将其切开，保留2/3聚乙烯橡胶管待用。然后在选定的样木上，将将聚乙烯橡胶管开口向上，从树干胸高直径处开始向下呈螺旋形缠绕在刮平树皮的样木树干下部，做成截水槽，树干缠绕时与水平面成30°，缠绕树干2~3圈后用钉子固定，并用密封胶将接缝处封严。将聚乙烯橡胶管的末端伸入集水装置的进水口中进行观测，并用密封胶带将导管固定于进水口。这种方法由于可以环绕在树干上，对树干径向生长影响小。另外，由于在树干上环绕2~3圈，可以保证有效承接树干径流（图3-2）。

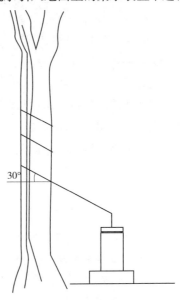

图3-2 树干茎流装置示意图

3.4 枯枝落叶层截留量观测研究方法

在森林水文过程的观测中，枯枝落叶层的截留量的观测是指原位枯枝落叶层截留水量的监测，有些研究枯枝落叶层持水量是观测枯枝落叶层最大持水能力的，在《森林生态系统长期定位观测方法》（GB/T 33027—2016）有所说明，但由于枯枝落叶层持水量不是原位观测，没有体现在森林内降水再分配过程的枯枝落叶层截留量。在枯枝落层截留量观测设施及仪器设备建设中，观测设施及仪器安装在森林降水再分配观测场，可安置在槽式受雨器旁，共放置 5~6 个漏斗式量水装置。在观测枯枝落叶层截留量的同时，将漏斗式量水装置出水口引入地面上集水装置中的雨水用于水质分析。也可使用漏斗式量水装置直接接雨水用于水质分析。将样品用精密电子天平称重并记录，然后用烘箱在 70~80℃ 下将样品烘干至恒重，冷却后称重，得样品干重。枯枝落叶层含水量与持水量计算方法如下。

①枯枝落叶层含水量：

$$W_D = \frac{m_a - m}{m} \tag{3-1}$$

式中　W_D——枯枝落叶层质量含水量，g/g；

　　　m_a——样品总质量，g；

　　　m——烘干后样品质量，g。

以 mm 单位表示的含水量计算公式如下。

$$W_L = \frac{m_a - m}{\rho \times A_L} \times 10 \tag{3-2}$$

式中　W_L——枯枝落叶层含水量，mm；

　　　m_a——样品总质量，g；

　　　m——烘干后样品质量，g；

　　　ρ——水的密度，g/cm；

　　　A_L——样方面积，cm^2。

②枯枝落叶层持水量(枯落物持水量)：将风干的枯落物样品称重，原状装入细网尼龙袋，进行浸水实验，浸泡 24h，静置至枯落物有极少的水滴滴出为止。称取枯落物的湿重并记录，按照浸泡前后的质量计算枯落物持水量，枯枝落叶层持水量计算公式如下。

$$W_0 = \frac{m_a - m}{\rho \times A_L} \times 10 \tag{3-3}$$

式中　W_0——枯枝落叶层持水量，mm；

　　　m_a——样品总质量，g；

　　　m——风干后样品质量，g；

　　　ρ——水的密度，g/cm^3；

　　　A_L——样方面积，cm^2。

3.5　地表径流量及水质观测研究方法

地表径流是森林集水区或流域总径流量的一部分，它是由暴雨造成并在一定区域内形成的薄薄的水流层。森林生态站观测和研究的地表径流是在不同林分中的地表径流，开展对地表径流的观测及深入研究，对减少森林水土流失，揭示森林水文功能具有重要的实际意义。

地表径流量是森林生态站一项长期观测的重要项目，因此，地表径流观测场地的建设除考虑它的代表性、准确性和可比性外，还必须考虑观测工作能否长期定位运行的可行性。地表径流观测场建设有一个特点，就是一般没有一个现成拿来可行的方法。水文部门对于大江大河流域的观测站建立了一套完整的建设方案，而科研部门则要根据科研目的和具体情况自行设计观测设施。如考虑不周，则可能达不到科研目的或不利于坚持长期观测工作或因人为因素造成观测资料系统误差。

在地表径流观测场建设中，有两种情况可能会使建设工程废弃，一是由于选择的坡面有问题，如坡面不平整、有急剧转折的坡度坡向也不一致等；二是有些偏干旱的地方产水少，这时需要慎重选择坡面径流场面积，面积过小可能会不产流。因此，坡面径流场地点和径流场面积选择是建设的关键。在地表径流量观测的同时，接流池计量雨量后的水样可用于水质分析。地表径流观测场主要仪器有全自动雨量计，地表径流观测场附近可安装便携式自动气象站，用于配套观测。

3.6 坡地水量平衡及水质观测研究方法

坡地水量平衡场是指建立在坡地上具有典型植被(森林类型)、地形、土壤、地质、坡向、坡度有代表性的封闭小区，与周围没有水平的水分交换。坡地水量平衡场一般建设在土壤层下面具有黏土或重壤土构成的不透水层的地方，场的四周用混凝土筑有隔水墙。地表水和地下水的集水槽是分开装置的，常设有水井观测地下水位的变化。

坡地水量平衡观测场地点选择主要考虑两个问题：一是能否划分土壤各层次，各层出水口是否真正承接了该层系土壤径流；二是围埂建设总深度能不能到达不透水层，这关系坡地水量平衡观测场内能否与外界降水隔离。建设中把握住这两个问题，就能够把坡地水量平衡观测场建设好，围绕这两个问题，坡地水量平衡观测场地点选择应说明土壤剖面特征。需在坡面径流场附近的开阔坡地上沿着坡地长度均匀设置3个土壤剖面，其深度不小于1m，进行土壤结构等试验。另需进行土壤渗透性等试验以确保坡面水量平衡场建设后能分层截留土壤壤中流。在观测地表径流、壤中流和基流的同时可人工收集各层土壤壤中流用于水质分析。与地表径流观测场的情况一样，主要仪器有全自动雨量计，在坡地水量平衡观测场附近可安装便携式自动气象站，用于配套观测。

(1)地表径流观测场建设规格

地表径流观测场宽5m，与等高线平行，水平投影长20m，水平投影面积100m²。也可根据当地降雨量、林地坡度、坡长、土壤渗透性、郁闭度、地表植被盖度、坡面的实际情况等条件，采用如下尺寸：10m×20m、10m×40m、10m×80m、20m×40m、20m×80m、20m×150m。径流场平面如图3-3所示。

(2)地表径流观测场布设

①按地表径流场宽5m、水平投影长20m开沟，沟宽50~70cm。

②沿坡从上至下分别设置相互平行的上侧拦水墙，相互平行的左侧拦水墙和右侧拦水墙，形成平行四边形框架，设置围埂，围埂总深度50cm，高出地面25cm；围埂需采用工程塑料、防腐铁板、混凝土预制板、浆砌等防水材料，围埂外侧设置保护墙，采用浆砌。

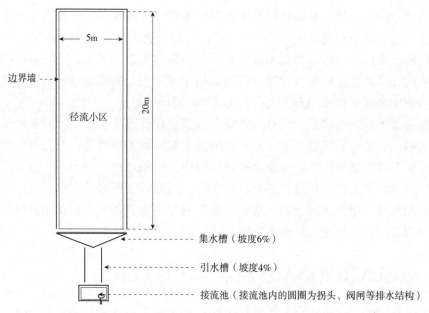

图 3-3　径流场平面图

③地表径流场下部为径流出流断面，出流断面处设置集水槽，采用不锈钢挡板过滤果、枝、花瓣等凋落杂物，集水槽采用 PVC 管，用锋利刀具沿 PVC 管切开 3cm 缝隙，用于导流并防止地表径流场外降水流入(图 3-4)。

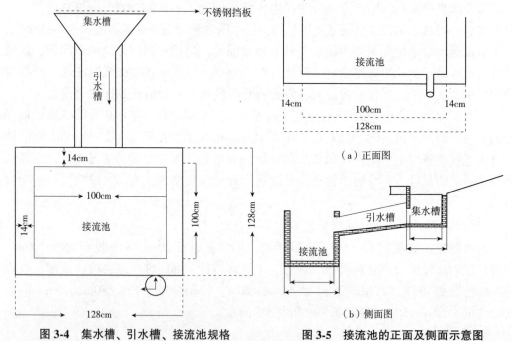

图 3-4　集水槽、引水槽、接流池规格　　**图 3-5　接流池的正面及侧面示意图**

④集水槽下垫面应平坦无凸起，采用水泥砌成，顶部采用石棉瓦、油毡等覆盖，边缘采用水泥固定。

⑤集水槽中间或一侧出水口，安装引水槽进行引流，确保引水槽与集水槽、接流池对接严密无缝隙，承接全部地表径流场的出水。引水槽将集水槽从地表径流场收集

的降水引入接流池中，集水槽、引水槽及接流池的规格如图3-4所示。

⑥接流池最底端设置直径3cm的出水口，接流池出水口承接地表径流进行观测，也可与全自动雨量计的进水口相连进行地表径流量观测，接流池的正面及侧面如图3-5所示。

（3）地表径流水质观测设施安装

接流池计量雨量后的水样用于水质分析。

3.7 土壤水分观测研究方法

在森林生态系统水量空间分配格局观测场中，单列土壤水分观测场是为了将整个森林生态系统水量空间分配格局完整地进行观测与研究。这里所指的土壤水分主要来源于大气降水，并经过林分的地上截留和过滤。

在土壤水分观测场建设中，地点选择可在地表径流观测场或坡面水量平衡观测场周边选择样地，同时样地选择应考虑林地不同坡向、坡位。土壤水分观测样地面积10m×10m，每个样地内设置3个观测点，观测点沿样地对角线均匀分布，根据土壤层最大土层深度确定测量深度，安装TDR土壤水分观测管，把时域反射仪的探头放入观测管内，分别测量不同深度土壤含水量。

土壤水分观测中，会需要下列物品及仪器：土铲、土钻、铁锨、十字镐、钢卷尺、GPS、罗盘仪、环刀、铝盒、样品袋、记号笔、TDR土壤水分观测管、时域反射仪（图3-6）等。土壤含水量观测方法如下。

①观测深度根据土壤层最大土层深度确定，一般为1m左右。

②安装TDR土壤水分观测管。

③把时域反射仪的探头放入观测管内，分别测量0~10cm、10~20cm、20~40cm、40~60cm、60~80cm、80~100cm深度的土壤含水量。

图3-6 时域反射仪

本章小结

本章内容为森林生态系统水量空间分配格局研究方法，水量空间分配是森林水文的重要研究内容。本章分别对森林生态系统水量空间分配格局中林外降雨量、穿透雨降雨量、树干茎流量、枯枝落叶层截留量、地表径流量及水质、坡地水量平衡及水质和土壤水分的观测研究方法进行了介绍。

延伸阅读

1. 王兵，丁访军，2012. 森林生态系统长期定位研究标准体系[M]. 北京：中国林业出版社.

2. 余新晓，张志强，陈丽华，等，2004. 森林生态水文[M]. 北京：中国林业出版社.

思 考 题

1. 森林生态系统水量空间分配格局包含哪些内容？如何进行观测研究？

2. 森林生态系统水量空间分配格局与森林生态系统水源涵养功能有哪些联系？

第 **4** 章

森林生态系统配对集水区与嵌套式流域研究方法

[**本章提要**] 研究森林与径流的关系对流域水资源的利用与管理、河流生物多样性、森林水境环境保护都有十分重要的作用，还有助于理解与评估森林集水区泥沙的迁移及水灾与旱灾的规律。森林生态系统配对集水区和嵌套式流域是研究森林与径流关系以及水文过程尺度转换重要方法。

　　早在 1909 年，在美国科罗拉多州南部的 Wagon Wheel Gap 建立了世界上第一个配对集水区试验。一个多世纪以来，虽然陆续建立了许多配对集水区试验并开展研究，但是由于森林与径流关系十分复杂，对此关系的认识虽有一定进展，但一直存有许多争议。在中国，森林与径流关系的研究从 20 世纪 80 年代初黄秉维先生提出关于"森林的作用"的大讨论以来得到了较高的重视，经过 30 多年的研究，取得了不少突破，但在一些关键问题上(森林与径流、森林与降水)仍存在较大的分歧，需要统一建立森林生态系统配对集水区，进行长期定位观测。

　　生态水文过程具有高度的尺度依赖性，生态学与水文学上可靠的控制试验往往只能在较小的尺度进行，在评价区域乃至更大尺度上的生态水文学问题时，尺度问题不可回避，这已成为当今水文学研究中的焦点与难点(Cammeraat，2004)。因此，一个观测场的长期观测数据固然重要，但需要建立更大的集水区与流域来进行大尺度观测与研究，也需要统一建立森林生态系统配对集水区，进行长期定位观测。

　　在森林生态系统配对集水区的建设中，首先，需要制定者明确的问题是中国幅员辽阔，植被气候与地貌组合的类型多且复杂，目前对有限类型的研究结果不能也不宜外推；其次，尽管配对集水区试验被广泛认为是最可信的研究方法，但遗憾的是目前中国建立起来的真正意义上的配对集水区设计与分析还很少；最后，分析方法的不一致性及径流定义的多样化，都限制了研究结果的可比性与概括性。因此，除需要在全国的森林生态站建设森林生态系统配对集水区外，还需规范可信的观测和研究方法，在此基础上建立具有可比性的配对集水区。

　　世界上还没有哪一个国家拥有像中国这样完整的气候植物带(从南方的热带雨林、季雨林、亚热带常绿阔叶林、温带针阔叶混交林至北方的寒温带针叶林)。这给中国在森林与水文关系研究方面创造了独特的机遇，使在国家范围内比较不同的植被气候带成为可能。目前，国内外的研究及成果的不确定性主要体现在：森林对径流（年径流量、洪峰量及枯水量）的影响；在一个流域内采伐多少（比例）才会引起径流的变化；被改变的径流需要多长时间才能恢复（到干扰前的水平）。这些研究都是在森林生态系统配对集水区中进行的。

配对集水区定义为：选择两个在面积、形态、地质、气候与植被都近似的集水区，然后对它们同时观测一段时间，这段时间称为校正时段（一般 3~5a，最好能够包括丰水年和枯水年）。在校正时段之后，可选择其中之一作为处理，保留另外一个不动或作为"参照"集水区。嵌套式流域定义为：嵌套式流域是自然界地形地貌层次结构的体现，就是大流域包含小流域，小流域内包含更小的集水区。嵌套式流域是研究水文过程尺度转换的天然实验场。在森林生态系统的水文研究中，尺度转换是一个关键问题，而嵌套式流域从结构上来说，是大流域套小流域组成，但由于森林小流域由山坡组成，大流域的水文过程却不能由小流域的结果简单叠加而成。自组织理论指出，复杂系统是组件的有机组成，系统的响应与组件有很大差别，当流域面积大于某一临界值时，流域具有类似的水文响应过程。长期、连续定位观测森林生态系统配对集水区和嵌套式流域降雨量、径流量、产沙量、地下水等，分析研究森林植被分布格局、造林和采伐、土地利用、水土保持措施等因素对径流过程的影响，确定地下水动态变化因素，可为揭示流域尺度内森林生态系统对集水区和径流的调蓄作用及理解森林流域的水文过程机理和累积效应提供科学依据。

4.1　地点选择

综合考虑森林生态系统配对集水区和嵌套式流域的地点选择，首先，应注意集水区及嵌套式流域植被、土壤、气候、立地因素及环境等自然条件应具有代表性；其次，要注意集水区地形外貌和基岩要能完整闭合，分水线明显，地表分水线和地下分水线一致，集水区的出水口宽度要尽量狭窄；第三，要考虑集水区域的基岩应不透水，不应选取地质断层带上、岩层破碎或有溶洞的地方。

具体到配对集水区地点选择是个非常难的问题，要找到地理位置应相邻，面积、形态、地质地貌、气候、土壤和植被等自然条件相似，且两个集水区的面积大小应接近是件不容易的事，而且需要严格按照标准配对集水区试验方法，同时进行观测 3~5a（作为校正时期），在校正时段之后，可选择其中一个作为"处理"，另一个作为"对照"保持不变，并连续观测若干年。

对于嵌套式流域地点选择，要求嵌套式流域应充分根据自然界地形地貌的不同层次结构，选择大流域包含小流域，小流域内包含更小的集水区；需利用遥感等技术获取嵌套流域植被分布、地形、地貌特征。嵌套式流域内无人为干扰。

4.2　测流堰建设

明渠量水的主要形式有流速仪量水、堰槽量水、水工建筑量水、标准断面量水和浮标法量水等。各种量水技术与设施都有其各自的技术条件、适用范围和优缺点。在天然河道、骨干渠系多采用流速仪量水、水工建筑量水、断面量水等方法;在一些小的溪流及河源地区(如森林生态站开展的集水区及小流域的河道),多采用堰槽量水、水工建筑量水、标准断面量水及浮标法量水等方法。根据现行森林生态站多年运行实践,《森林生态系统长期定位观测方法》(GB/T 33027—2016)规定采用测流堰或测流槽来量测森林生态系统集水区或嵌套式流域水量(图4-1)。

图4-1 测流堰

测流堰种类很多,具体包括量水堰即测流堰(薄壁堰、宽顶堰、三角剖面堰、平坦V形堰),量水槽即测流槽(长喉道量水槽、短喉道量水槽、无喉道量水槽)等,标准要求根据河段边界条件、待测流量等自行选择或混合设计。需要说明,薄壁堰是水力学试验中广泛采用的量水设施,包括矩形薄壁堰、三角形薄壁堰和梯形薄壁堰等,该类型具有结构简单、测量精度较高等优点,多推荐使用。不过,测流槽目前使用较多,在已建的森林生态站中,在测流槽内配合三角形堰板,能在堰板迎水一侧留出更多缓冲地带,减轻泥沙、枝叶对堰板的冲击,也有可取之处。无论是量水堰(测流堰)还是量水槽(测流槽),在《森林生态系统长期定位观测方法》(GB/T 33027—2016)中统称测流堰。

测流堰建设在整个森林生态站的建设中是一项非常艰巨的建设工程,原因在于,一是由于它是一座水工建筑物,一般建筑公司无法承担任务,而专业建筑公司又不愿承建这类预算和工程量不大的工程;二是由于要求建成的测流堰能够承接所有在嵌套式流域的某一或全部地表及地下径流,要求测流堰一定要建设在基岩之上,需要进行地质勘探,所需经费没有定数,增加了建设的未知风险。测流堰建设存在不能完全拦截嵌套式流域内的全部径流的可能,不能精准计算产流、汇流、泥沙等。

测流堰建设能否成功,关键在于地点的选择。关于堰型的选择,《森林生态系统长期定位观测方法》(GB/T 33027—2016)要求根据河段边界条件选择测流堰堰型;根据所选测流堰的主要技术性能的相互适应性进行比较后确定测流堰堰型,如测流幅度、灵敏度、非淹没限等,详见《水工建筑物和堰槽测流规范》(SL 537—2011);较小流域采用测流槽，不同测定范围的测流方法见本标准给出的专门表格。

测流堰建设要求从堰板建设、堰水头测定装置建设、堰槽建设、水位井及观测房建设等几方面进行了规范。

对于测流堰仪器设备建设，需要购置水位计，可以根据实际需要购置如下种类的水位计：压力式水位计、遥测浮子式水位计、超声波水位计（直接安装在堰板上方）、雷达水位计、激光水位计。需要说明的是，如果采用以上测流方法，压力式水位计和激光水位计比较适用，但在森林生态站测流堰建设的实践中，也可看到同时使用超声波水位计的。

地下水观测点的设置应以能够控制该集水区或流域地下水动态特征为原则，尽量利用已有的井、泉和勘探钻孔为观测点。用井做观测点时，应在地形平坦地段选择人为因素影响较小的井，井深要达到历年最低水位以下 3~5m，以保证枯水期照常观测。井壁和井口必须坚固，最好为石砌，采用水泥加固，井底无严重淤塞，井口要能够设置水位观测固定定点基点，以进行高程观测。以自流井为观测点时，如水头压力不高，可以接高井管，直接观测静水管的高度；如果水头压力很高，不便接管观测时，可以安装水压表，测定水头高度。具有井深实测资料，井底沉积物少，水位反应灵敏；井孔结构要清晰，滤水管位置能控制主要观测段的含水层。

4.3　泥沙观测研究方法

森林植被对泥沙的拦截作用很大，但目前还很难准确测定，在森林生态系统配对集水区和嵌套式流域范围内（即不包括进入大江大河的）泥沙的测定可以在以下两个地点取样：一是可利用坡面径流场观测地表径流、壤中流时分层取样；二是可利用测流堰板前沉沙池取样，以观测整个森林配对集水区与嵌套流域泥沙。

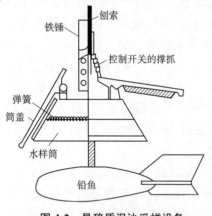

关于泥沙观测取样，《森林生态系统长期定位观测方法》（GB/T 33027—2016）规定：地表径流观测场或坡面水量平衡观测场，每次降水后测量接流池中水量，将接流池泥沙搅拌，收集水样（图 4-2）；测流堰堰板前段沉沙池视为集沙池，每次暴雨后收集水样；水样倒入量筒，静置足够时间，吸去上部清水，放入烘箱烘干，取出称重得到水样中干泥沙量。泥沙观测场取样主要使用的仪器设备为泥沙采样器。

图 4-2　悬移质泥沙采样设备

（图中标注：刨索、铁锤、控制开关的撑抓、弹簧、筒盖、水样筒、铅鱼）

4.4　水位观测研究方法

在森林生态系统配对集水区和嵌套式流域观测场内，设置地下水位观测井。森林对水的影响包括森林的存在能够涵养水源，使地下水维持在一定水平，保持平稳。目前有关森林对地下水位影响的研究多集中在森林采伐后是否会影响该地区的地下水位，森林生态系统配对集水区和嵌套式流域观测场的建设能够实现对这种变化的长期定位观测(图4-3)。

4.4.1 地下水水位观测点的选择

地下水水位观测地点的选择应以能控制该集水区或小流域地下水动态特征为原则;并且可以利用已有的井、泉和勘探钻孔作为地下水位观测井;在地形平坦的地段选择受人为因素影响较小的井,井深要达到历年最低水位以下3~5m,保证在枯水期仍可照常观测。

4.4.2 水位计的安装

地下水水位观测井的建设是从能否准确测量地下水位的角度上要求的。地下水水位观测井的设备主要为水位计(图4-4)。水位计安装时,将水位计放置在与水连通的PVC管或测井中。利用水位计观测水位时应在水位计安装处设置水尺,以建立水位参照点及检验水位计是否准确,同时还可以对水位计观测到的水位进行标定。考虑泥沙在此处可能淤积,还要定期清理槽中或堰内的泥沙或其他外来物。

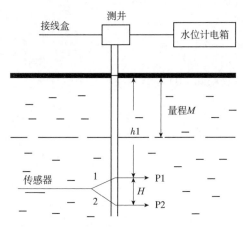

图4-3 地下水水位观测示意图

图4-4 水位计

通过内置数据采集器设置水位计记录数据的时间间隔为30min。通过计算机与数据采集器相连,下载并输出数据保存为Excel表格。数据内容包括记录序号、日期、时间、具体数值和数值单位。

4.4.3 平均水位的计算

不同时段水位的均值;如果一日内水位变化不大,或虽有变化但观测时距相等时,可以用算术平均法求得当日早上8:00至次日早上8:00的水位平均值,记为日平均水位。利用测速和水位测量的数据采集器设置数据采集时间间隔为30min。通过计算机与数据采集器相连,下载数据,输出保存为Excel表格。数据内容应包括:记录序号、日期、时间、具体数值和数值单位。流量主要是在流速和水位测定的基础上根据特定关系式计算得出。各测流建筑物流量计算公式为:

(1)巴歇尔测流槽

当水流为自由流时($H_b/H_a \leqslant 0.677$),即

$$Q = 0.327W \times \left(\frac{H_a}{0.305}\right) \times 1.569 \times W^{0.026} \tag{4-1}$$

式中　Q——流量，m^3/s；

　　　H_a——上游水位，m；

　　　H_b——下游水位；

　　　W——喉道宽，m。

当 $W = 0.5 \sim 1.5m$ 时，可用下列简化公式计算：

$$Q = 2.4W \times H_a^{1.569} \tag{4-2}$$

当 $H_b/H_a > 0.95$ 时，量水槽已失去测流作用，此时就要用其他方法进行测流。为此，在决定量水槽高度时，应尽量使用测流范围内处于自由流的状态。

（2）薄壁溢流堰

①矩形薄壁溢流堰：

$$Q = m_0 \times b\sqrt{2g}H^{1.5} \tag{4-3}$$

式中　Q——流量，m^3/s；

　　　b——堰顶宽度，m；

　　　g——重力加速度，$9.81m/s^2$；

　　　H——堰上水头，即水深，m；

　　　m_0——流量系数，由公式算出或试验得出。

当无侧向收缩时，即矩形堰顶宽与引水渠宽相同，且安装平整，则

②三角形薄壁溢流堰：

$$Q = \frac{4}{5}m_0 \times \tan\frac{\theta}{2}\sqrt{2g}H^{2.5} \tag{4-4}$$

式中　θ——三角形堰顶角；

　　　　其他符号含义同前。

若 $\theta = 90°$，流量公式可简化为：

$$Q = 1.4H^{2.5} \tag{4-5}$$

③三角形剖面溢流堰：

$$Q = \left(\frac{2}{3}\right)^{1.5} C_D C_V \sqrt{g}\, bH^{1.5} = 1.705 C_D C_V bH^{1.5} \tag{4-6}$$

式中　C_D——流量系数；

　　　C_V——考虑行近流速 $H^{1.5}$ 影响的系数；

　　　H——总水头，m；

　　　b——堰宽，m；

　　　g——重力加速度，$9.81m/s^2$；

　　　h——实测水头，m。

4.4.4　泥水样的采集与测定

4.4.4.1　泥水样的采集

用采样器在预先设定好的采样垂线和测点上取泥水样，采样时应同时观测水位及

采样处的水深。每个样点取 3 次重复。取泥水样可与测流同时进行。采样时由边岸取水垂线开始向河心取水垂线。泥水样采样垂线的数目在河宽大于 50m 时不少于 5 条，小于 50m 时不少于 3 条。在采样垂线上取泥水样的方法有积点法、定比混合法、积深法。悬移质观测平水期每月观测 1~2 次，清水不测；洪水时期应增加观测次数，与推移质、水位、流量观测同步。

①积点法：采用在采样垂线上的不同部位采样(表 4-1)。

表 4-1 积点法采样点的分布

方法	采样部位(h 为水深)	方法	采样部位(h 为水深)
5 点法	水面、$0.2h$、$0.6h$、$0.8h$、河底	2 点法	$0.2h$、$0.8h$
3 点法	$0.2h$、$0.6h$、$0.8h$	1 点法	$0.5h$ 或 $0.6h$

②定比混合法：是在每根采样垂线上取 3 个泥水样($0.2h$、$0.6h$、$0.8h$)，然后以 2 : 1 : 1 的比例混合；黄土区多按 2 点法取泥水样($0.2h$、$0.8h$)，然后按照 1 : 1 的比例混合。

③积深法：有两种，一种是把采样器由水面匀速放至河底，称为单程采样法；另一种是把采样器由水面匀速放至河底，再由河底提至水面，称为双程采样法。

4.4.4.2 泥水样的测定

取得水样后倒入量筒测量体积，然后静置足够时间，吸去上部清水，放入烘箱烘干，取出称重得到水样中干泥沙量。

泥水样经处理后计算各采样点的单位体积含泥沙量、采样垂线平均含沙量、断面平均含沙量以及断面输沙率。计算方法如下：

(1) 单位体积含沙量

将采样点 3 次重复泥水样的浑水体积和烘干后的泥沙干重分别求算术平均值，则单位体积泥沙量为：

$$\rho = W_s/V \tag{4-7}$$

式中 ρ——g/m^3；

     W_s——平均水样泥沙干重，g；

     V——平均浑水水样体积，m^3。

(2) 采样垂线平均含沙量

对于定比混合法和积深法采集的泥水混合样，经过样品处理后按公式 $\rho = W_s/V$ 计算得到的结果就是垂线平均含沙量。而对于积点法必须用流速加权进行计算：

5 点法 $\rho = (\rho_0 v_{0.0} + 3\rho_{0.2} v_{0.2} + 3\rho_{0.6} v_{0.6} + 2\rho_{0.8} v_{0.8} + \rho_{1.0} v_{1.0})/10v$

3 点法 $\rho = (\rho_{0.2} v_{0.2} + \rho_{0.6} v_{0.6} + \rho_{0.8} v_{0.8})/(v_{0.2} + v_{0.6} + v_{0.8})$

2 点法 $\rho = (\rho_{0.2} v_{0.2} + \rho_{0.8} v_{0.8})/(v_{0.2} + v_{0.8})$ (4-8)

1 点法 $\rho = k_1 \rho_{0.5}$ 或 $\rho_m = k_2 \rho_{0.6}$

式中 ρ——采样垂线平均含沙量，g/m^3；

     ρ_n——相对水深处的含沙量，g/m^3；

     v_n——相对水深处的流速，m/s；

v——垂线平均流速，m/s；

k_1，k_2——由试验测得的系数。

（3）断面输沙率

求得垂线平均含沙量后，可由下式计算断面输沙率：

$$\rho_s = \left[\rho_{m1}Q_0 + (\rho_{m1}+\rho_{m2})Q_{1/2} + (\rho_{m2}+\rho_{m3})Q_2/2 + \cdots + (\rho_{mn-1}+\rho_{mn})Q_{n-1}/2 + \rho_{mn}Q_n\right]/1000$$

$$(4\text{-}9)$$

式中　ρ_s——断面输沙率，kg/s；

ρ_{m1}，ρ_{m2}，$\cdots$，ρ_{mn}——各垂线平均含沙量，g/m³；

Q_0，Q_1，$\cdots$，Q_n——各垂线间的部分流量，m³/s。

若两采样垂线间有数条测速垂线，Q 应为该两采样垂线各部分流量之和。

（4）推移质观测与计算

推移质采样的垂直线布设应与悬移质采样垂线重合。将采样器放入，使其入口紧贴床底，并开始记时。采样数不少于 50~100g，采样历时不超过 10min，以装满集沙匣为宜。每个采样垂线上重复 3 次，取其平均值。若 3 次重复数据相差 2~3 倍以上，应重测。测时可从边岸垂线起，若 10min 后未取出沙样，即该处无推移质，再向河心移动，直到测完。记下推移质出现的边界，其间的断面称推移质有效河宽。推移质观测同悬移质观测一样，平水期每日测 1~2 次，清水不测；洪水时期应增加观测次数，与悬移质、水位、流量观测同步。

采样器采集沙样后，经烘干得泥沙干重，就可用图解法或分析法计算推移质输沙率。无论何法均需先计算各垂线上单位宽度推移质基本输沙率。

$$Q_b = 100W_b/(t \times B_k)$$

$$(4\text{-}10)$$

式中　Q_b——垂线基本输沙率，g/(s·m)；

W_b——采样器取得的干沙重，g；

t——采样历时，s；

B_k——采样器进口宽度，cm。

用图解法计算推移质输沙率时，先以水道宽（或堰宽）为横坐标，以基本输沙率为纵坐标，绘制基本输沙率断面分布曲线，其边界二点输沙率为零；若未测出，可按分布曲线趋势绘出。为分析方便，可将底部流速及河床断面绘于下方。用求积仪或数方格法量出基本输沙率分布曲线和水面线所包之面积，经比例尺换算，即得未经修正的推移质输沙率。实际推移质输沙率为：

$$Q_b = K \times Q_b'$$

$$(4\text{-}11)$$

式中　Q_b——推移质输沙率，kg/s；

Q_b'——修正前的推移质输沙率，kg/s；

K——修正系数，为采样器采样效率倒数。通过率定求得。若 K 未知，可暂不修正，需在资料整理中说明。

用分析法计算推移质输沙率和图解法原理相同，先按下式计算修正前的推移质输沙率：

$$Q_b' = 0.001\left(\frac{q_{b_1}}{2}b_0 + \frac{q_{b_1}+q_{b_2}}{2}b_1 + \cdots + \frac{q_{b_{n-1}}+q_{b_n}}{2}b_{n-1} + \frac{q_{b_n}}{2}b_n\right)$$

$$(4\text{-}12)$$

式中　Q_b'——修正前推移质输沙率，kg/s；

q_{b_1}、q_{b_2}，$\cdots q_{b_n}$——各垂线基本输沙率，g/(s·m)；

b_1，$b_2 \cdots b_{n-1}$——各垂线间的距离，m；

b_0，b_n——两端采样垂线至推移质边界的距离，m。

然后再按 $Q_b = K \cdot Q'_b$ 求出实际推移质输沙率。

（5）径流总量

$$W = Q \times T \tag{4-13}$$

式中　W——径流总量，m^3；

　　　Q——时段内的平均流量，m^3/s；

　　　T——时长，s。

（6）径流模数

$$M = 10^3 Q/F \tag{4-14}$$

式中　M——径流模数，$L/(s \cdot km^2)$；

　　　Q——时段内的平均流量，m^3/s；

　　　F——流域面积，km^2。

（7）径流深度

$$R = W/10^3 F \quad 或 \quad R = M \times T/10^6 \tag{4-15}$$

式中　R——径流深度，mm；

　　　F——流域面积，km^2；

　　　W——径流总量，m^3；

　　　M——径流模数，$L/(s \cdot km^2)$；

　　　T——时长，s。

（8）径流系数

$$\alpha = R/P \tag{4-16}$$

式中　α——径流系数；

　　　R——同时段内的径流深度，mm；

　　　P——同时段内的降水深度，mm。

4.5　降雨量观测研究方法

　　这里进行的降雨量观测不同于森林生态系统水量空间分配格局观测场建设中的林外降雨量观测，那是针对某一森林类型进行的小范围林外降雨量的观测，只需在降水再分配观测场的林外或林中空地安装全自动雨量计或标准雨量筒即可，这里提及的降雨量是指代表整个配对集水区或嵌套式流域的降雨量，即集水区或小流域范围内的平均降雨量。《森林生态系统长期定位观测方法》(LY/T 1952—2011)在水量空间分配格局观测对降雨量观测方法的要求是依据《森林生态系统定位研究方法》(林业部，1994)和《热带森林生态系统研究与管理》(曾庆波等，1997)确定的布点方法及数量。雨量观测点按集水面积的配置实际上就是使用的集水区降雨量平均观测法，在一个集水区或流域中，到底设置多少雨量观测点可以获得整个区域的平均降雨量呢？目前主要的计算方法有算术平均法、控制圈法、泰森多边形法和等雨量线法。

对于地形起伏不大，降水分布均匀，测站布设合理或较多的情况下，算数平均法最简单且能获得满意的效果。先对构成流域的坡度、面积、海拔等进行勘察，然后确定有代表性的测点，它们控制所代表的区域，即所谓控制圈法。如果区域内雨量点分布不均匀，且有的站点偏向一角，此时采用泰森多边形法较算数平均法更为合理。等雨量线法对于有足够数量雨量观测站的较大区域来说，能够根据降水资料结合地形变化绘制出等雨量线图(林业部，1994；曾庆波等，1997)。由于森林生态系统大多为坡地，且区域面积及雨量观测站数量有限，为此，在面积较大的流域最好采用泰森多边形法计算流域平均雨量，小流域采用加权平均法(控制圈法)。《森林生态系统长期定位观测指标体系》(GB/T 35377—2017)采用泰森多边形法以求观测数据可比性。

由于观测范围较大，在人员可及的区域，安装全自动雨量计；在山高路远的地方，在每一个选定的降雨量观测点安装无线传输雨量器。

本章小结

本章内容为森林生态系统配对式集水区与嵌套式流域研究方法，这两种方法是研究区域地表径流量的有效方法。嵌套式流域是自然界地形地貌层次结构的体现，大流域包含小流域，小流域内包含更小的集水区。嵌套式流域是研究水文过程尺度转换的天然实验场。配对集水区定义为：选择两个在面积、形态、地质、气候与植被都近似的集水区，然后对它们同时观测一段时间，这段时间称为校正时段(一般 3~5a，最好能够包括丰水年和枯水年。在校正时段之后，可选择其中之一作为处理，保留另外一个不动或作为参照集水区。利用这两种方法能有效地开展流量、水位、水质等方面的研究。

延伸阅读

1. 齐实，朱金兆，王云琦，等，2011. 三峡库区森林对水文过程的影响效应及洪水过程模拟[M]. 北京：科学出版社.

2. 李昌华，2006. 森林、土壤和水——天然林水文生态效益的小流域研究[M]. 北京：中国林业出版社.

思 考 题

1. 森林生态系统配对集水区与嵌套式流域研究方法各自的优势是什么？
2. 森林生态系统配对式集水区与嵌套式流域应该如何建设？

第**5**章

森林生态系统土壤呼吸与根际微生态研究方法

[**本章提要**] 研究森林生态系统土壤呼吸的目的是为了解土壤碳释放规律，测算森林生态系统土壤碳的年际通量以及为预测气候变化条件下植物根系、土壤动物、微生物对土壤碳释放格局的影响提供科学依据。根际微生态区研究的目的是通过对根际微生态区土壤理化指标、生物学指标和根系形态因子的观测，了解根际土壤理化特性及微生物类群活性，探索林木细根生长动态及其周转规律，进一步研究植物根系拓扑结构，揭示植物根系与环境因子间的关系，为实现根际微生态区的调控和优化提供支持。土壤呼吸研究方法众多，其中静态气室法与动态气室法是主流方法，微根管是根际微生态区的主要研究方法。

5.1 森林生态系统土壤呼吸观测研究方法

早在 19 世纪末，科学家们就已经开始对土壤呼吸进行研究，最初的研究主要是在实验室和农田生态系统进行(图 5-1)。20 世纪 60 年代后，由于测量方法的改进、测定仪器的改善及对相关因素的综合考虑，使得土壤呼吸的测定精度得到提高，但是要准确地测定土壤呼吸速率必须选择合适的方法，选择方法时应该考虑时间和空间要求、资源及仪器的有效性、测量所要求的精度等。

5.1.1 土壤呼吸主要研究方法

(1)微气象法

当前使用的土壤呼吸测定方法主要有微气象法、静态气室法、动态气室法。

微气象法是在微气象条件下测定 CO_2 交换通量的，主要方法有：空气动力学法、热平衡法和涡度相关法。该方法的优点是在直接观测不产生任何干扰，有效获取较大时空范围内的土壤呼吸数据，但其对下垫面均质性的要求难以满足，对 CO_2 物理沉降过程和生物利用过程无法区分，从而使通量测定存在很大的不确定性。

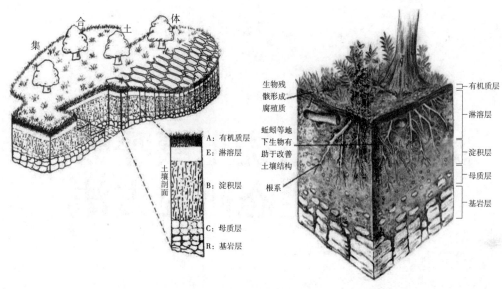

图 5-1　土壤剖面示意图

（2）静态气室法

静态气室法包括碱液吸收法、密闭气室法和动态箱气流交换法。

①碱液吸收法：是测定森林土壤呼吸的传统方法，原理是将装有碱液（NaOH 或 KOH）的封闭箱插入土壤，通过碱液持续吸收土壤表面释放出的 CO_2 通过特定时间碱液中碱的消耗量来估算 CO_2 量，来计算土壤呼吸速率。其优点是操作简单，可在多点同时进行观测；缺点是时间分辨率低，影响因素较多，结果变异性较大。

②密闭气室法：是用静态密闭箱收集地表排放的 CO_2，用气相色谱仪或红外分析仪对采样箱中产生的 CO_2 直接进行连续测定，通过计算 CO_2 随时间的变化来确定土壤呼吸速率。此法精度高、取样造价低、易操作、机动性强，是目前国际上广泛使用、经济可靠的 CO_2 通量测量法，但是在生长旺季，由于大量 CO_2 溢出而使箱内浓度升高，限制了土壤中碳的溢出；同时由于密闭箱的使用改变了被测地表的物理状态，通过测定起始与结束 CO_2 浓度差计算其排放量存在较大误差，箱内 CO_2 浓度随时间变化并非总是呈线性变化，从而可能造成计算的误差。

③动态箱气流交换法：原理是将气体采样箱与红外线气体分析仪（IRGA）相联接，是一种动态箱法。最主要的优点是能基本保持被测表面的环境状况而使测量结果更接近于真实值，从而优于碱液吸收法。

（3）动态气室法

动态气室法包括封闭式动态气室法和开放式动态气室法。

①封闭式动态气室法：是在测量过程中，将一个密闭的气室覆盖于一定面积的地表面上，同时允许空气在气室与 CO_2 传感器（红外气体分析仪 IRGC）之间的回路中循环（图 5-2）。封闭的气室中土壤向外释放 CO_2，使气室内 CO_2 浓度上升，用红外气体分析仪 IRGA 测量气室内 CO_2 浓度随时间的增加来确定土壤呼吸速率，在较短时间内，分别在开始和结束时测定这两个点的 CO_2 浓度，其增量可以用来估算 CO_2 通量。此方法测定结果较为真实可靠。该类方法中最早采用的仪器是 LI-COR-6400 便携式光合仪，LI-COR-6400 光合仪主要用于光合作用的观测，但通过设置土壤呼吸观测室进行土壤呼吸

的观测，其土壤呼吸室设置不够专业化，也不能够实现多点同时测量。后来出现了专门对土壤呼吸进行观测的仪器 LI-COR-8100，其根据土壤呼吸的特点是开展土壤呼吸专项监测的仪器，在改进版的 LI-COR-8100A 可实现多点的同时测量，最多可以实现 16 个点同时测量(图 5-3)。而 LI-COR-8150 则是目前定位长期连续观测土壤呼吸的最佳仪器，观测频率高且最多可实现 32 个点的同时观测。但 LI-COR-8150 设备昂贵，必须有电源支持，在野外使用具有一定的局限性，但其测量精度相对较高，是目前广泛应用的测量方法。

图 5-2　土壤呼吸室

图 5-3　LI-8100A 土壤通量自动测量系统

②开放式动态气室法：是使用差分方法估算 CO_2 通量，是指空气从气室的入口进入，流经气室再从出口流出，土壤呼吸作用使得流出气室的空气 CO_2 浓度高于进入气室的空气 CO_2，由进、出气室的 CO_2 通量差值即可得到土壤呼吸速率。

5.1.2　仪器布设与数据采集

观测点数量的确定方法如下：通过便携式土壤呼吸测量仪在待测区域随机测量多个样点土壤呼吸速率，计算其离散系数，估算所测结果的平均差，仪器显示为"error"。一个区域所需观测点，也即观测系统数量为 $N \geq (2 \times Cv/\text{error})2$。各类观测点的布设和数据采集方法如下：

(1)土壤总呼吸观测点的布设

样地设置参见《森林生态系统长期定位观测方法》(GB/T 33027—2016)，按蛇形采样法随机布设土壤总呼吸观测点。

①无根土壤呼吸测定点：在距离每个土壤总呼吸测定点 1m 左右的位置设置 5m×5m 的样方，布设无植物根系呼吸的观测点。在样方四周挖壕沟深至植物根系分布层以下约 0.5~1m。将所有根切断，然后在壕沟内用双层塑料布或者石棉网隔离。除去样方内所有活的植物体，然后将壕沟重新填平。6~12 个月后，待样方内活的根系彻底分解死亡成为无根样方，且土壤理化条件相对稳定后在样方内安置土壤呼吸环进行无根土壤呼吸的测定。

②无动物土壤呼吸测定点：在距离每个土壤总呼吸测定点 1m 左右的位置选择 1m×1m 的小样方，作为土壤动物呼吸的观测点。观测前 10~15d，在土壤 0~15cm 深度处随机埋置樟脑球，并在土壤表面撒一层樟脑球粉末用来驱逐螨虫、跳虫等。土壤呼吸测定

前 15~30min，在已经布设樟脑球的小样方内设置 3 排共 9 根电棒，电棒型号标准为 500mm×9mm，每两根电棒之间间隔 12.5cm，电棒之间用电线连接，电压 220V。在电击样方时，将电棒插入土壤中 15cm 左右，利用电击的办法驱逐土壤中的蚯蚓、蚂蚁等。在樟脑球+电棒形成的无动物样方内安置土壤呼吸环，进行无动物土壤呼吸的测定。

（2）土壤呼吸速率自动观测仪器的安装与操作

①仪器的安装：选择地势平坦的测量点，将土壤呼吸圆形基座环提前 24~48h 埋入土壤，在地面上留有 2~3cm 高度即可，将圆形基座环内的植物进行修剪。将土壤呼吸室扣在土壤呼吸圆形基座环正上方，确保密封，并保持系统整体水平无倾斜。将外置传感器土壤温度和土壤湿度探头连接到辅助传感器端口上，插入待测土层。确保存储卡、网卡插入后连接供电单元，按电源键开启主机，预热灯亮起，表示预热完成。系统预热完成后，通过无线控制器（或电脑）进入"系统设置"菜单，选择使用的土壤呼吸室类型，设置测量持续时间（min）、土壤呼吸室测量的面积（cm²）、测量次数以及重复次数、设置土壤呼吸基座上沿距地面高度（cm）、外接传感器设置等。根据需要选择手动测量一次模式或者自动测量记录模式，按相应的键启动测量。每一次完整测量结束后，系统自动计算出土壤呼吸速率结果并保存，所有数据都会被记录保存。重复上述步骤，获取更多测量数据。下载数据，进行分析处理。

②数据采集：打开仪器进行土壤呼吸的测定。每次测定工作在 1d 内完成，每个观测点测 3~5 个循环（每次循环大约需要 90s），每个样点大约需要 5min（夏季），秋季要长一些，具体测定时间、重复次数视实验而定。测定结束后，取出存储卡，插入计算机，获取所测数据并可通过软件进行数据分析。

③观测的时间和频率：土壤呼吸速率日变化的具体观测时间为 6：00、9：00、11：00、13：00、15：00、17：00、19：00、22：00 和 2：00。土壤呼吸速率季节变化的观测频率一般为 2 次/月。土壤呼吸速率年变化的观测在每年的固定时间进行。

5.1.3　数据处理

土壤总呼吸样方测定出的土壤呼吸即为土壤总呼吸速率 R。壕沟法测得的无根样方内的土壤呼吸为 R_1，植物根系呼吸 R_{root} 和根系呼吸贡献率 RC_{root} 的计算式如下：

$$R_{root} = R - R_1 \tag{5-1}$$

$$RC_{root} = \frac{R_{root}}{R} \times 100\% \tag{5-2}$$

樟脑球+电棒法测得无动物小样方土壤呼吸为 R_2，土壤动物呼吸 R_{fauna} 和根系呼吸贡献率 RC_{fauna} 的计算式如下：

$$R_{fauna} = R - R_2 \tag{5-3}$$

$$RC_{fauna} = \frac{R_{fauna}}{R} \times 100\% \tag{5-4}$$

土壤微生物呼吸由差值法得出植物根系呼吸 R_{root} 和土壤动物呼吸 R_{fauna} 后，土壤总呼吸 R 与 R_{root} 及 R_{fauna} 的差值即为土壤微生物呼吸 $R_{microbial}$，土壤动物呼吸贡献率 $RC_{microbial}$ 分别计算如下：

$$R_{microbial} = R - R_{root} - R_{fauna} \qquad (5-5)$$

$$RC_{microbial} = \frac{R_{microbial}}{R} \times 100\% \qquad (5-6)$$

5.2 森林生态系统根际微生态区观测研究方法

1904年，德国科学家 Hilter 首次提出了根际的概念。目前，有关根际微生态的研究已历经一百余年，有关根际的研究趋向于整体性和系统性方向发展，而且已经深入到植物学、土壤学、微生物学、植物生理生化、植物病理学、遗传学、分子生物学、生态学等各个领域，形成了多学科的交叉研究（张福锁等，1999）。通过对根际微生态区土壤理化指标、生物学指标和根系形态因子的观测，有助于了解根际土壤理化特性及微生物类群活性，探索林木细根生长动态及其周转规律，可为进一步研究植物根系拓扑结构，揭示植物根系与环境因子间的关系，实现根际微生态区的调控和优化提供基础。

在根际微生态研究中，细根周转在植物生态系统碳平衡和养分循环中的重要作用越来越被生态学家重视（Gill et al.，2000），因为大量的净光合产物在细根周转过程中被消耗（Norby et al.，2000），如许多森林生态系统要消耗40%~70%的净光合产物才能维持细根的周转（Steele et al.，1997；Vogt et al.，1998）。尽管近十几年来，众多科研工作者对细根周转进行了深入研究，但由于根系生长在土壤中，细根周转过程涉及细根生长、衰老、死亡和分解等环节，已往细根周转研究主要采用的根钻法、分室模型法和内生长法等传统方法，不能直接观测细根的生长状况及其消长动态，导致细根周转估计不准确（Eissenstat et al.，1997；Vogt et al.，1998）。微根管法的应用为解决细根寿命估计问题提供了有效工具（Vogt et al.，1998；Johnson et al.，2001）。

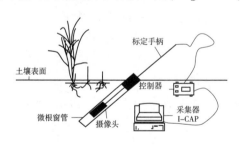

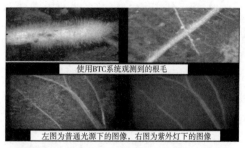

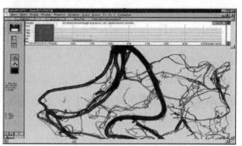

图5-4 微根管系统

微根管是一种非破坏性野外观察细根动态的方法，目前已广泛地应用于农作物、草地、沙漠植物、果园和森林等人工或自然植物群落的细根寿命研究中。它最大的优点是在不干扰细根生长过程的前提下，能多次监测单个细根从出生到死亡，也能记录细根的生长、生产和物候等特征，是估计生态系统地下碳分配和碳平衡研究的有效方法(图5-4)。

(1) 微根管的安装

微根管观察根的部分一般由插入根区中的透明玻璃管或塑料管组成，常用的有圆形管、方形管、膨胀管和压力板管，不同材料的管对根系的生长所产生的影响是不同的。其材料的选择主要基于成本和实用性来考虑。常用的安装方法是用钢钻挖一个与微根管直径接近的洞，钻到需要的深度后将微根管插入洞中。微根管安装的角度范围比较大，可水平、垂直或以与水平地面成 10°、15°、22°、30°、35°、45°、60° 等放置在土壤中，据统计，大多数微根管的安装是与土壤垂直方向成 30° 或 45°。安装的微根管必须固定。微根管安装完成以后，管与土壤之间需要经过一段时间的平衡期，以减少管对观测数据的影响。

(2) 根系图像采集

早期的微根管观测系统只能实现肉眼观察。研究者采用事先安装于微根管中的潜望镜来观察土壤中微根系的生长动态过程，后来经逐渐改进，可安装袖珍放大镜以放大微根系图像，并配以袖珍相机拍照记录微根系的生长动态过程。在此基础上已开发出的观测手段包括根系潜望镜、根系内窥镜、光学孔径检查仪、光学照相机、照明镜和小型彩色摄像仪，并配备录像机进行影像录制以观察微根系生长的动态过程。图像采集的时间间隔需要根据试验目的来确定，间隔可设置为 1 周、2 周、4 周、6~16 周或更长的时间，选择合适的采样间隔对于研究目的的精确性非常重要。土壤温度的变化将影响根系的生长发育状况，过慢的图像采集速度会造成管内温度升高，改变根系生长状况。因此，减少摄像头在管中的观测时间，有利于提高测量的精度。

微根管法在研究根系方面具有许多优点，但是它也存在一定的局限性。人工分析图像需要花费大量的时间，当前的软件还不能精确地鉴别死根。微根管的安装不可避免地会改变土壤的原有状态，管壁与土壤界面的接触一方面影响细根在正常环境下的生长；另一方面要使管壁与土壤接触良好，达到原有状态需一定的平衡时间；取样量和取样间隔都影响微根管的测定精度，取样量多将增加成本和工作量，而取样量少则影响测定精度。

(3) 根际土壤采样方法

采样时，每株树木宜按不同的方向多点采集。先用铁铲除去枯枝落叶层，然后用刀从树干基部开始逐层小心挖去上层覆土，追踪根系的伸展方向，然后沿侧根找到细根部分，每株标准木剪下 10 组直径<2mm 的细根群。小心将带土细根取出，用手轻轻抖动根系，从根系上脱落的土壤颗粒为非根际土，取 500g 装入无菌纸袋中；紧紧黏附在根系表面，距根面约 1~4mm 的土壤为根际土，连根取 500g 装入无菌纸袋中，带回后立即剥落分离，黏附紧的根际土可轻轻敲打或用刀片小心剥落。所取土壤应尽快带回实验室，低温保存在 4℃ 冰箱中等待处理和分析。

(4) 数据处理

根际土壤理化数据及生物学数据的处理参照《森林生态系统长期定位观测方法》

（GB/T 33027—2016）执行。根系的根长密度和面积密度在微根管图像中测量。通过总根长除以观察的整个管面积获得根系根长密度 RLD（mm/cm^2 或 cm/cm^2）。根系表面积的计算可用观察到的根长乘以根直径，以单位面积图片中观察到的根系表面积可得到根面积密度（mm^2/cm^2 或 cm^2/cm^2）。RLD_P 和 RLD_M 分别表示细根生长量和细根死亡量。假设根系在两次相邻采样间隔期内的生长速率与死亡速率一致，以单位管面积上根系根长的增加与减少来表示相邻两次采样间隔期内根系的生长与死亡，然后除以采样间隔时间，得到 RLD_P 和 RLD_M。

$$RLD_{P(M)} = \frac{RLD_{n+1} - RLD_n}{T} \tag{5-7}$$

式中　RLD_P——间隔期内根系生长量，$mm/(cm^2 \cdot d)$；

RLD_M——间隔期内根系死亡量，$mm/(cm^2 \cdot d)$；

RLD_n——第 n 次观测到的根系根长密度值，mm/cm^2；

RLD_{n+1}——第 $n+1$ 次观测到的根系根长密度值，mm/cm^2；

T——相邻两次采样间隔时间，d。

（5）根系年生长量死亡量、根系现存量和根系周转的计算

根系年生长量为一年内所有采样得到的根系根长净增加值（包括所有出现的新根长与以前存在的根系长度净增加值）；根系年死亡量为一年内所有采样中根系长度的消失（包括存在根的死亡以及由于根系的脱落或昆虫的取食引起根长的减少值）。根系年生长量与年死亡量的单位也以每年单位管面积内的单位根长来表示[$mm/(cm^2 \cdot a)$]。根系现存量以每次观测到的单位面积活根系长度来表示。根系周转采用以下 3 种方法进行估计：年根系生长量与年根系平均现存量之比；年根系死亡量与年根系平均现存量之比；年根系生长量与年根系最大现存量之比。

本章小结

本章内容为森林生态系统土壤呼吸与根际微生态研究方法。静态气室法包括碱液吸收法、密闭气室法和动态箱气流交换法；动态气室法包括封闭式动态气室法和开放式动态气室法。微根管是一种非破坏性野外观察细根动态的方法，它最大的优点是在不干扰细根生长过程的前提下，能多次监测单个细根从出生到死亡的生长动态，也能记录细根的生长、生产和物候等特征，是生态系统地下碳分配和碳平衡研究的有效方法。

延伸阅读

1. Luo Y Q, Zhou X H, 2007. 土壤呼吸与环境[M]. 姜丽芬, 曲来叶, 周玉梅, 等译. 北京：高等教育出版社.

2. 张福锁, 申建波, 冯固, 等, 2009. 根际生态学[M]. 北京：中国农业大学出版社.

思 考 题

1. 森林生态系统土壤呼吸研究的基本方法有哪些？
2. 如何有效利用微根管技术开展森林生态系统根际微生态相关研究？

第6章
森林生态系统气象观测研究方法

[**本章提要**]通过对森林生态系统典型区域不同层次风、温、光、湿、气压、降水、土温等气象因子进行长期连续观测，了解林内气候因子梯度分布特征及不同森林植被类型的小气候差异，揭示各种类型小气候的形成特征及变化规律，为研究下垫面的小气候效应及其对森林生态系统的影响提供数据支持。在开展森林气象观测时，往往既要进行常规气象观测，又要开展森林小气候的观测，因此需要这两个方面的研究方法。

6.1　常规气象观测研究方法

　　森林气象观测设施建设对于森林生态系统结构与功能及其环境效应的研究极为重要。森林生态系统地面气象观测是一项非常重要的工作，它是森林生态系统观测和研究的基础，为使获得的气象资料具有代表性、可比性和准确性，减少其他因素的影响，有必要对气象观测仪器、环境条件、操作方法、观测时间等提出严格的要求和统一的规定。关于常规气象观测场的建设要求在国家标准《森林生态系统长期定位观测研究站建设规范》(GB/T 33027—2016)中已做详细规定。该标准规定，气象观测场要按以下要求设置安装仪器：观测场内仪器设施的布置要注意互不影响，便于观测操作。高的仪器设施安置在北边，低的仪器设施安置在南边；各仪器设施东西排列成行，南北布设成列，东西间隔大于4m，南北间隔大于3m，仪器距观测场边缘护栏大于3m；仪器安置在紧靠东西向小路南面，观测员从北面接近仪器；北回归线以南的地面气象观测场内的仪器设施布置可根据太阳位置的变化进行灵活掌握，使观测员的活动尽量减少对观测记录的影响(图6-1)。

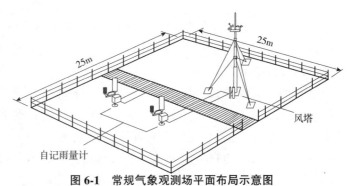

图6-1　常规气象观测场平面布局示意图

自动气象站是按照国家气象部门的要求，对温度、湿度、气压、风向、风速、辐射、日照、蒸发量、能见度等多个气象要素进行实时采集、处理、存储和传输的地面气象观测设备，该设备可以减少观测人员工作量，提高观测效率和质量。自 1999 年 7 月，我国引进芬兰 VAISALA 公司的自动气象站，首次将自动气象站投入到气象要素观测领域，树立了我国气象领域新的里程碑。与此同时，我国也建立了自己的研发梯队，加快步伐自行生产研发更高效率的自动气象观测装置。现阶段，无论是国内还是国外，自动气象站和数据采集设备都是配套的应用在气象观测系统中，不同的传感器型号对应着不同的自动气象站的采集器接口。因此，应进一步提高自动气象站的通用性和扩展性。国际上对气象要素的自动采集和气象数据的自动存储、数据处理、数据的实时传输提出了更高的要求，气象仪器的智能化和网络化将成为必然。

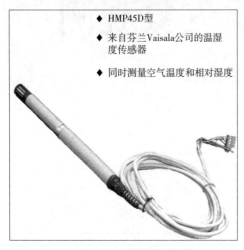

◆ HMP45D型

◆ 来自芬兰Vaisala公司的温湿度传感器

◆ 同时测量空气温度和相对湿度

图 6-2 温湿度传感器

目前，国内外传统自动气象站在气象要素观测方面发挥了重要的作用，自动气象站具有获取资料准确度高，观测的时空密度大，运成本低等特点，大大提高了气象工作人员的效率和气象观测的质量，实现了气象要素采集的自动化（胡玉峰，2004）。自动气象站在国内的应用也已经相当成熟，仪器结构和原理参照《地面气象观测规范　空气温度和湿度》（GB/T 35226—2017）。

进行数据处理时，可通过电缆连接数据采集器的通信口和电脑查看和下载数据采集器内存中的数据文件。数据文件名由"年、月、日"组成，如"20090301"。数据存储在 SD（Secure Digital Card）卡中，通过直接读取 SD 卡或通过以太网 Ethernet，采用文件传输协议（FTP）或超文本传送协议（HTTP）查看数据，也可通过通用分组无线服务技术（GPRS）远程传输数据到用户端。从数据采集器下载的数据文件可包括瞬时值，还可每日逐时、逐日数据。系统软件设置后还可自动计算散射辐射、日照时数、蒸散量的逐时、逐日数据。

6.2　森林生态系统小气候观测研究方法

王庚辰（2000）在《气象和大气环境要素观测与分析》第三篇中将小气候定义为："通常是指在一般的大气背景下，由于下垫面的不均匀性以及人类和生物活动所产生的近底层中的小范围气候特点。小气候涉及的水平范围和垂直范围都不大，水平在 10～10 000m 间、垂直在 10～100m 间。"其中，森林小气候研究的主要内容是森林生长的气候条件以及森林对气象或气候的影响，森林小气候要素是森林生态系统的重要生态环境因子。《森林生态系统定位研究方法》（林业部，1994）和《气象和大气环境要素观测与分析》（王庚辰，2000）指出"森林小气候观测的目的是解不同森林类型的小气候差异或森林对小气候的影响。"森林小气候观测的目的是通过对森林生态系统典型区域不同层次风、温、光、湿、气压、降水、土温等气象因子进行长期连续观测，了解林内气候因子梯度分布特征及不同森林植被类型的小气候差异，揭示各种类型小气候的形成特征及变化规律，为研究下垫面的小气候效应及其对森林生态系统的影响提供数据支持。通过观测研究将森林小气候与森林消长、群落动态变化同步进行，便于研究外界环境与森林群落或整个生态系统演替之间的相互关系、森林植被生长的物候潜力，为林业区划、森林资源利用和保护、林木生长乃至森林在区域和全球气候、环境变化中的作用等研究提供科学依据。

依据《森林生态系统定位观测指标体系》(GB/T 35377—2017)和《森林生态系统长期定位观测方法》(GB/T 33027—2016)确定森林小气候的观测内容和观测层次，即地上4层和地下4层观测森林小气候要素。地上4层是冠层上3m、冠层中部、冠层下方1.5m和地被层；地下4层是地下5cm、10cm、20cm、40cm。森林小气候观测的方法主要有常规观测和梯度观测两大类。森林小气候气象常规观测的仪器观测方法与一般的常规仪器观测方法相比，除一个布设在森林内一个布设在森林外，在仪器观测方法方面是一致的。而梯度观测是反映森林小气候垂直方向差异的观测，与常规观测存在显著差别。首先，梯度观测系统的布设和安装必须满足以下需求：

①观测塔的布设：观测塔应固定，塔的水泥底座面积应足够小，以确保不改变局部下垫面性质；建造过程中应注意保护塔四周下垫面森林的状态；观测塔的位置应位于观测场地中央或稍偏下风侧；塔应高出主林冠层；观测塔通常为拉线式矩形塔，塔体及其横杆的颜色应涂为银白色或浅灰色；观测塔的设计要方便工作人员安装检修仪器；观测塔应安装避雷系统。

②森林小气候观测仪器的布设和安装：避雷装置、数据采集和日常维护等需参照《自动气象站场室防雷技术规范》(QX 30—2004)、《森林生态系统定位研究站建设技术要求》(LY/T 1626—2005)等相关标准进行观测。传感器安装满足如下原则：安装在专用的观测塔上，应尽量避开伸臂和支架的影响，安装在主风向的扇形区内；安装位置应小于塔体最大断面的1.5倍；两套相同传感器安装互成180°方向；传感器应加相应的防护罩。

仪器安装位置和高度见表6-1，仪器布设如图6-3所示。

表6-1 小气候观测塔传感器安装位置和高度

安装位置和高度	传 感 器
冠层上3m	风向传感器(1个)、风速传感器(1个)、空气温湿度传感器(1个)、辐射传感器(1个)
冠层中部	风速传感器(1个)、空气温湿度传感器(1个)、辐射传感器(1个)
距地面1.5m	风速传感器(1个)、空气温湿度传感器(1个)、辐射传感器(1个)
地被层	风向传感器(1个)、风速传感器(1个)、空气温湿度传感器(1个)、辐射传感器(1个)
地面以下5cm	土壤水分传感器(1个)、土壤温度传感器(1个)、土壤热通量传感器(1个)
地面以下10cm	土壤水分传感器(1个)、土壤温度传感器(1个)、土壤热通量传感器(1个)
地面以下20cm	土壤水分传感器(1个)、土壤温度传感器(1个)
地面以下40cm	土壤水分传感器(1个)、土壤温度传感器(1个)

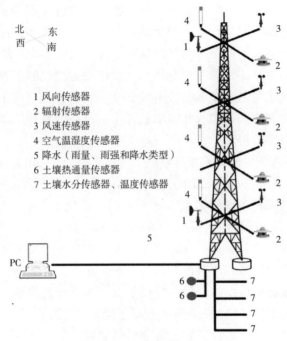

北　东
西　南

1 风向传感器
2 辐射传感器
3 风速传感器
4 空气温湿度传感器
5 降水（雨量、雨强和降水类型）
6 土壤热通量传感器
7 土壤水分传感器、温度传感器

图 6-3　梯度气象塔仪器布设示意图

本章小结

　　森林气象观测设施建设对于森林生态系统结构与功能及其环境效应的研究极为重要。森林生态系统地面气象观测是一项非常重要的工作，它是整个森林生态系统观测和研究的基础，为使获得的气象资料具有代表性、可比性和准确性，减少其他因素的影响，有必要对气象观测仪器、环境条件、操作方法、观测时间等提出严格的要求和统一的规定。梯度观测是反映森林小气候垂直方向差异的观测，与常规观测存在显著差别。

延伸阅读

1. 张霭琛，2015. 现代气象观测 [M]. 2 版. 北京：北京大学出版社.
2. 贺庆棠，2001. 中国森林气象学 [M]. 北京：中国林业出版社.

思　考　题

1. 森林生态系统小气候观测与常规气象观测的区别是什么？
2. 如果通过森林生态系统气象观测研究森林的降温增湿作用？

第**7**章
森林生态系统调节空气质量研究方法

[**本章提要**]随着人们对气候变化和空气污染的重视，森林在调节空气质量方面的作用越来越受到关注。本章主要介绍与森林生态系统有关的森林温室气体观测研究方法、森林生态系统大气干湿沉降观测研究方法，以及森林生态系统负离子、痕量气体观测研究方法和森林生态系统调吸滞空气污染物研究方法。

7.1 森林生态系统温室气体观测研究方法

气候变化，特别是全球变暖是当今人类面临的严峻挑战，是国际社会公认的全球性问题。大气中温室气体浓度的增加，影响到地气系统的辐射收支和能量收支，从而导致全球变暖，近 100 多年来，全球地表平均温度升高了 $0.3 \sim 0.6℃$（IPCC，2001）。由此可见，开展温室气体观测意义重大。

温室气体的排放与浓度的变化与全球气候变化息息相关。森林土壤是温室气体重要的源和汇。目前，温室气体在森林土壤与大气界面交换的过程和规律研究日趋受到关注。相关研究对温室气体的定义和种类做出了界定，此外，环境监测的相关标准也对温室气体的种类做了规定，观测时同时考虑温室气体的浓度和排放量（王跃思等，2008；林先贵，2010）。通过观测森林生态系统温室气体的变化，掌握森林生态系统温室气体的排放规律，揭示大气沉降、植被类型、凋落物分解、土壤温度和湿度、根系等因子对森林生态系统温室气体产生和消耗的过程机理，为我国温室气体减排提供可靠依据。

目前，在温室气体浓度观测研究中，主要采用气相色谱法和光声谱法。气相色谱法是一种以气体为流动相的柱色谱分离分析方法，具有分离效率高、灵敏度高、分析速度快及应用范围广等特点（章家恩，2006）。但该方法需要现场采样，然后到实验室进行分析，这给工作增加了难度。光声谱法是近些年来发展起来的温室气体观测方法，具有分辨率和灵敏度高，能够在线测量、自动记录，同时可选择多种温室气体等特点，已成为温室气体浓度观测中发展前景较好的观测方法（Nanh et al.，2010）。

温室气体排放量的观测研究中，一直都采用静态箱采样—气相色谱测量法，该方法有较强的可操作性和准确性(王跃思等，2008)。该方法是把土壤排放的 CO_2、CH_4、N_2O 等气体收集到静态箱，经过一定时间积累，收集气体样品，气体样品经气相色谱仪分析得到单位时间内土壤温室气体的排放量。

该方法仪器的布设安装、采样和数据采集可参考《中国陆地和淡水湖泊与大气间碳交换观测》(王跃思等，2008)。

7.1.1　观测场设置要求

①研究区域的典型林分；②不应跨越道路、山脊和沟谷，同时还应考虑交通状况是否便利；③采样点四周无遮挡雨、雪、风的高大树木，并考虑风向(迎风、背风)和地形等因素。

7.1.2　观测仪器

光声谱仪、采样管、多点采样器、静态箱、注射器和测温仪等。

7.1.3　温室气体浓度观测

(1)气相色谱法

将气体捕集装置串联到采样系统中，森林生态系统环境空气中气体样本的采集及采集记录按照《环境空气质量手工监测技术规范》(HJ 194—2017)执行。采集的气体样本应及时送往实验室，应用气相色谱等相关仪器分析样本中的温室气体浓度。

(2)光声谱法

①仪器的布设安装：仪器主机可放置在观测场的观测房内。采样进气口距离屋顶平面的高度以 1.5～2m 为宜。仪器机房位于大型建筑内(高度超过 5m)时，采样口的位置应选择在建筑的迎风面或最顶端，采样进气口距离屋顶平面的高度应适当增加。当四周有茂密树木时，采样进气口高度应超过冠层高度 1m 以上，至少在进气口的迎风面水平面 270°扇区内，阻挡物到采样进气口的距离应阻挡物高度的 10 倍以上。

②采样和数据采集：首先将采样管连接到光声谱仪的主机上，然后设定"样本平均值测量时间"(S. I. T)，开始测量。测量过程可由观测员按停终止或按照设定的停止时间终止。

③数据处理：森林温室气体浓度，采用气相色谱法时，气体样本体积计算按照(HJ/T 194—2005)执行。根据实验室分析结果，计算森林温室气体浓度。采用光声谱法时，系统主机在野外直接测量及存储温室气体浓度值。连接主机和电脑后，可下载数据文件。

7.1.4　温室气体排放量观测——静态箱法

①仪器的布设安装：在观测点设置 2 个处理，处理 1 是土壤(清除凋落物)，处理 2 是土壤+凋落物。处理 1 和处理 2 配对设置，即在同一点内同时设置处理 1 和处理 2，两种处理的底座间距不超过 50cm。可设置 4～6 个配对重复，以确保箱内土壤及环境对周围林地状况的代表性。在观测点提前埋设底座，观测前应有足够的平复扰动时间。底座要以对观测点的破坏和扰动最小为原则，把底座插入土中至密封水槽底部，在水

槽内放入木制方框,用锤子均匀砸下。在整个测量季节,底座保持不动。观测人员在采样操作中应最大限度地减少采样给土壤带来的扰动。

②采样和数据采集:底座埋设大约1周,待扰动基本平复后可开始罩箱采样。罩箱前向底座的密封水槽内注入1/2的水,尽量减少对箱内的扰动,不要使采样箱边缘受到磕碰损坏,也要防止密封水槽内的水溅出而影响箱内外土壤湿度。罩箱后,用100mL或60mL带有三通阀的聚丙烯医用注射器抽取箱内气体。使用注射器抽取气体样品时应注意不能用力过猛,尽量平缓地抽出箱内气体以免造成箱内气压波动。初始和最后一次抽样完毕后,分别读取地下5cm、地表、箱内、箱外气温值并记录。采集的样本应及时送往实验室,在24h内分析完毕。采样间隔为从前一观测日的上午9:00开始至次日上午9:00结束,白天每隔2h采样1次,夜间每隔3h采样1次。采样频率一般定为:12月、1月、2月,每2周1次;11月、3月和4月每周1次;5~10月每周2次。观测应选择在具有当地代表性的气象条件下进行。

③数据处理:森林温室气体排放通量(F)的计算公式如下。

$$F = \frac{M}{V_0} \times \frac{P}{P_0} \times \frac{T_0}{T} \times \frac{dc}{dt} \times h_0 \tag{7-1}$$

式中　M——特定的温室气体的摩尔质量,g/mol;

　　　P——采样时箱内气体的实际压力,hPa;

　　　P_0——理想气体标准状态下的压力,1013.25hPa;

　　　V_0——温室气体在标准状态下的摩尔体积,22.41L/mol;

　　　T——采样时箱内气体的实际温度,K;

　　　T_0——理想气体标准状态下的温度,273.15K;

　　　h_0——正方体、长方体或圆状采样箱气室顶高度,m;

　　　dc/dt——箱内目标气体浓度随时间的回归曲线斜率。

测量时,箱底水深为淹水水面(或土壤表面)距底座水槽底部的垂直距离,高于水槽底部为正,低于水槽底部为负。

采样箱实际高度=采样箱高度-箱底水深

气压值可通过气象站获取,温度值取采样开始和结束时箱内温度的平均值,气相色谱的分析结果和采样时间可得到回归曲线斜率。

7.2　森林生态系统大气干湿沉降观测研究方法

大气作为生态系统的重要要素,大气污染已成为人们广泛关注的环境问题之一。自19世纪第二次工业革命以来,随着农业生产中化学氮肥、磷肥等施用量的增加,向全球排放的污染物也急剧增加,这些污染物会以不同的方式沉降到地球表面从而影响陆地和水域生态系统。无降水时,大气中的酸性物质可被植被吸附或重力沉降到地面称为干沉降;有降水时,高空水滴吸收凝结酸性物质继而降到地面称为湿沉降。

大气污染对森林的影响及森林的适应机制受到生态学家的重视。通过对森林生态系统大气干湿沉降的野外系统观测,可揭示干湿沉降物的组分构成,并可进一步探讨森林生态系统干湿沉降中物质量的变化规律、分布特征、影响因素及对生态环境的影响。

图 7-1　大气干湿沉降仪

在大气沉降观测中，收集器主要有集尘缸或集尘罐、收集箱、集尘桶、沉降仪等。无论采用何种收集器，都要求取样器容积固定、内壁光滑。目前，各国采用的集沉器有所差异，如我国环境监测站采用玻璃或塑料材质、底部平整、内壁光滑的容器做集尘缸，规格一般为内径 15cm，高 30cm（王赞红，2003）；英国规定标准集尘器是具金属网盖的玻璃漏斗下直接连接集尘瓶（吴鹏鸣，1989）。这些收集器都属应用于人工收集的方法，当发生干湿沉降转换时，要及时进行调整，否则会影响观测结果准确性。但在实际操作中只靠人力来实现及时转换是有难度的。大气干湿沉降仪等自动化仪器的使用则可有效地实现及时转换和长期连续观测，还可实现对沉降物质的自动分析（图 7-1）。

大气干湿沉降仪主要用于精确分离和收集降水和颗粒物总量。大气干湿沉降仪一般具有两个收集容器——集尘桶与集水桶，分别收集干沉降和湿沉降物质。两个收集器有一个共用的遮盖，该遮盖需符合密闭要求。在降水期间，湿沉降收集器打开，干沉降收集器遮盖；在无降水时，干沉降收集器打开，湿沉降收集器遮盖。遮盖的转换过程由降水传感器控制。降水传感器感应到有降水时，会传输信号至动力装置，把遮盖从集水桶传输到集尘桶。当降水结束后，传感器会传输信号至动力装置，把遮盖反转到集水桶上。在冬季有降雪的地区，可以选择带有雪盖箱体设计以及雪盖可加热的沉降仪，以避免箱体顶部积雪。早期的大气沉降仪收集到的干湿沉降还需进一步带回实验室进行分析。一般沉降仪都会配有收集盘。大气干湿沉降仪能够实现干湿沉降的自动收集，且其反应灵敏，克服了人力收集的一系列问题，使得数据更为准确。但是，也需经常进行检修和保养，以防仪器出现问题造成误差。

7.2.1　大气干湿沉降收集器的布设

为综合反映森林生态系统内的大气沉降情况，干湿沉降仪应按以下方法布设。

（1）林外干湿沉降收集器的布设

参照《空气污染对森林影响的统一采样、评价、监测和分析的方法与手册》（唐守正，2002），收集器与树木、建筑物等周围物体的距离，应不低这些物体高度的 2 倍。林外干湿沉降采样点应布设在研究区典型林分外的空地内，平行放置两个完全相同的收集器。

（2）林内干湿沉降收集器的布设

根据森林生态站多年监测经验，在样地中选择 3 株标准木，连成一个三角形。在三角形每条边的三等分点各布设一个收集器。林外干湿沉降采样点应布设在研究区典型林分外的空地内，采样点四周无遮挡雨、雪、风的高大树木，并考虑风向（迎风、背风）和地形等因素（李波，2010）。

7.2.2　大气干湿沉降的采集

（1）干沉降的采集

干沉降采用集尘缸或集尘罐，湿沉降采用带盖口径>40cm、高 20cm 的聚乙烯塑料容器。对于距电源较近的采样点，可采用干湿沉降仪作为收集器。收集器与周围物体（如树木、建筑物等）的距离，应不低这些物体高度的 2 倍。平行安置两个完全相同的收集器。集尘缸（罐）集器具在使用前用 10%（体积分数）的盐酸浸泡 24h 后，用去离子水清洗干净，密封携至采样点，也可用洁净的塑料容器，容器底部装上玻璃、不锈钢等干燥光洁物作为沉降面，在林中放置 1 个月，采集非降水期的干性物质。野外回收样品时，用清洁的镊子将落入缸（罐）内的树叶、昆虫等异物取出，然后用去离子水反复冲洗缸壁，将所有沉淀物和悬浊液转移至聚乙烯塑料桶中密封保存，并及时送至实验室妥善保存备用。预处理样品送达实验室后，将所有溶液和尘粒转入烧杯中，在电热板上蒸发，使体积浓缩到 10~20mL，冷却后用水冲洗杯壁，并把杯壁上的尘粒擦洗干净，将溶液和尘粒全部转移到恒定质量的 100mL 瓷坩埚中，放在搪瓷盘里，在电热板上小心蒸发至干（溶液少时注意防止崩溅），然后放入烘箱在（65℃±5℃）下烘干，称量其质量，密封保存备用。

（2）湿沉降的采集

收集器放置在野外之前，在实验室内先将收集器用 1∶5 的盐酸（HCl）浸泡 7d，然后用去离子水淋洗 6 遍，在洁净的工作台上晾干，用洁净塑料袋包好备用。用收集器收集大于 0.5mm 的降水后，同时根据样品的体积加入 0.4%（V/V）的三氯甲烷（CHCl₃），振荡混匀，于阴凉干燥处保存；收集器用去离子水冲洗干净，再用塑料袋包好，保存前应贴上标签，并记录采样时间、地点、风向、风速、大气压强降雨量、降水起止时间。取每次降水的全过程样（降水开始至结束）。若一天中有几次降水过程，可合并为一个样品测定。若遇连续几天降雨，可收集上午 8∶00 至次日上午 8∶00 的降水，即 24h 降水样品作为一个样品进行测定。样品预处理时，采集液首先用 0.45μm 的醋酸纤维滤膜过滤，过滤后的滤膜在 40~45℃下烘干，差减法计算颗粒物质量。滤液转移到洁净的聚乙烯瓶中，于 4℃ 条件冷藏保存。

7.2.3　大气干湿沉降通量

①干沉降中元素沉降通量（F_i）：

$$F_i = \frac{M \times C_i}{S} \tag{7-2}$$

式中　F_i——干沉降通量，mg/m^2；

　　　M——干沉降量，g；

　　　C_i——干样部分样品元素质量分数，mg/g；

　　　S——采样面积，m^2。

②湿沉降中元素沉降通量（F_i）：

$$F_i = \left(\sum_{i=1}^{n} \frac{C_i \times 10^6 \times V_i}{A} \right) \times 10\,000 \tag{7-3}$$

式中 F_i——湿沉降通量，kg/hm^2；

C_i——浓度，mg/L；

V_i——湿沉降体积，L；

A——雨量桶横截面积，m^2。

林内湿沉降量计算中应剔除森林生态系统冠层干沉降历史积累量，其公式如下：

$$林内实际湿沉降量 = 林内总湿沉降量 - (林外干沉降量 - 林内干沉降量) \tag{7-4}$$

③样品中各指标分析方法及方法来源见表7-1。

表7-1 大气干湿沉降各指标分析方法

序号	项目	分析方法	方法来源
1	pH值	电极法	GB 13580.1—1992
2	$NH_4^+—N$	纳氏试剂比色法	HJ 535—2009
3	总磷	钼酸铵分光光度法	GB/T 11893—1989
4	总氮	碱性过硫酸钾消解紫外分光光度法	HJ 636—2012
5	铜	2，9-二甲基-1，10-菲啰啉分光光度法	HJ 486—2009
		二乙基二硫代氨基甲酸钠分光光度法	HJ 485—2009
		原子吸收分光光度法（螯合萃取法）	GB 7475—1987
6	锌	原子吸收分光光度法	GB 7475—1987
7	硒	2，3-二氨基萘荧光法	GB 11902—1989
		石墨炉原子吸收分光光度法	GB/T 15505—1995
8	砷	二乙基二硫代氨基甲酸银分光光度法	GB 7485—1987
9	汞	冷原子吸收分光光度法	HJ 597—2011
10	镉	原子吸收分光光度法（螯合萃取法）	GB 7475—1987
11	铬（六价）	二苯碳酰二肼分光光度法	GB 7467—1987
12	铅	原子吸收分光光度法（螯合萃取法）	GB 7475—1987
13	硫化物	亚甲基蓝分光光度法	GB/T 16489—1996
14	硫酸盐	重量法	GB/T 11899—1989
		离子色谱法	HJ/T 84—2016
15	氯化物	离子色谱法	HJ/T 84—2016
16	$NO_3^-—N$	酚二磺酸分光光度法	GB/T 7480—1987
		紫外分光光度法	HJ/T 165—2004
		离子色谱法	HJ/T 84—2016
17	钙、镁	原子吸收分光光度法	GB 13580.13—1992
18	钠、钾	原子吸收分光光度法	GB 13580.12—1992

7.3 森林生态系统空气负离子、痕量气体观测研究方法

森林生态系统空气负离子浓度明显高于其他界面，森林空气负离子评价已经被越来越多的科研工作者所关注（林金明等，2006）。空气负离子浓度的测量方法已经较为成熟，在与环境监测相关的标准中已有较为明确的规定，本节内容结合森林生态系统

定位观测的特点,介绍观测点的布设方法,以使测量结果更具科学意义。

森林生态系统是痕量气体重要的源和汇之一,阐述这些痕量气体导致温室效应的机理,总结这些痕量气体近年来在大气中的浓度变化趋势,分析引起这些变化的机理,对评价森林生态系统与环境之间的关系具有重要的意义。

通过野外长期连续定位观测森林生态系统负离子、痕量气体和气溶胶浓度的动态变化,掌握其时空分布规律,为研究森林生态系统对空气负离子、痕量气体和气溶胶的调控,为揭示森林生态系统对大气的净化机制提供基础依据。

(1)空气负离子观测

参考林金明等(2006)、吴楚材等(2001)、钟林生等(1998)等研究方法,确定负离子检测仪的布设与数据采集。观测生态系统内空气负离子的空间变异性时,选择典型林分设置样地,水平方向上采用单对角线3点法或双对角线5点法布设观测点,垂直方向上参照6.2森林生态系统小气候观测研究方法梯度布设观测点。在选定的观测点对空气负离子进行同步观测(图7-2)。若无法实现同步观测,对所选观测点应在同一时段内测定完毕,并在该时段内对各测点进行重复观测,再分别将各观测点所得数据取其均值,作为该时段内观测点上的空气负离子值。在同一观测点相互垂直的4个方向,待仪器稳定后每个方向连续记录5个负离子浓度的波峰值,4个方向共20组数据的平均值为此观测点的负离子浓度值。观测频率为每月1次,每次3~5d,选择晴朗稳定的天气,每天观测时间从6:00~18:00,间隔2h观测1次,每次采样持续时间不少于10min。在观测空气负离子时,由于要选取多个点进行观测,应该给每个观测点编号,以确定观测位置。

图7-2 空气负离子观测

(2)痕量气体观测

在大气痕量气体观测技术中,主要采用光谱法和化学方法。光谱法相较化学方法更具优势:①可以反映一个区域的平均污染程度,不需要多点取样,这对于连续监测或泄漏监测十分有效;②能对不易接近的危险区域监测;③可以同时测量多种气体成分。所以,光谱学技术是当前大气痕量气体在线监测的发展方向和技术主流(刘文清等,2004)。根据长期定位观测的特点,本系统采用光谱学技术作为痕量气体观测方法,并给出观测仪器结构和原理、观测仪器的布设和安装、采样和数据采集。痕量气体观测仪器主机可放置在观测场的观测房内。采样进气口距离屋顶平面的高度以1.5~2.0m为宜。仪器机房位于大型建筑内(高度超过5m)时,采样口的位置应选择在建筑的迎风面或最顶端,采样进气口距离屋顶平面的高度应适当增加。系统测量环境温度应在5~30℃。将采样管连接主机上,开启电源,设定样本测量时间后可开始测量。

7.4　森林生态系统调吸滞空气污染物研究方法

大气污染物按照存在的物理状态可以分为有害气体污染和颗粒物污染两类。气体污染包括 CO、SO_2、NO_x、CO 和 O_3 等污染物。森林调控环境空气质量是指森林生态系统通过吸附、吸收、固定、转化等物理和生理生化过程实现对大气颗粒污染物($PM_{2.5}$、PM_{10} 和 TSP 等)、气体污染物(SO_2、NO_x 等)和 CO_2 等负能量的消减作用,并通过提供空气负离子和释放 O_2 等过程释放正能量实现改善空气质量(Zhang et al. , 2015)。

森林能够增加地表粗糙度,降低风速从而提高空气颗粒物的沉降概率,同时其叶片结构的理化特性,提供了更利于颗粒物附着的条件;此外,枝、叶、茎还能够通过气孔和皮孔吸收颗粒物前体物质(包括 CO、SO_2、NO_x、O_3 以及 PHAs 等有机污染物)和细小的空气颗粒物,从而降低大气污染物的浓度。森林对大气颗粒物的滞纳功能主要是通过林冠层实现(房瑶瑶等,2015)。林冠复杂的结构(林冠大小、林冠形状等因素)和叶片特征(形状、表面微观结构)是森林发挥治污减霾功能的基础(王兵等,2015)。因此,通过植树造林来增加地表覆盖率,可以有效减少空气污染物的浓度,净化空气。

森林调控空气有害物质的研究方法分为两部分:一是森林吸收气体污染物研究方法,包括对 SO_2、NO_x、CO_2 等气体污染物;二是森林滞纳空气颗粒物研究方法。森林吸收气体污染物的研究方法国内外比较统一,由于对空气颗粒物的研究方法,目前还比较杂乱,还没有统一的标准。

通过对森林生态系统吸附固体颗粒物和有害气体进行长期连续观测,研究自然状态下不同植被类型对大气污染物的吸滞作用,可揭示不同植被类型生态修复功能与动态规律,还可为森林生态系统服务评价提供基础数据。

森林环境质量观测站应选择在定位观测区和试验区,该区域交通、水电等基础设施便利。建筑面积 $600 \sim 1200 m^2$,设有办公室、数据分析室、会议室、资料室、样品室、电教室、综合实验室、研究人员宿舍、餐厅、厨房、储藏室等,以满足城市森林生态站观测要求。

7.4.1　森林吸收气体污染物研究方法

(1)采样方法

①叶片的采样方法及叶片污染物测量:采样时避开雨天,遇到降雨时在降雨 7d 之后采样,在树冠的上、中、下部位及东、南、西、北 4 个方向各采集针阔树种功能叶片,将采集的叶片封存于纸质采集袋(无静电)中带回实验室处理。在实验室使用气溶胶再发生器测量叶片滞纳的颗粒物(王兵等,2015;张维康等,2015)。

②空气污染物的测量方法:在城市森林环境质量观测基站内安装 O_3 监测仪、CO_2 监测仪、CO 监测仪、NO_x 监测仪、SO_2 监测仪等大气质量监测仪器,以实时监测各污染物质的质量分数。

(2)数据处理

数据的处理包括两方面:一是植物叶片滞纳的污染物的测量,包括 TSP,PM_{10} 和 $PM_{2.5}$;二是森林内空污染物的测量,包括空气中颗粒物浓度,CO_2、O_3、CO_2、CO、

SO_2、NO_x。

①植物叶片滞纳的污染物的测量：叶片的颗粒物吸滞量应用气溶胶再发生器获得，将待测树种叶片放入气溶胶再发生器的料盒，通过搅动、吹风、去静电等处理，气溶胶再发生器将叶片上的颗粒物吹起，制成气溶胶，再结合手持粉尘监测仪获取制成气溶胶中颗粒的质量分数，进而推算出叶片上颗粒物的吸附量，每个树种进行3次重复(王兵等，2015a)；再利用叶面积扫描仪和叶面积软件计算放入料盒中所有叶片的叶面积(S，cm^2)，由公式计算单位叶面积颗粒物吸附量(M，$\mu g/cm^2$)(房瑶瑶等，2015)。

$$M = \frac{M_i}{A} \tag{7-5}$$

式中 M——单位叶面积颗粒物吸附量，$\mu g/cm^2$；

M_i——放入气溶胶再发生器叶片的颗粒物吸附量，μg；

A——放入气溶胶再发生器料盒中所有叶片的叶面积，cm^2。

②森林空气污染物测量：使用 PM_{10}、$PM_{2.5}$ 自动检测仪、O_3 监测仪、CO_2 监测仪、CO 监测仪、NO_x 监测仪、SO_2 监测仪等大气质量监测仪器，以实时监测森林内各污染物质质量浓度。监测仪器24h不间断运行，每10s采集一次数据，每1h记录一组平均数。

7.4.2 森林滞纳空气颗粒物研究方法

(1)采样方法

将植物叶片带回实验室，应用便携式叶面积仪测定其叶片面积，然后将叶片放入80℃烘箱中烘干48h，用万分之一天平称量叶片干重。植物组织硫含量按照《森林植物与森林枯枝枝落叶层金硅、铁、铝、钙、镁、钾、钠、磷、硫、锰、铜、锌的测定》(LY/T 1270—1999)执行，选择离子电极法测定植物组织氟离子含量，应用紫外分光光度计测定植物组织氮氧化物含量。应用森林环境空气质量监测系统同步观测实验区和对照区有害气体浓度。

(2)数据处理

①单位叶面积吸附滞纳颗粒物量：

$$M_1 = \frac{G_i}{LA} \tag{7-6}$$

式中 M_1——单位面积叶片吸附滞纳颗粒物量，$\mu g/cm^2$；

G_i——叶片吸附滞纳颗粒物量，μg；

LA——叶片面积，cm^2。

②每公顷林地吸附滞纳颗粒物量：

$$M_2 = G_i \times LAI \times 0.01 \tag{7-7}$$

式中 M_2——每公顷林地吸附滞纳颗粒物量，g；

G_i——叶片吸附滞纳颗粒物量，μg；

LAI——叶面积指数；

0.01——单位转换系数。

③每公顷林地吸附滞纳氮氧化物、二氧化硫、氟化物量：

$$M_4 = \frac{(G_k - G_e) \times LAI}{SLA} \times 0.01 \qquad (7\text{-}8)$$

式中 M_4——每公顷林地吸附氮氧化物、二氧化硫、氟化物量，kg/hm^2；

      G_k——对照区叶片氮氧化物、二氧化硫、氟化物含量，mg/kg；

      G_e——实验区叶片氮氧化物、二氧化硫、氟化物含量，mg/kg；

      LAI——实验区林分叶面积指数；

      SLA——实验区某一树种叶面积，cm^2；

      0.01——单位转换系数。

单位叶面积吸附滞纳氮氧化物、二氧化硫、氟化物量

$$M_5 = \frac{(G_k - G_e) \times LAI}{SLA} \qquad (7\text{-}9)$$

式中 M_5——单位叶面积吸附滞纳氮氧化物、二氧化硫、氟化物量，g/m^2；

      G_k——对照区某一树种叶片氮氧化物、二氧化硫、氟化物含量，mg/kg；

      G_e——实验区某一树种叶片氮氧化物、二氧化硫、氟化物含量，mg/kg；

      LAI——实验区林分叶面积指数；

      SLA——实验区某一树种叶面积，cm^2；

      0.01——单位转换系数。

本章小结

温室气体排放量的观测研究一直都采用静态箱采样—气相色谱测量法，该方法有较强的可操作性和准确性。在大气沉降观测中，收集器主要有集尘缸或集尘罐、收集箱、集尘桶、沉降仪等。无论采用何种收集器，都要求取样器容积固定、内壁光滑。观测群落内空气负离子、痕量气体和气溶胶空间变异性时，选择典型林分设置样地，水平方向上采用单对角线 3 点法或双对角线 5 点法布设观测点。

延伸阅读

1. 牛香，薛恩东，王兵，等，2017. 森林治污减霾功能研究——以北京市和陕西关中地区为例[M]. 北京：科学出版社.

2. 王兵，党景中，王华青，等，2018. 陕西省森林与湿地生态系统治污减霾功能研究[M]. 北京：中国林业出版社.

思 考 题

1. 山地森林与城市森林在调节空气质量观测方面的侧重点有什么区别？
2. 森林生态系统调节空气质量观测结果可以应用于哪些相关研究？

第8章

森林群落大型长期固定样地研究方法

[**本章提要**] 森林群落大型长期固定样地简称大样地，是近些年出现的研究森林群落长期变化与生物多样性维持机理等森林生态学问题的有效手段。与一般样地相比大样地具有4个主要特征：面积大；具有网格体系；采用统一的调查方法；森林群落动态多指标长期连续观测。本章将对大样地的设置和调查方法进行介绍。通过本章的学习可以明确大样地研究方法的概念，掌握大样地研究方法的基本步骤、流程及研究手段。

8.1 大样地的设置方法

8.1.1 面积设置

与传统的样地、样带研究方法相比，大样地研究方法的典型特征是面积大，但其特征又不只限于面积大。量变引起质变，由于研究样地面积变大，使得其设置方法、观测内容、观测手段和研究方向上均与小样地研究方法存在较大的差别，也使得利用该方法在解决一些生态学问题时更加科学有效。

大样地与一般性样地的区别主要体现在面积设置上。目前，世界各地大样地的面积并不一致，大样地的面积到底应该多大还是一个存在争议的问题。当前的资料显示，目前已建成大样地中，面积最小的为应用生物多样性科学中心（The Center for Applied Biodiversity Science）和森林生物多样性监测网络（Tropical Ecology and Assessment & Monitoring Network，TEAM），二者的大样地面积均为 $1hm^2$，最大的大样地是肯尼亚的 Mpala 大样地，面积为 $150hm^2$。热带林业研究网络（CTFS）大样地的面积为 $2\sim150hm^2$，中国森林生物多样性监测网络的大样地面积为 $5\sim30hm^2$，而中国森林生态系统监测研究网络（CFERN）的大样地的面积统一为 $6hm^2$。目前，大样地面积的设置还没有统一标准，但至少为 $1hm^2$。

大样地面积的设置是由其研究目标决定的。因为其设置目的是研究森林群落的动态变化规律，因此，固定样地至少要满足4个要求：第一，样地内应该包括森林群落的大多数物种，否则调查样方不能反映群落的组成；第二，样地的调查结果应该能够正确反映物种间的关联，否则样地的调查结果将不能揭示群落的结构；第三，样地的调查误差要控制在合理的范围内，否则调查将不准确；第四，样地内多数物种的数量要满足最低取样要求，如果不能满足最低取样要求，很多稀有种可能在样地中消失，而样地调查数据无法反映这些种的动态变化。这4个要求均与样地的面积紧密相关。

首先，只有达到一定的面积，样地种—面积曲线才会逐渐平滑。因此，通过该曲线可以确定群落监测样地的最小样方面积(郑师章，1994)。从图 8-1 可以看出，通过

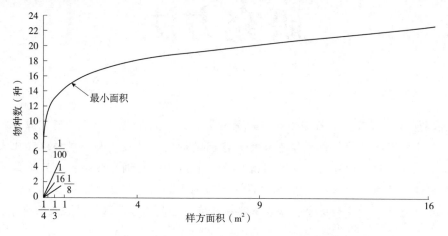

图 8-1 羊草、丛生禾草草原的种—面积曲线

(周东兴，2009)

种—面积曲线可以确定样方的最小面积。在研究中，可以通过图 8-2 的方法不断增加样方面积，调查其中出现的物种数来绘制种—面积曲线。由于森林生态系统物种丰富，为了能使样地包含足够多的物种则必须使样地达到足够大的面积。第二，样地的面积

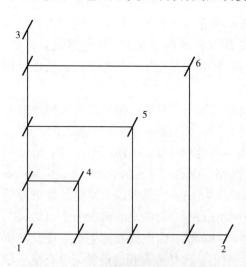

图 8-2 最小样方面积确定时样方扩大
过程示意图

(周东兴，2009)

不仅与物种的数量有关，而且对种间关系的研究结果也具有影响。在图 8-3 中，当样方的面积为图例 1 所示的面积时，则只能够单独调查到 A、B、C 三个物种中的一个，不能反映三个种间的关联；样方面积如图例 2 所示的面积时，只能够调查到其中两种物种的关联性，可能只调查到物种 A 与 B 同时出现的结果；只有达到图例 3 所示的面积时，才能够反映 A、B、C 三个物种的关联和分布状态。由于树木个体尤其是成熟的大树其所占的空间较大，在森林中个体间隔也较大，因此，只有保证样地合适的面积才能确保样地正确反映森林群落的种间关系。第三，取样误差与取样数量呈反比关系，由图 8-4 可以看出，只有取样数量达到图中的 b 点以后采

样的误差才能够控制在合理的范围内，对于样地的设置来说，就是要将样地的面积增大到一定的面积才能控制这种采样的误差。第四，面积足够大才能保证样地内多数树种尤其是一些稀有种的数量满足长期动态监测的最低要求。20世纪70~80年代，在对热带森林生物多样性维持机制进行研究时，森林生态学家Steve Hubbell提出热带森林的分布模式、密度制约、生产力和可持续利用需要采取大尺度的研究方法。他认为之前研究的大部分工作是在1hm²以下的样地进行，这些样地中只存在一种或两种成年树木和幼苗，而为了能够调查稀少物种则需要设置大尺度的普查样地。这是因为在森林群落监测中，作为一个经验法则，要达到对种群变化、死亡率或增长率的统计置信度至少需要约100茎。面积在1hm²以下的样地，绝大多数树种不能够满足这个条件。因此，为了使森林群落中的稀少物种的监测茎数达到这个数量则要求森林样地必须有更大的面积。在BCI和帕索50hm²大样地内，50%的物种能达到要求；在莫都马赖（Mudumalai），25%的种类能够达到这个标准。小样地则不能达标：在BCI，1hm²的样地只有7个物种能达到100茎，帕索只有6种，在莫都马赖只有1种。大样地的研究实践表明，采用较大的面积可使稀有物种具有足够的样本量（Condit et al., 2006）。同时，由于面积较大，大样地还发挥了在量化多尺度的空间格局（Condit et al., 2000）、描述林窗动力学，校准和验证遥感和模型等研究领域的作用。

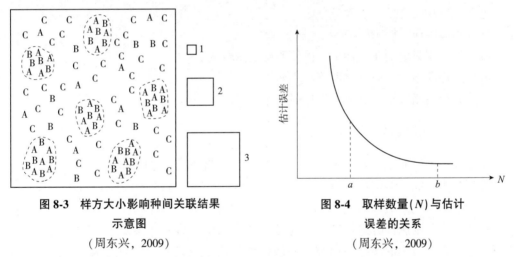

图 8-3 样方大小影响种间关联结果示意图
（周东兴，2009）

图 8-4 取样数量(N)与估计误差的关系
（周东兴，2009）

样地的面积不能过小，否则无法满足森林群落动态监测的要求，但大样地的面积也不是越大越好。首先，大样地的建设和后期的连续性调查需要很多的人力、财力和物力。Condit等（1998）在建立BCI等大样地时就对大样地投入的人力、财力进行过分析。根据其1998年的分析表明，在当时要设立一个50hm²的样地，在人工和费用较低的地区最少需花费25万美元，多数大样地的花费在40万美元，而在一些消费高、交通困难的地区则需要花费50万美元。现在虽然技术有所提高，但是要设立一个50hm²的大样地依然需要投入大量的资金。大样地的建设和普查投入的人力、物力、财力与样地的面积有直接关系。大样地的面积越大，需要的投入也越多。因此，在实际中，很多研究机构设置大样地时会根据自身的资金、人员情况结合研究需要确定大样地的面积。另外，样地面积过大会导致监测样地森林类型的模糊。同一林型能够达到6hm²以上面积的比较少，而能够达到25hm²乃至50~60hm²的则更少。因此，面积过大很难保证森林类型的纯粹性,使得大样地的森林类型变得模糊不清。热带林业研究网络和森林生物多样性监测网络的大样地面积有大有小,没有统一标准。森林生物多样性监测网络的大样地面积均为 1hm^2,面积较小不能满足大多数森林的群落动态监测要求。而中国森林生态系统定位监测研究网络对大样地的面积进行了详细的规定,指出森林生态系统植被动态观测大样地的面积为 6hm^2。6hm^2 的面积能够基本满足森林群落动态研究的需要,且其投入的人力、财力、物力相对较低,是多数建设单位能够承担的,同时,6hm^2 样地还可保证森林类型的纯粹性,统一标准样地面积的设备使监测网络中各生态站、各样地群落动态的比较分析更高效科学合理。

8.1.2　地点选择

大样地一般设在原始森林或成熟的次生林,通常设在当地最完整、生物多样性最高和保护最好的森林。同时,大样地的选择还要满足可比性、群落的完整性等条件。《森林生态系统长期定位观测方法》(GB/T 33027—2016)规定大样地的选择要求满足以下条件:

①样地应设置在所调查生物群落的典型地段。

②植物种类成分的分布应均匀一致。

③群落结构要完整,层次应分明。

④样地条件应(特别是地形和土壤)一致。

⑤样地应用显著的实物标记,以便明确观测范围。

⑥样地面积不宜小于森林群落最小面积。

⑦森林生态系统动态观测大样地面积定为 6hm^2(200m×300m)。

8.1.3　网格体系设置

由于大样地的面积一般较大,为了方便后续的调查,在 CTFS 和 CFERN 中一般将大样地划分为 20m×20m 的样方(称样方),然后在样方中再划分出 5m×5m 的附属样方(后统称附属样方)。在大样地中这些样方与附属样方就构成了一个网格体系。为了能够对这些样方与附属样方进行区分,通常需要采用网格编号体系对各样方进行编号以进行标记,方便后续的调查与研究。一般样地的设置应以南北方向作为列,东西方向作为行,样地的编号格式为:列号+行号,将样地西南角样方的编号设为 0000,其右边(东边)的样方编号是 0100,其上面(北边)样地的编号是 0001(表 8-1)。如果是 6hm^2 的大样地,则其西北角的样方编号为 0010;如果是 50hm^2 的大样地其西北角的编号则为 0049。如果样地设置时是按照这个标准的方向,则需要先将样地的中心轴进行旋转,使其旋转到标准方向后,再对各样方进行编号。

样方内的 16 个附属样方也需要进行编号。由于 CFERN 的标准中没有对此进行规定,这里就对 CTFS 的编号方法进行介绍。对于一个以南北方向为一列的样地,其编号方法为:列号+行号,将样方西南角的第一个附属样方编号为(1,1),其北边的附属样方编号为(1,2),右边(东边)的附属样方编号为(2,1)。需要注意的是,附属样方的初始编号不是 00,这与样方的编号方法不一致,但是由于在设立第一个大样地时才有了这种编号,此后一直沿用至今。

在有些大样地中，其网格系统并不是 20m×20m，而是 25m×25m，或者 15m×20m，但是出于标准化的考虑，在大样地的设置中要根据样地所在系统尽可能地采取系统内的标准方法，以便进行数据的比较分析。

表 8-1 标准样地网格体系示例

编号	列号 西→东															
	0010	0110	0210	0310	0410	0510	0610	0710	0810	0910	1010	1110	1210	1310	1410	1510
	0009	0109	0209	0309	0409	0509	0609	0709	0809	0909	1009	1109	1209	1309	1409	1509
	0008	0108	0208	0308	0408	0508	0608	0708	0808	0908	1008	1108	1208	1308	1408	1508
	0007	0107	0207	0307	0407	0507	0607	0707	0807	0907	1007	1107	1207	1307	1407	1507
行号 北 ↑ 南	0006	0106	0206	0306	0406	0506	0606	0706	0806	0906	1006	1106	1206	1306	1406	1506
	0005	0105	0205	0305	0405	0505	0605	0705	0805	0905	1005	1105	1205	1305	1405	1505
	0004	0104	0204	0304	0404	0504	0604	0704	0804	0904	1004	1104	1204	1304	1404	1504
	0003	0103	0203	0303	0403	0503	0603	0703	0803	0903	1003	1103	1203	1303	1403	1503
	0002	0102	0202	0302	0402	0502	0602	0702	0802	0902	1002	1102	1202	1302	1402	1502
	0001	0101	0201	0301	0401	0501	0601	0701	0801	0901	1001	1101	1201	1301	1401	1501
	0000	0100	0200	0300	0400	0500	0600	0700	0800	0900	1000	1100	1200	1300	1400	1500

8.1.4 桩点定位

精确地测量一个准确的和永久的定位网格系统是绘制样地地形图的基础，能够使树木的制图和重定位变得简单，其提供的海拔、地形、地貌信息是理解树木分布的关键。大样地的桩点定位方法与制图方法是随着测量工具和手段的进步而发展，经历了使用罗盘、卷尺到经纬仪的阶段，发展至今天使用全站仪的阶段。全站仪的全称为全站型电子速测仪，又称电子全站仪，主要由测角部分、测距部分和微处理器(CPU)3 部分组成。全站仪是一种集光、机、电为一体的新型测角仪器，是把测距、测角和微处理器等部分结合起来，能够自动控制测距、测角，自动计算水平距离、高差、坐标增量等的测绘仪器，同时可自动显示、记录、存储和输出数据。与使用其他测量工具的桩点定位和制图方法相比，利用全站仪进行大样地的桩点定位和制图有定位准确、效率高、制图方便等优点。因此，《森林生态系统长期定位观测方法》(GB/T 33027—2016)对利用全站仪进行大样地设置的方法进行了说明。本书将据此介绍利用全站仪进行大样地设置的方法及注意事项。

利用全站仪进行大样地设置按如下步骤进行：

①全站仪定基线(中央轴线)：从样地中央向东、西、南、北 4 个方向测定行、列基线，在东西、南北 2 个方向上各定出 3 条平行线(平行线间距为 20m)。

②在基线的垂线上放样：在基线上每隔 20m 定出一个样点，在每个样点上安置全站仪，定出基线的垂线，并在垂线上每隔 20m 定出一个样点，将各样点连接，即可确定样地及其 20m 样点。

图 8-5 样地水泥定位桩

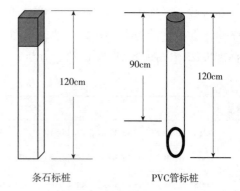

图 8-6 样地标准定位桩

在样地的设置过程中需要注意的事项包括：样地形状的初始调查线必须精确地定位，防止出现偏移。在森林中，藤本、大型树木等会阻挡瞄准线，可以将遮挡视线的藤本等移开，但是尽量不要砍伐树木破坏植被。当一条线被阻挡，需要借助平行线重新定位一个桩点。在放样的过程中要注意对样点进行检查，以确保样点的准确性，防止样点的偏移。在桩点定位完毕后需要在桩点位置进行标记。在 20m×20m 样方的角落需要进行网格标记。这个制图的网格标记是永久性的，可以采用 PVC 管、木桩、水泥桩等材料(图 8-5)。由于木桩容易腐烂，而水泥桩运输不方便，所以在 CTFS 网络中推荐利用 PVC 管作为标记。其推荐使用的 PVC 管的规格为长 1.2m，直径 50mm，管壁厚度 1.5mm，将顶部喷上容易看见的橙色油漆。无论使用什么材料进行桩点定位标记，桩要尽可能的深埋，使其能够在树木凋落物和经过的动物的影响下还依然能够保存下来(图 8-6)。在每个桩子的周围树上挂 2 条或 3 条长约 1m 的闪亮的橙色亮条，以便桩点的寻找。当一个桩的定点位置正好在一棵树上时，如果树干的直径<40cm，要将这个桩尽可能地靠近它的准确定点位置，控制在准确地点的 20cm 范围之内。对于更大一些的树，可以将 PVC 桩通过钉子固定在树干上，同时悬挂下垂的挂条，使其更容易发现。如果被巨石挡住了桩点，可以在定点位置上喷涂油漆进行标定。假如在样方中有大量的大土丘、洞穴或者溪流，每 20m 一个点的序列可能会缺失这些地形的信息，为了能够捕获地貌特征需要附加一些 10m 或 5m 间隔的样点。高度或深度<1m 的特征可以忽略。20m 样点的调查程序在 5m 和 10m 样点的调查中也要遵循。永久性定位桩要精确地定位在这些位置上，并小心地标记以表明其准确的定位(防止它们与 20m 的桩弄混)。

③将 20m×20m 样方划分为 5m×5m 的附属样方：在一个没有特殊地貌，平坦的 20m×20m 的样方中，四个角可以完整地描述地形，5m 的点可以通过卷尺单独进行定位。利用卷尺首先确定两个 20m 桩点的连线中点，然后在两边 10m 距离的中间再分别加一个点，这三个点将一对 20m 桩的距离平均分为 4 个等份(如果地形中的地面面积大于 20m，间隔就会>5m。用这个方法可以标记 3 个点在每一对 20m 的样点间。随后，通过铺设卷尺再对内部的其他 9 个桩点进行定位。

④样地边界处理：采用距离缓冲区法，即在样地内的四周设置带状缓冲区，通常缓冲区的宽度为样地平均树高的 1/2，《森林生态系统长期定位观测方法》规定缓冲区宽度应不少于 5m。对缓冲区内的树木进行每木调查，但不定位。

5m 网格角落可以采用临时性标记，也可以采用永久标记，若采用永久性标记，要与 20m 网格角落的标记有所区别，可以选择较小的 PVC 管进行标记，规格一般为长 1m，直径 13mm，管壁厚度 1.5mm。

8.1.5 样地制图

在 CTFS 样地网络中，基于早期使用卷尺和罗盘测量数据进行的大样地制图是通过计算不同桩点的高程差来实现的，过程较为复杂和繁琐。《森林生态系统长期定位观测方法》中的大样地制图方法是根据全站议的测量数据实现的，过程简单高效。本节仅对该标准中的制图方法进行介绍。

大样地平面图的绘制程序为：

①根据输入坐标数据文件的数据大小定义屏幕显示区域的大小，以保证所有点可见。

②在【绘图处理】菜单选择【定显示区】，输入文件数据的文件名及其相应路径，打开后系统自动找到最小和最大坐标并显示在命令区，以确定屏幕上的显示范围。

③选择【测点点号法】成图，在右侧菜单【定位方式】中选取【测点点号】，输入坐标和坐标数据文件名，打开后系统将所有数据读入内存。

④展点，在【绘图处理】菜单选择【展野外测点点号】项，输入坐标数据文件名，打开后所有点以注记点号形式展现在屏幕上。

⑤绘平面图，根据草图通过人机交互绘制、编辑，删除点名。

大样地等高线的绘制列程序为：

①在【绘图处理】菜单选择【展高程点】项，输入数据文件名，确认。

②在【等高线】菜单中选择【建立并显示 DTM】项，根据提示输入、确认，完成数字高程模型的建立。

③用选择【等高线】菜单下的【绘等高线】项，根据系统命令行窗口提示进行操作，完成等高线的绘制。

④选择【等高线】菜单下的【删三角网】项，删除三角网。

⑤把绘制好的样地数字地形图根据使用要求输出。

8.2 大样地调查方法

完整而翔实的植被层调查提供了详细的森林动态变化信息，可有效监测物种的时空分布格局，为发展或验证森林动态及生态学假说提供了强有力的证据，为研究物种多样性的维持机制、物种及种群的空间分布格局、物种生境需求等群落动态变化规律提供了重要的研究平台(Condit et al. , 2002, 2006; 马克平, 2008)。

8.2.1 标准与频率

大样地研究方法是通过对植被的连续调查来描述大的空间区域内森林的结构、多样性和动态。在不同的大样地网络中所需要调查的植物类型存在差别。在 CTFS 网络，其至少要包括大样地中独立的，胸径≥1cm，高度≥1.3m 的乔木和灌木的木质茎，在其基本普查内容中不包括藤本植物，也不包括竹亚科、竹芋科、天南星科、环花草科等伪木质茎植物。但是，在其附加调查中包含藤本植物。TEAM 网络是对胸径 *DBH*（胸径）≥10cm 的树木进行调查。中国森林生物多样性网络基本依照 CTFS 网络的标准进行调查。中国森林生态系统定位观测研究网络是对样地内乔木、灌木、竹、层间植物、草本均进行调查，乔木和灌木的调查标准是 *DBH*≥1cm。

各大样地网络的普查间隔一般都是 5a。对于树木的生命周期来说，虽然 5a 不长，但是 5a 内还是会出现很多的变化。如果调查间隔过长，一些短期的变化将不会被发现。调查需耗费大量的人力和物力，间隔时间太短会增加调查成本。因此，一般大样地的初次普查需要 3a 左右的时间，一般第二次普查是在初次普查完成后的第 3 年左右开始。

8.2.2　初次调查

大样地的初次调查工作量是巨大的，需要对大量的植物进行标记、鉴定和制图。初次调查中的鉴定工作很重要，这为以后的调查奠定基础，很多挂牌的树木将长期存在于大样地上。根据 CTFS 对 BCI 等大样地的研究表明，初次调查时鉴定和挂标牌树木，超过 1/2 会在样地中存在超过 20a。在初次调查的基础上，后续的调查只需要对更新的树苗进行鉴定、标识、定位就可以了，这些更新的树苗数量相对来说还是比较少的。树木普查方法包括茎的定位方法、挂牌方法、胸径测量方法和制图方法。树木初次调查测量分为 3 个步骤进行：附属样方标定→数据采集工作检查。

以 50hm² 大样地的调查为例，每个制图队一次分配一个 20m×500m 的列，从 00 列开始，如果有 3 个队伍则他们分别从 00，01 和 02 开始。第一个完成一列调查的队伍，再从 03 列开始。每个样方队伍应该按照同样的顺序工作。按照同样的序列工作很重要，这样会使接下来的挂标识牌成为可预见的，使得后期去寻找特殊的标识牌变得容易，也有助于确定所有的茎都被包含在内。在调查时首先观测样地的基本情况，描述内容主要包括群落名称、郁闭度、地貌地形、水分状况、人类活动等，见表 8-2；其次按图 8-7 样地调查顺序观测样地内森林群落。

表 8-2　样地情况调查表

样地编号：　　　　　　　观测时间：　　　　　　　　　　经纬度：____ E ____ N

群落名称	郁闭度	地貌地形	水分状况	土壤质地	人类活动	……

观测单位：　　　　　　　　　　　　　　　　　　　　　　观测员：

（1）树木制图

采用极坐标法，在 20m×20m 的样方内用罗盘仪与皮尺相结合对树木进行准确定位。如果 5m 网格被确定，那树木的制图就很容易。树木制图是通过眼睛将树木标定在野外现场图纸上；大的树干应该用大的圆圈表明，圆圈的圆心是树木定点的中心。树木是以其根部所在位置进行制图。

（2）树木标识牌

标识牌可以简单地通过穿过一个树干上的环固定在树木上。这个环必须足够大，

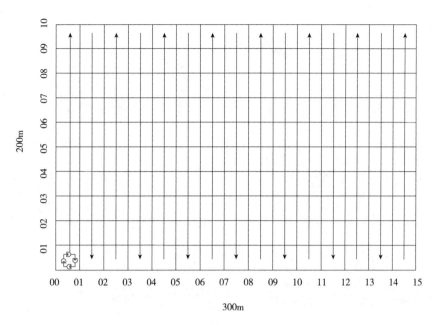

图 8-7 样地调查顺序图

(引自《森林生态系统长期定位观测方法》)

不能影响树木的生长。胸径<6cm 的环的长度要达到 60cm，胸径在 6~15cm 的长度要达到 1m，胸径在 15~30cm 的长度要达到 2m，≥30cm 的用钉子将标识牌钉在树干上，但要注意不要定在胸径的位置。标识牌的序号应与样地制图工作的程序相一致。林木编号以 20m×20m 的样方为单位，对每个样方内的林木编号，编号用 8 位数字表示，其中前 4 位代表样方号，后 4 位代表样方内的林木编号。

(3)树木测量

测量所有胸径≥1cm 的木质茎，<1cm 的不在测量范围内。<6cm 的树木茎用卡尺测量，≥6cm 的木质茎用测树围尺(直径尺)测量胸径。胸径的测量位置在树木离定位位置高 1.3m 处。胸径测定采用围尺测量地面向上 1.3m 处树干，当树高 1.3m 处出现不规则现象，可按图 8-8 示意方法确定测量位置。

按样方观测群落郁闭度，然后按每木调查数据，计算林分平均高度、平均胸径(如计算生物量则需要测定标准木)(表 8-3)。

表 8-3 树木调查表

样地编号：　　　　　　　　　　　　　　　　　　　　　　　观测时间：

样方号	树号	坐标值(m)		中文名	拉丁名	树高 (m)	胸径 (cm)	枝下高 (m)	冠幅(m)			备注
		x 轴	y 轴						东西	南北	平均	

观测单位：　　　　　　　　　　　　　　　　　　　　　　　观测员：

当一天结束时，如果样方的调查制图没有完成，则不对其进行检查，而是等到样方全部调查完以后再进行检查。当样方调查完后，要对样方的调查工作进行检查，检

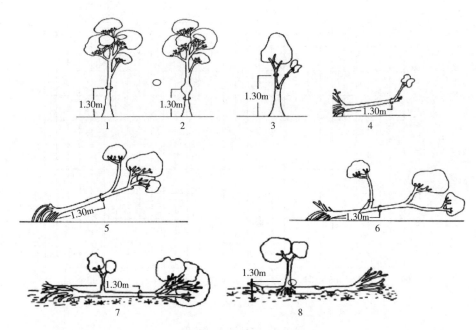

图 8-8　树木胸径测量位置

（注：图中的 2、3、6 应分别测量 "○" 处，取平均值；引自《森林生态系统长期定位观测方法》）

查内容包括是否所有类型的表格都被填，是否忘记制图的树木，是否漏掉树木没有挂牌，样地中的问题是否都记录等。如果有多支调查队，应相互进行检查。

（4）分类鉴定

依照分类学鉴定方法将样地中的植物鉴定到种。鉴定在样地和树木制图测量之后进行。鉴定人员需要对样地中的每颗树都鉴定到种。制图人员可能会对样地中的一些主要的种能够进行鉴定，但不能都对所有的物种进行最后的鉴定，因此，需要对有一定植物分类知识的人员进行培训。具体步骤如下。

①对样地区域内分类信息进行收集，尽可能多的收集已有植物标本。如果这个植物区系之前没有被鉴定过，那应该重现建立一个该地区的树木分类数据库。

②从大样地中选取 2hm² 样地，对其中树种进行分类鉴定，树木完成制图、挂牌和测量后，分类工作就可以开展了。如果有多名分类学者，则需要大家一起完成这部分树种的分类鉴定工作。

③除了已经被明确鉴定的树木外，2hm² 样地中其他挂牌植物的叶子都要进行采集，如果需要的话，一些枝条也应被采集。根据叶子的形态特征对植物进行鉴定，对于不能够鉴定出来的物种，还需重新回到样地进行调查。在采集叶子时要仔细地记录标识牌的编号。现场采集时还要做一些关于植物的简要笔记，尤其是一些没有被记录的特征，如树皮、乳胶、干形、分支模式和根系等。分类队员应该用缩写和代码，将该笔记简化成只有少数几个词。对于最可能科属的猜测应该记录在笔记中。储存标本按照科属分类储藏标本，建立数据库。通过回访对 2hm² 样地中的植物进行进一步的采集和研究，每个样方都应该进行 3 次以上的回访，检查是否有遗漏的或重复的植物。

④2hm² 样地中的植物被准确地鉴定出来后，鉴定工作就已经完成了大部分。根据经验，最初的 2hm² 样地包含有一个 50hm² 大样地 65% 的树种。依照最初 2hm² 样地植

物的鉴定程序，将新出现的物种进行鉴定。

⑤物种编目。一个物种的缩写系统是很有用的。一个6个字母组成的编码，前面4个是属名最前面的4个字母，后面2个是种名最前面的2个字母，这是很容易记住的。如果不同的属名的前4个字母一样，那就对其进行编号，对于种名前2个字母相同的情况，也是通过编号进行解决。

(5)野外工作的检查

检查很重要，尤其是对最早进行的普查进行检查。检查分为两个步骤进行。

①胸径检查：检查胸径一个比较简单的方法就是对树木的胸径进行复测。胸径的复测应该在样地的制图工作完成的3个月内进行。进行复测的人员不应知道第一次的测量结果。复测的样方是随机选取的，事先应不知道哪块样地会被复测。总体误差率要控制在6%以下，大树的误差率要控制在1%以下。

②分类检查：分类检查也是采用随机抽取样方的方式进行，但是要在所有的分类工作都完成以后进行。分类错误率不能超过1%。一个更好的方法是抽取一些物种分别进行检查。

8.2.3 重复调查

重复调查是指对初次调查中已经完成挂牌、测量和制图的树木进行再次的测量，同时对胸径达到1cm新进入调查范围的树木进行制图、挂牌、编号和鉴定。在重复调查之前，在5年间隔期间要注意对大样地的维护。一些5m或20m网格点的定位桩有可能被破坏。如果定位桩遭到破坏，应重新定位设桩。重复调查时的工作程序、树木制图方法、挂牌方法，与初次调查时相同，但需要注意以下方面：在树木制图时只对新增加的树木进行制图，已经调查过的树木不需要重新制图；对新树木挂牌时一定要仔细地检查树木上确实没有标识牌，防止重复挂牌；胸径的测量方法与初次调查基本一致，对于一些特殊类型的直径测量位置，要找到初次调查时标记的位置进行测量。

8.2.4 附加调查

由于在《森林生态系统长期定位观测方法》中已经加入了对灌木、草本和藤本的调查，所以CFERN的大样地调查中没有附加调查。而随着大样地研究的发展，为了开展新的研究项目，在早期设立大样地之后，CTFS中的一些大样地就在基本普查的基础上增加了附加调查，以满足某些研究的需要。早期增加的附加调查主要包括种子与果实、播种与幼苗、冠层高度、藤本植物4个方面。在各样地内陆续开展了种子雨、幼苗、凋落物、功能性状、径向生长、草本植物、土壤、倒木及枯立木、野生动物等常规监测内容。

《森林生态系统长期定位观测方法》规定还需对灌木、草本、层间植物进行观测，幼树和幼苗分别随同灌木层或草本层一起调查。其观测方法为：

①灌木层观测：每个20m×20m样方随机选取5个5m×5m的样方，进行长期观测并记录灌木种名(中文名和拉丁名)。调查多度、密度、盖度。多度测定采用目测估计法，用Drude的7级制划分；密度测定时，统计每1m^{2}样方内灌木的株数(丛数)；盖度测定采用样线法，即根据有植被的片段占样线总长度的比例来计算植被总盖度。

②草本层观测：每个 20m×20m 样方内设置 5 个 1m×1m 的草本小样方，调查并记录草本层种名(中文名和拉丁名)，调查草本植物的种类、数量、高度、多度、盖度。

③层间植物观测：层间植物主要以藤本植物和附(寄)生植物为主。藤本植物观测主要包括记录种名(中文名和拉丁名)，调查基径、长度、蔓数。附(寄)生植物观测主要包括记录种名(中文名和拉丁名)、多度、附(寄)主种类。

本章小结

森林群落大型长期固定样地研究方法简称大样地研究方法，是通过样地设置、网格体系、全面普查、持续调查的形式，对森林的群落动态、空间结构进行持续观测分析的有效手段。在大样地研究方法中，要合理设置样地面积，选择典型区域；在进行调查时要准确地鉴定物种，记录各种问题。做好样地的维护很重要，在重复调查时要充分关注植被的变化。利用大样地研究方法可以开展空间格局、生物多样性、植被生产力、生态系统服务等多方面的研究，关注国内外大样地研究方法的进展，有助于更好地发挥大样地研究方法的作用。

延伸阅读

1. Condit R，1998. Tropical forest census plots：Methods and re-sultsfrom Barro Colorado Island，Panama and a comparison with other plots[M]. Berlin：Springer.

2. 中国森林生物多样性监测中心网络[OL]. http：//www. cfbiodiv. org.

思 考 题

1. 大样地有哪些特征？这些特征有什么作用？

2. 大样地的面积如何确定？

第**9**章
大尺度空间格局的大样带研究方法

[**本章提要**]大尺度空间格局的样带研究方法也被称为陆地样带研究方法，简称大样带研究方法。本章将对森林生态系统大样带研究方法进行介绍，主要内容包括大样带的概念与起源、国内外陆地样带的分布、大样带研究发展概况及基于陆地样带开展的科学研究，并对全球主要样带进行简要介绍。

9.1 大样带设置方法

陆地样带的概念首先由国际地圈生物圈计划(IGBP)在其第 36 号报告《IGBP 陆地样带：科学计划》(1995)中提出。每条 IGBP 样带被选作来反映一种主要环境因素变异的作用，该因素影响生态系统的结构、功能、组成、生物圈—大气圈的痕量气体交换与水循环。每条样带均由分布在一个具有控制生态系统结构与功能的因素梯度的较大地理范围内的一系列研究点所构成。为符合大气环流模型(GCM)运作的最小单元(经度×纬度 = 4°×5°或 8°×10°)(Koch et al.，1995)，样带长度应不小于 1000 km，这样以满足覆盖气候和大气模式模拟模型的最小尺度，同时样带还应具有足够宽度(数百千米)，以涵盖遥感影像范围(图 9-1)。在理解大样带内涵时，要建立样带观测的理念。例如，王兵等(2006)利用样带观测的理念创建了我国森林生态站布局模式，并在大样带的基础上创新性地提出小样带设置和观测方法，将样带观测的理念灵活地运用到森林生态学的研究之中。

9.1.1 设置目的

陆地样带研究的目标可以概括为：
①通过对环境因素梯度变化过程的研究，促进人们对自然界中景观的认识；
②促进全球变化研究中更为直接的环境和资源管理的应用；
③利用遥感数据和全球模型为全球变化下的陆地生态系统动态演变过程的研究提供理想观测平台；

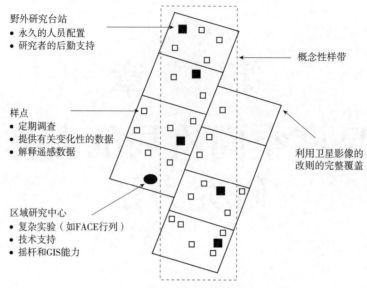

图 9-1 概念性样带示意图

④推动通过研究站点和资源共享的跨学科研究；

⑤促进研究资源的有效利用。

为了实现研究目标，陆地样带研究需要包括以下内容：

①气候—植被的相互作用的耦合机制；

②土地利用的格局与强度与陆地生态系统之间的关系；

③全球变化引起的陆地生态系统的结构与功能的动态变化规律；

④全球变化与生物多样性变化之间的关系；

⑤全球变化导致的生物地球化学过程的改变；

⑥全球变化与陆地生态系统能量转换的关系；

⑦基于古生态学研究的历史环境演变规律；

⑧基于陆地样带的遥感分析与监测；

⑨动态模型及其耦合和尺度转换。

9.1.2 设置依据

陆地样带是依据一个或多个全球变化因素而布设的，进而可以根据这些全球变化的驱动因素(温度、降水、土地利用强度)直接与生态系统特征的变化相耦合，通过对某些典型研究站点的生态系统特征进行分析，基于以点带面的方式，找出整个区域的生物多样性的变化梯度，从而为制订详细的保护生物多样性计划、生物多样性恢复和可持续利用提供重要的科学依据，同时还可预测全球变化后，陆地样带内生态系统的变化发展趋势(物种丧失或增加)(唐海萍，2003)。布设的陆地样带是由沿着一个主要全球变化驱动因素的梯度上的一系列独立研究站点所构成，这些驱动因素包括：温度、降水、土地利用强度等。

9.1.3 选设标准

为了实现陆地样带研究目标，完成相关研究内容，依照陆地样带的布设特点，

IGBP 制定了其确定陆地样带的标准(Koch et al. , 1995):

　　①必须由代表一系列连续的全球变化主要环境因子相关联的研究站点组成,其中,人类活动引起的全球变化的因素要考虑在内,而且这些站点要基本成直线排列;

　　②样带应该位于正在或很可能受到全球变化影响的区域,发生的变化应具有全球重要性,并且可能会对大气、气候或水文系统产生反馈作用;

　　③样带内植被类型必须包含不同生活型的过渡带,例如,森林—草原或稀树草原过渡带、泰加林—苔原过渡带;

　　④能为 IGBP 提供有用的资源;

　　⑤研究站点的科研力量雄厚,学术带头人具有一定的知名度;

　　⑥具有国家级的科研投资。

9.2　大样带研究方法

　　基于陆地样带的研究方法能够提供研究区域和全球陆地生态系统变化分析所必需的关键机理及过程信息。同时,陆地样带还是开发机理模型和验证关键信息的有效手段,因为它可以提供模型所需要的理想数据,这得益于可以在样带内沿着单一的环境变换梯度开展合理的野外实验,并且还能排除其他因素的影响。关于这方面的特性,已经有学者展开过研究,集中在研究生物物理连续进程和驱动力方面,例如,温度、降水、土壤质地对碳氮动态(现存量和流通量)的影响、群落结构和净初级生产力的控制等方面(George et al. , 1995)。

　　陆地样带可以作为独立研究站点与一定空间内所有站点进行研究的桥梁,还可作为不同时空尺度模型间转化与耦合的媒介,更为重要的是陆地样带被证明是所属 IGBP核心计划之间开展协作研究的一种资源节约型与增效型的有效科学手段,这是由于隶属于不同学科、单位和国家的科研工作者在同一地点、使用同一科研设施、设备开展研究工作,更便于开展学术交流和融合(Steffen, 1995)。

　　另外,大尺度的陆地样带的研究成果可以利用全球模型(全球植被动态模型和全球环流模型)的分析方法进行尺度扩展分析,例如,从区域尺度上推导全球尺度分析。从组织的角度来看,IGBP 陆地样带方法在解决大型研究项目(包括标准化协议、有效的网络设计、方法和样本偏差等妨碍一体化、综合独立研究嵌入大型综合试验)的固有问题上,已被证明是成功的(George et al. , 1995)。目前,陆地样带结合 IGBP 其他研究方法一起使用,以便获取研究陆地生态系统必要的机理信息和适当的时空范围,进而进行区域、大陆或全球尺度的分析。(Canadell et al. , 2002)。

9.2.1　关键区域识别

　　陆地样带是由一系列沿着具有控制陆地生态系统结构、功能和组成,以及生物—大气圈痕量气体交换和水分循环的全球变化驱动因素(如温度、降水和土地利用强度)的生态研究站点、观测点及研究样地组成的科研平台,其环境控制因素在样带内呈现梯度变化。例如,这一地理范畴的要求是为了符合全球模型(如动态全球植被模型DGVMs 和基本大气环流模型 GCMs 等)运行的最小单元(经度×纬度$=4°×4°$或$8°×10°$)。

在陆地样带的实验研究中，将主要研究生态系统功能的短期变化和生物—大气圈的相互作用等变化的主要控制因素。层次的建模方法将为生物群落范围和植被分布的长期变化进行预测。拟议的 IGBP 陆地样带初始设置分布在全球陆地生态系统特点显著的 4 个关键区域：①湿润热带森林土地利用急剧变化区域；②中纬度半干旱地区从森林过渡到灌木林和草地区域；③高纬度地区从寒带森林过渡到苔原区域；④半干旱热带地区干旱森林灌丛过渡到稀树草原区域（George et al.，1995）（表9-1）。分布在 4 个关键区域的陆地样带所解决的具体科学问题是不同的，因为每个关键区域的生态系统各有其特点，导致在全球变化背景下所面临的主要生态问题不同。4 个关键区域的陆地样带所要解决的具体科学问题如下（唐海萍，2003；王权，1997；George et al.，1995）。

表 9-1 IGBP 陆地样带的关键区域及样带特征

关键区域	陆地样带名称及编号	陆地植被	全球变化的主要驱动因素	全球变化的次要驱动因素
湿润、半湿润热带区	1. 喀拉哈里样带（KALA） 2. 稀树草原样带（SALT） 3. 北澳大利亚热带样带（NATT）	热带森林及其农业派生群落	土地利用强度	降水
中纬度区	4. 阿根廷样带（Argentina Transect） 5. 中国东北样带（NECT） 6. 北美中纬度样带（NAMER） 15. 中国东部南北样带（NSTEC）	森林—草地—灌丛	降水	降水与养分状况
高纬度区	7. 西伯利亚远东样带（SIBE） 8. 西西伯利亚样带（Siberia West Transect） 9. 欧洲样带（Europe Transect） 10. 北方林样带（BFTCS） 11. 阿拉斯加纬度样带（ALG）	北方森林—冻原	温度	土地利用强度
半干旱热带区	12. 亚马孙样带（LBA） 13. 迈澳姆宝森林样带（Miombo Woodlands Transect） 14. 东南亚样带（SE Asian Transect）	森林—疏林—灌丛（稀树草原）	降水	土地利用强度与养分状况

资料引自：GCTE，1993；Koch et al.，1995。

9.2.2 湿润热带森林区

9.2.2.1 区域特点与研究内容

此区域具备丰富的降水资源，环境条件优越，是人类最先开垦的地区。该区域的土地利用形式常表现为林地向农业用地转换。土地利用形式的改变显著影响生物地球化学循环，尤其是全球碳水循环。所以，在此区域布设陆地样带的研究内容主要包括：

①土地开垦过程以及随后的利用方式对 C 和营养元素流失（或获得）量、途径及过程的影响，确定不同土地在相同利用格局下的痕量气体通量（CO_2、CH_4、N_2O、CO、NO、VOCS），研究土地变化过程中对全球 C、N 循环和大气臭氧层的影响。

②不同土地利用格局造成不同植被类型覆盖的陆地表面特征变化，如反射率、粗

糙度和总传导力。

③土地开垦过程和土地利用形式对局地、景观和区域尺度上的水分循环的影响。

④由林地向农业用地转换过程中，燃烧生物质对区域大气化学成分组成和性质的影响。

⑤监测土地利用强度对次生林的组成、结构和生产力影响。

9.2.2.2　主要样带

(1)喀拉哈里样带

喀拉哈里样带(Kalahari，KALA)跨越南非的干旱亚热带和湿润热带地区，地理位置介于 12°S~28°S、15°E~27°E 之间。样带内地形平坦、土壤类型变化小。样地环境条件优越，可以提供简单化的模拟系统。人类活动对该样地造成的土地覆盖变化刚刚开始，对全球降水格局的变化具有潜在的敏感性。其研究焦点集中在生态系统结构和功能与大尺度生物物理和人类驱动因素(气候、大气和土地利用)之间的关系。此样带在非洲南部跨越了很大的气候梯度：从样带干旱的南端过渡到潮湿的北端，样带内植被类型包括灌丛、稀树草原、常绿热带森林(表 9-2)。

表 9-2　喀拉哈里样带主要定位站位置及植被类型

定位站	位置	优势树种
Lukulu，赞比亚	14°50′S 24°48′E	常绿密林，覆盖率>85%，高 12m (*Cryptosepalum exfoliatum*，*Brachystegia longiflia*)
Senanga，赞比亚	15°09′S 23°16′E	Kalahari 林地，覆盖率60%，高 10m (*Erythrophleum aficanum*，*Brachystegia spiciformis*，*Diospyrus batocana*)
Mongu，赞比亚	15°44′S 23°25′E	Kalahari 林地，覆盖率65%，高 9m (*Brachystegia spiciformis*，*Brachystegia bakerana*)
Ngonye Falls，赞比亚	17°20′S 27°30′E	Dry Kalahari 林地，覆盖率50%，高 8m (*Brachystegia spiciformis*，*Diospyrus batocana*，*Pterocarpus angolensis*，*Burkea africana*)
Katima Mulilo，纳米比亚	17°38′S 24°04′E	*Baikaea plurijuga* 林地，覆盖率50%，高 14m
Gobabis，纳米比亚	20°00′S 23°25′E	*Terminalia sericea*，*Acacia luderitzii* 林地 覆盖率 25%，高 8m，高 6m
Vastrap，南非	27°44′S 21°25′E	Acacia haemotoxylon open shrubland 覆盖率 3%，高 2m
Pandamatenga，博茨瓦纳	18°66′S 25°50′E	半落叶稀树草原，覆盖率32%，高 11m (*Schinzophyton rautanenii*，*Baikiaea plurijuga*，*Kirkia africana*，*Petrocarpus angolensis*)
Maun，博茨瓦纳	19°92′S 23°59′E	*Colophospermum mopane* 林地，覆盖率32%，高 6m (*Terminalia sericea*)
Okwa River Crossing，博茨瓦纳	22°41′S 21°71′E	Kalahari 稀疏灌丛，覆盖率32%，高 2m (*Acacia mellifera*，*Terminalia sericea*，*Boscia albitrunca*)
Tshane，博茨瓦纳	24°16′S 21°89′E	稀树草原，覆盖率14%，高 4m (*Acacia leuderitzii*，*Acacia mellifera*，*Crewia flava*)

卡拉哈里样带面积约 $250 \times 10^4 km^2$，地理分布范围涉及安哥拉、博茨瓦纳、纳米比亚、南非、赞比亚和津巴布韦等，是一个宽广的水沙填充盆地。样带南部到北部的年平均降水量为 $160 \sim 1000mm$，尽管大部分地区有充足的水分资源维持植被覆盖，但仍有一部分地区由于缺乏地表水而成为沙漠。在时间尺度上，降水的季节和年际变化很大，温室效应也使本区域生态系统对气候变化有较高的敏感性。土壤风化严重，地区及景观区域的土壤类型并非完全一致，但土壤层都较深。土壤排水良好，土壤中植物有效养分含量低（IGBP Report 42）。卡拉哈里样带是世界上研究人类—植被—气候相互关系的重要理想场所。

（2）稀树草原 SALT 样带

SALT 样带位于非洲西部的热带稀树草原地区，这条样带被认为是 IGBP 陆地样带中最理想和先进的样带。该样带将能量流动和物质循环与物种和植被的动态联系起来进行综合研究，其研究目的就是要从斑块到区域再到大陆的更广阔尺度上来了解生态系统的过程与性质的变化规律。该样带从科特迪瓦到尼日尔长达 1000km 的区域，总共选择了 8 个主要站点和一些辅助站点开展综合研究，其研究是基于遥感手段将对点的研究进行尺度上推，直至整个区域。

（3）北澳大利亚热带样带

北澳大利亚热带样带（North Australian Tropical Transect，NATT）是一条以水分因子为生态过程主要驱动因素的样带，大约跨越了澳大利亚北部热带低地 800km 的干湿过渡区域。在这条样带内植被和气候都有明显的环境梯度变化，最明显的环境梯度变化就是年平均降水量。样带内植被主要是稀树草原林地，其植被覆盖是变化的，林下层基本是由一年生和多年生草本混生，另外还有一些药用植物和小灌木。系列分布的土壤类型也具有代表性，稀树草原组成结构的差异性受降水和土壤质地的影响。随着降水的减少和土壤黏粒含量的增加，植被盖度和生物多样性降低，多年生草本盖度与一年生草本盖度之间的比例在增加。主要的内源性干扰因子是火，许多区域的火灾发生率为每年 2 次。

9.2.3 中纬度半干旱地区

9.2.3.1 区域概况

目前，在全球变化研究上比较活跃的几条陆地样带均设在此区域，其研究的问题也比较特殊，主要包括：

①降水量及分配格局对植物功能型（PFTs）格局的影响，及各种植物功能型分布格局对于土壤有机质和氮动态变化格局的影响和相应机制；

②气候、土壤类型、PFTs 和生态系统过程之间的相互作用；

③沿水分空间梯度的 PFTs 变化对植被结构的影响；

④降水量和分解作用对生态系统净初级生产力（NPP）的控制作用；

⑤维持区域作物产量在全球变化中的稳定性研究；

⑥开展草地与灌丛、草地与森林过渡带对全球变化的敏感度分析；

⑦开展控制人口及其流动性在生态系统演变对全球变化响应的相对重要性研究；

⑧C_3、C_4 植物混交样带与纯 C_3、C_4 植物组成样带的对比研究；

⑨温度、土壤湿度和土地利用对生物过程的影响，确定生物群落界线；

⑩对气候、土地利用、CO_2敏感区域的判定。

9.2.3.2 主要样带

（1）中国东北样带

中国东北样带（Northeast China Transect，NECT）即中国东北温带森林—草原样带，是一条东西向的以降水递减为驱动因素的生态梯度样带。样带内具有完整的植被、土壤、土地利用、气候等环境因素的过渡特征。1999 年，中、美、蒙三国学者将其向西延伸至戈壁荒漠，形成森林—草原—荒漠的梯度（唐海萍，2003）。NECT 在东经范围内，东西约 1600km（112°E～130°30′E），并以北纬 43°30′N 为中线，南北幅度约 300km（42°N～46°N）。气候带由东向西分别为：温带湿润区→温带湿润半干旱区→温带半干旱/干旱区，代表着由海洋性湿润气候向大陆性干旱气候的过渡，也是由季风型气候向内陆反气旋高压中心的过渡。植被类型从东向西依次为：东部的温带针阔叶混交林—暗棕壤地带→中部的低地草甸、农田—暗色草甸土地带→西部温带草原黑钙土、栗钙土、棕钙土地带（包括 3 个亚带）（张新时等，1997）。

（2）中国东部南北样带

中国东部南北样带（North-South Transect of Eastern China，NSTEC）从南到北沿热量梯度布设而成，样带长度超过 3700km 形成世界上独特而完整的植被连续带（热量梯度驱动），包括了我国的主要农业生态系统类型和纬度地带性植被生态系统类型（夏季东南季风气候控制）。样带具有明显的热量梯度特征与水热耦合梯度特征，同时具有土地利用强度的梯度变化特征（彭少麟等，2002）。气候类型从南至北分别为：赤道季风气候带→干湿不明显的热带季风气候带→干湿不明显的亚热带季风气候带→湿润或半湿润暖温带季风气候带→半湿润或半干旱温带季风气候带→寒温带大陆东岸季风气候带（滕菱等，2000）。植被类型从南至北依次为：热带常绿阔叶雨林→热带常绿阔叶落叶阔叶混交季雨林→亚热带热带竹林→亚热带常绿阔叶林→亚热带落叶阔叶常绿阔叶混交林→亚热带针叶林→暖温带和北亚热带山地落叶阔叶林→暖温带针叶林→温带针叶落叶阔叶混交林→温带山地和亚热带高山落叶针叶林→温带山地常绿针叶林→寒温带针叶林等。

（3）北美中纬度样带

北美中纬度样带位于的北美中纬度地区，是以水分为主导驱动因素布设的东西走向的样带，西起落基山脉的雨影区，向东一直延伸到美国东部地区。这一地区的雨季一般是在夏季，冬季的降雨量低于年平均降雨量的 25%。这条样带由两部分组成，一部分位于 40°N～41°N，从科罗拉多州的东北部延伸至内布拉斯加州的东部，简称 CO-NE；另外一条位于 39°N～40°N，从堪萨斯州东部到科罗拉多州的东部，简称 CO-KS。植被类型为从西部的矮草草原到梅西奇区东部的高草草原。

CO-NE 样带是以降雨梯度为主导因素的，并由 14 个样点组成，这些样点位于公共和私有的土地上面。这些站点可分为两部分，每部分包括 7 个样点，这两部分不单单是年平均降雨量和温度不同，在土壤质地上面也存在差别，其中一部分布设在砂壤土上，另一部分布设在质地较好的土壤上。

9.2.4　高纬度地区

9.2.4.1　区域概况

高纬度的生态系统面积约占此区域陆地表面的 1/4，碳储量约为 800~900Gt，约占全球陆地生态系统碳储量的 33%，北美洲的两条样带被纳入 GCTE 核心计划的极地碳通量研究。所以，此项研究成为具有较强海洋性气候的阿拉斯加纬度样带的研究支柱，具有大陆性气候的加拿大泰加林样带也正在实施这项研究。此区域样带的主要研究内容包括：

①温度、土壤湿度和土地利用强度梯度变化对限定生物群区过渡区的生物过程的影响，如生长、分解和竞争；

②高纬度生态系统作为碳源或汇的研究，观测何种梯度（温度、土壤湿度、营养、生物群等）对碳平衡的影响最重要，进而探讨净碳平衡沿梯度的变化规律；

③火灾、昆虫侵袭等干扰体系下，土地利用方式改变和气候变化对生态系统碳平衡和地表特征（反射率、粗糙度、总气孔导度）的变化影响，以及这些变化对地表能量平衡的影响；

④可预测的全球变化对本区域生态系统社会经济的影响。

9.2.4.2　主要样带

（1）BFTCS 样带

这条样带是从萨斯喀彻温省的 Albert 地区（53°11.7′N，106°13.9′W）到马尼托巴省的 Gillam 地区（56°25.2′N，94°16.1′W），大体为西南—东北走向，是北方生态系统和大气研究的样带（图 9-2），同时也是国际地圈生物圈计划（IGBP）的高纬度样带之一。其方向是沿生态气候梯度，气候变化为：从干燥而温暖的西南端过渡到湿润而寒冷的东北端。4 个气象观测站（Thompson，Flin Flon，Prince Albert and Saskatoon）观测到的湿热格局结果是相似的，但是显示在南部的样点在水分上面严重不足，尤其在春季和秋季，随着样带向东北延伸，降雨量逐渐增加和温度逐渐降低。气候湿润指标（降雨量减去潜在蒸发量）从西南端的 -15cm 增加到东北端的 25cm。植被类型：从萨斯喀彻温省南部的农业草原，穿过中央的北方森林，一直到马尼托巴省的冻原部分。通过 4 个观测点得出的年平均气温和降雨量。植被生长率在样带北段受限于较低的年平均气温，而在南方则受限于季节性降水。

在 BFTCS 样带东北部末端，低温是限制植被生长的因素；西南部较温暖，其主要限制性因素是水分。样带内的优势树种为黑云杉和杰克松（短针松），在黑云杉林下，除了黑云杉的幼苗和幼树外，还有许多苔藓植物，包括 *Pleurozium schreberi*、*Ptilidium cristacastrensis* 和 *Hylocomium splendens* 以及一些没有识别的苔藓植物。杰克松的萌发和种群建立只有在全光照下的矿质土壤和一些早期发生过或干扰的地方发生。杰克松林下往往分布着 *Vaccinium vitisidaea*、*V. myrtilloides* 和 *Arctostaphylos uvaursi* 等灌木，另外还分布有 *Dicranum polysetum* 和 *Polytrichum* sp. 等苔藓植物和 *Cladonia cornuta*、*C. mitis* 和 *C. stellaris* 等地衣物种，赤杨（桤木）则分布在灌木层与优势种层之间（Preston et al.，2006）。

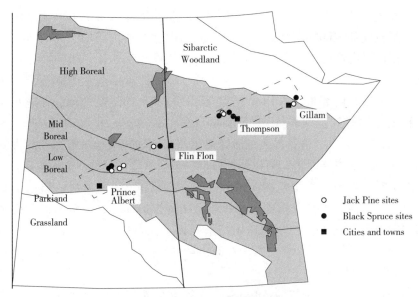

图 9-2 BFTCS 样带图

（2）欧洲样带

欧洲样带（ET）属于 IGBP 高纬度样带之一，但是有别于其他北方样带，这不仅仅是由气候、土壤和社会经济因素决定的，还主要归因于其集约化管理。正因如此，与其他高纬度样带（西伯利亚样带和阿拉斯加样带）相比，欧洲样带不能够提供连续的主导环境因子梯度、均匀的土壤或土地覆盖。但是，欧洲样带可以监测全球气候变化引起的物种和生态系统迁移。近几个世纪，人类改变了当地植被和物种组成，生物的栖息地也由于人类施肥、排水灌溉和污染而发生了改变。土地拥有者在林业和农业用地中大范围种植经济植物。人为因素引起的土地利用变化是不可预见的。在过去的几个世纪，土地利用变化对生态系统的影响远远大于气候变化。

（3）西伯利亚远东样带

西伯利亚远东样带（SIBE）也称东北欧亚样带（Northeast Eurasian Transect）或雅库茨克样带（Yakutsk transect），此样带呈南北方向布设，其中心经度坐标为 135°E，纬度坐标为 52°N~70°N，其布设主要依据的生态因子为温度的变化。气候特征为冬天寒冷、夏天短暂而干燥，1980—1990 年的气象资料显示，年平均气温为−9.6℃，年平均降雨量仅 233mm（长期平均水平为 213mm）。样带在 120°E~145°E 之间布设了 36 个样点，并且在这些样点上做了大量的关于估计植被层和上层土壤碳储量研究，同时还在掌握能量、碳和水动态以及重建古环境方面进行了很多的研究。另外，在此样带中利用空中监测方法监测大气中的二氧化碳和甲烷浓度变化。样带中的植被类型包括高山苔原、森林苔原、北方针叶林和一些其他寒带植被，这里所指的其他寒带植被是指位于北方针叶林与温带生态系统或者北极与寒带区域没有典型植被类型地区的过渡区域中的植被类型。

（4）阿拉斯加样带

阿拉斯加样带（ALG）为南北方向布设，中心经度大约为 150°W，南北跨越 12 个纬度（60°N~71°N）。这条样带的特点是复杂的环境梯度，介于在夏季往往靠近北部阿拉斯加海岸北极锋和位于阿拉斯加南部海岸附近的北太平洋阿留申低气压之间。它们的气候特点是阿拉斯加北部的东西走向的布鲁克斯山脉、阿拉斯加中部的阿拉斯加山脉和阿拉斯加南部沿海产生的大陆性气候与海洋性气候相互作用，影响沿样带南北方向上温度的季节性波动。

　　阿拉斯加样带在内部布设了 34 个样点介于 153°W ~ 145°W 之间，在这些样点上已进行了多种生态学研究。许多样点与 Toolik Lake and Bonanza Creek 长期生态学研究（LTER）计划有密切联系，进行深入的研究而阐明影响阿拉斯加的苔原和北方针叶林生态系统结构和功能的主导因素。阿拉斯加样带也包括一些做其他研究的样点。

　　阿拉斯加样带内植被类型包括：高山苔原、苔原和北方针叶林，但是没有森林苔原植被类型。跟其他一些样带相比，森林苔原在阿拉斯加样带内分布面积极小，北极锋与东西走向布鲁克斯山脉的相互作用结果导致，在布鲁克斯山脉北坡分布着苔原，而南坡则分布着北方针叶林，森林苔原和高山苔原镶嵌在苔原与北方针叶林之间。

　　（5）西西伯利亚样带

　　西西伯利亚样带（Siberia West Transect）布设在俄罗斯西西伯利亚地区，呈南北方向，长度为 1800km，纬度跨越范围为：53°43′N ~ 69°43′N，这条样带建立的目的为研究碳循环和氮循环之间的相互作用。样带内包括的植被类型为从干草原（西伯利亚一种特殊的类型）过渡到寒温带针叶林再到苔原，相当于年平均气温梯度跨越了 9.5℃。为了揭示样带内碳氮循环的控制因子，研究人员分别对土壤的理化性质和矿物中微生物结构和活力进行了研究，结果显示样带内的植被和气候对土壤有机层中碳氮库（如土壤有机质、总碳和溶解无机碳）和流通速率（如总氮矿化和异氧呼吸）产生控制作用，而在土壤无机层中植被和气候的这种作用不明显。

9.2.5　半干旱热带区

9.2.5.1　区域概况

　　由于全球环流系统的微弱变化就会导致巨大的近地表气候变化，此区域跨越赤道辐合带，季节性干旱天气致使此区域的稀树草原生态系统成为全球生物质燃烧的主要发生地（Andreae，1991），导致此区域具有成为全球性重要碳源/汇的潜力。同时，生物质燃烧过程对痕量气体排放和大气气溶胶组成具有全球性影响。本区域研究内容主要为：

　　①水分平衡（与土壤类型相关）和土地利用方式的相互作用对生态系统碳储量和碳通量，以及植被组成结构的影响，同时还有对植被生理生态变化特点的研究；

　　②植物的关键特征或功能性沿温度有效性梯度的变化规律研究，如根系生理、共生现象、空间结构及叶的大小、空间结构；

　　③气候和土地利用对于森林和草地生态系统的决定作用，以及森林和草地生态系统对全球变化的响应；

　　④沿着温度梯度上碳氮循环的变化对于植物的适应性、消化和分解率的影响，以及这些性质在全球变化中对于碳氮循环的作用；

　　⑤Savanna 群落中 CH_4、CO、NO_x 以及非甲烷烃类和微粒的释放对于大气的反馈强度和重要性；

⑥木本、草本植物变化格局导致的 VOCs、NO 和 O_3 排放的影响。

9.2.5.2 主要样带

（1）亚马孙样带（LBA）

LBA 全称为 Large Scale Biosphere-Atmosphere Experiment in Amazonia，即亚马孙大尺度的生物圈—大气研究，研究内容包括 6 个方面：物理气候、碳储量和通量、生物地球化学循环、大气化学、水文、土地利用和土地覆盖。亚马孙流域有世界上最大面积的热带森林，超过了 $500×10^4 km^2$，动植物种类也在世界上占有很大的比重。但是由于人类的活动，此流域正在发生着巨大的变化，单就巴西而言，从 1977—2001 年的 25 年里，就有超过 $5×10^4 km^2$ 热带森林被砍伐。热带森林的破坏，严重影响了亚马孙流域生态系统的能量流动和物质循环，增加了空气中 CO_2。为了研究森林破坏对亚马孙流域生态系统的影响，1993 年由巴西科学院牵头，联合一些国际研究组织建成了 LBA，该样带最初的研究目的为了解亚马孙森林作为地球上最重要的生态系统在地球生态系统中的作用，以及在土地利用和气候变化的背景下，对当地生态系统的生物、物理和化学循环的影响。

LBA 是热带目前最大的科学研究项目之一，包括 80 多个紧密合作的研究团队，集中了来自于南美洲、北美洲、欧洲和亚洲日本的大约 600 名科学家。最终目的是通过增加对亚马孙流域的了解，增强对此流域的科学认识，进而指导亚马孙森林的可持续利用。LBA 的研究主要注重两个方面，首先是进行小尺度研究的整合，利用模型和遥感技术将小尺度研究结构外推到流域尺度；其次是对亚马孙样带的研究，集中在生态气候和土地利用强度的梯度上。

LBA 目前研究包括以下几个方面：①预测流域内土地利用变化；②生物圈内云量与降水的相互关系；③揭示亚马孙流域内大气—生物圈作用的活力；④亚马孙森林的碳循环；⑤亚马孙流域的土地利用变化和生物地球化学循环。

（2）Miombo 森林样带

Miombo 森林样带（Miombo Woodlands Transect）是由 IGBP/IHDP 研究计划的土地利用变化活动主办的，并且处于 IGBP 陆地样带的布设框架内，位置在 START's SAF 地区。鉴于土地利用和土地覆盖变化的重要性，Miombo 森林样带的管理部门将研究重点放在土地利用变化上面。Miombo 森林生态系统包括了非洲南部和中部的所有生态系统类型，沿 Miombo 森林样带的梯度为非洲季节性湿润的森林土地利用强度。该样带设立的目的是：

①非洲中部的 Miombo 生态系统的土地覆盖和相关的生态系统过程是如何被土地用途影响的，以及评估这些变化在全球变化中的作用；

②分析全球变化如何反作用于土地利用变化与生态系统结构和功能改变的。

Miombo 森林样带已经被生态学家用来描述由豆科的 Brachystegia、Julbernardia、Isoberlinia 和 Caesalpinioideae 亚科物种组成的森林生态系统，这类森林生态系统分布在坦桑尼亚南部的热带半湿润区和民主刚果北部，跨越了赞比亚、马拉维和安哥拉东部，到达南部的津巴布韦和莫桑比克，面积大约为 $280×10^4 km^2$。区域内土壤贫瘠且理化性质较差。这些森林生态系统由或多或少的连续分布的落叶热带森林和干燥森林构成。在森林内的开阔地带，分布着大量的草丛洼地（当地称作 dambos 或 mbuga）。

Miombo 森林样带的重点研究问题为：

①土地利用空间格局变化原因与土地利用之间的关系；

②土地利用和土地覆盖变化对区域气候、自然资源、水文、碳储存和微量气体排放的影响；

③Miombo 生态系统和物种分布的影响因素。

本章小结

大尺度空间格局的大样带研究方法简称大样带研究方法，是研究环境要素对生态系统影响的有效方法。该项研究既要充分利用已有大样带开展研究，采用更新进的方法探讨环境要素梯度格局对森林生态系统的影响，又要发展大样带的思路，根据研究需要构建能够反映区域性的水分、温度、海拔、人为干扰等环境要素梯度变化等形式的样带，拓展研究思路，探索森林生态学规律。

延伸阅读

1. 王兵，赵广东，杨锋伟，2006. 基于样带观测理念的森林生态站构建和布局模式[J]. 林业科学研究，19(3)：385-390.

2. 唐海萍，2003. 陆地生态系统样带研究的方法与实践——中国东北样带植被—环境关系研究[M]. 北京：科学出版社.

3. 国际地圈—生物圈计划(IGBO)[OL]. http：//www.igbp.kva.se/.

4. 张新时，周广胜，高琼，等，1997. 全球变化研究中的中国东北森林—草原陆地样带(NECT)[J]. 地学前缘，4(1-2)：145-151.

思 考 题

1. 大样带的基本思想是什么？

2. 大样带可以开展哪些方面的研究？

第10章
森林生态系统物候、凋落物及粗木质残体观测研究方法

[**本章提要**]通过对森林生态系统物候现象的长期观测，可以探索植物生长发育的节律及其对周围环境的依赖关系，进而了解气候变化对植物生长周期的影响，为森林生态系统的生产和经营提供科学依据。通过对森林生态系统凋落物及粗木质残体的长期观测，获取年凋落物量、粗木质残体贮量和凋落物分解速率的准确数据，掌握凋落物和粗木质残体分解规律，探讨凋落物和粗木质残体种类、数量和贮量上的消长与森林生态系统物质循环及养分平衡的相互关系，为研究森林土壤有机质的形成和养分释放速率、测算森林生态系统的生物量和生产力奠定基础。森林生态系统物候观测研究方法与凋落物、粗木质残体观测研究方法是开展森林植被动态与养分循环变化研究的基础方法。

10.1 森林生态系统物候观测研究

物候学是一门古老的学科，是研究自然界的植物（包括农作物）、动物和环境条件（气候、水文、土壤条件）周期性变化之间相互关系的科学（竺可桢等，1973）。物候是对气候变化的敏感指示器。物候现象包括受气候环境、水文、土壤影响而出现的以年为准周期的自然季节现象。物候学的目的是认识自然季节现象变化的规律，以服务于农业生产和科学研究。森林生态系统物候观测的目的是通过对森林生态系统物候现象的长期观测，探索植物生长发育的节律及其对周围环境的依赖关系，进而了解气候变化对植物生长周期的影响。根据长期观测资料进行物候历的编制，为森林生态系统的生产和经营提供科学依据。传统的物候观测主要以人工肉眼（辅以望远镜）观测为主。观测员遵循"定点、定时、定株"的原则，按照统一的观测标准进行物候观测并记录。

10.1.1 森林生态系统物候观测研究内容

（1）乔木和灌木

树液流动开始日期、芽膨大开始日期、芽开放期、展叶期、花蕾或花序出现期、

开花期、果实或种子成熟期、果实或种子脱落期、新梢生长期、叶变色期、落叶期等物候期。

（2）草本植物

萌芽期/返青期（萌动期）、展叶期、分蘖期、拔节期、抽穗期、现蕾期、开花期、结荚期、二次或多次开花期、成熟期、种子散布期、黄枯期等物候期。

（3）气象现象

初终霜、初终雪、严寒开始、水面（池塘、湖泊、河流）结冰、土壤表面冻结、河上厚冰出现、河流封冻、土壤表面解冻、（池塘、湖泊、河流）春季解冻、河流春季流水、雷声、闪电、虹以及植物遭受自然灾害等现象。

10.1.2　森林生态系统物候观测研究方法

个体树木的观测部位可以采用东、南、西、北四个方位分别进行观测和记录。用于全年物候观测的冠层部位必须一致，且长期保持不变。观测时，应尽量靠近植株，对于高大乔木或视野不开阔可借助望远镜进行观测。观测发芽时需注意观察树木的顶部，无条件时可观测树冠外围的中下部。植被物候期的观测方法为野外定点目视观测法。

（1）乔木和灌木物候期的观测方法

①树液流动开始日期：在冬天即将结束，白天阴处的温度升高到 0℃ 时，在树干的向南方向表皮上用刀划开小缝（或钻个小孔）时有树液流出的日期，就是树液流动的开始日期。在生长季末期用同样的方法来确定树液流动终止日期。

②芽膨大开始日期：具有鳞片的乔木和灌木的芽开始分开，侧面显露淡绿色的线形或角形，即为芽膨大开始日期。果树和浆果树可从芽鳞片的间隙里看到芽的浅色部分，即为芽膨大开始日期。针叶类，如松属植物顶芽鳞片开裂反卷时，出现淡黄褐色的线缝，即为芽膨大开始日期。裸芽不记芽膨大期。

对于芽较大的树木，可在被观测的树芽上涂上小墨点，随芽的生长小墨点会移动，露出开始分开的绿色鳞片，便于被察觉；对于芽小或绒毛状鳞芽的树木，建议用放大镜或望远镜观察；绒毛状芽的膨大可根据它顶端出现比较透明的银色毛茸辨认。

③芽开放期：芽的鳞片裂开，芽的顶端出现新鲜颜色的尖端，或是明显看见了绿色叶芽，或是带有锈毛的冬芽出现黄棕色的线缝，即为芽开放期。有些植物芽的开放，也就是花蕾的出现。如果芽膨大与芽开放不易分辨，可只记"芽开放期"。

④展叶期：针叶树出现幼针叶的日期，阔叶树第一批（10%）新叶开始伸展的日期，即为展叶始期。针叶树当新针叶的长度达到老针叶长度 1/2 时，阔叶树植株上有 1/2 枝条的小叶完全展开时，即为展叶盛期。

⑤花蕾或花序出现期：叶腋或花芽中，开始出现花蕾或花序的日期。

⑥开花期：当树上开始出现完全开放的花时为开花始期；对于风媒传粉的树，当摇动树枝而散出花粉时为开花始期。当树上有 1/2 枝条上的花展开花瓣或花序散出花粉，或半数以上柔荑花序松散下垂时为开花盛期。当树上大部分的花脱落，残留部分不足开花盛期的 10%，或柔荑花序停止散出花粉，或柔荑花序大部分脱落时为开花末期。有时树木在夏季或秋季有第二次开花或多次开花现象，也应分别予以记录。记录

项目包括：a. 二次或多次开花日期；b. 二次开花时个别树还是多数树；c. 二次开花和没有二次开花的树在地势上有什么不同；d. 二次开花的树有没有损害，开花后有无结果，结果多少和成熟度等；e. 如两次开花树木为不选定的观测树种，也应在备注栏注明树种名称，二次开花期及上述各项。

⑦果实或种子成熟期：树上有 1/2 以上数目的果实或种子变为成熟的颜色时即为果实或种子成熟期。有些树木的果实或种子翌年成熟时也应记录。

球果类：松属和落叶松属种子成熟时球果变成黄褐色；侧柏的果实成熟时变黄绿色；圆柏的果实成熟时变黄绿色，且表面出现白粉；水杉的果实成熟时呈现黄褐色。

蒴果类：果实成熟时呈现黄绿色，少数尖端开裂，露出白絮，如杨属、柳属。

坚果类：如麻栎属的种子成熟时果实的外壳变硬，并呈现褐色。

核果、浆果、仁果类：核果、浆果成熟时果实变软，并呈现该品种的标准颜色；仁果成熟时呈现该品种的特有颜色和口味。

翅果类：如榆属和白蜡属的种子，成熟时翅果绿色消失，变为黄色或黄褐色。荚果类：刺槐和紫藤等的种子成熟时荚果变为褐色。

柑果类：如常绿果树(甜橙、红橘、枇杷)呈现可采摘果实时的颜色即为成熟。

⑧果实或种子脱落期：不同树种的果实及种子脱落形式各异。松属为种子散布，柏属为果实脱落，杨属和柳属为飞絮，榆属和麻栎属为果实或种子脱落等，观测记录果实和种子的开始脱落期和脱落末期。如果果实或种子当年绝大多数不脱落，应记为"宿存"，第 2 年再记脱落的日期。

⑨新梢生长期：新梢按其发生的时期可分为春梢、夏梢、秋梢 3 种。根据气象学对四季的划分，可视新梢发生月份分别记为春梢(3 月、4 月、5 月)、夏梢(6 月、7 月、8 月)、秋梢(9 月、10 月、11 月)。除春梢开始生长期不记，只记停止生长期外，其余分别记录开始生长期和停止生长期。

⑩叶变色期：当被观测的树木有 10% 的叶颜色变为秋季叶时为叶变色始期；所有的叶子全部变色为完全变色期。

⑪落叶期：当观测的树木在秋天开始落叶为落叶始期；树上的叶子 50% 左右脱落时为落叶盛期；树上的叶子几乎全部脱落时为落叶末期。

(2)草本植物物候期观测方法

①萌动期：草本植物有地面芽越冬和地下芽越冬两种情况，当地面芽变绿色或地下芽出土时，为萌芽期；植物的幼苗移栽或越冬后，由黄色变为绿色，并恢复正常为返青期。

②展叶期：有 10% 植株上开始展开小叶时为开始展叶期；达到 50% 的植株叶子展开时为展叶盛期。

③分蘖期：禾本科植物主茎基部(根颈处)开始萌出新的分枝时为分蘖期；10% 的植株出现分蘖为分蘖初期；50% 的植株出现分蘖为分蘖盛期。

④拔节期：禾本科植物基部第一节间开始伸长的时期为拔节期；10% 的植株出现拔节为拔节初期；50% 的植株出现拔节为拔节盛期。

⑤抽穗期：禾本科植物生殖枝出现的时期为抽穗期；10% 的植株出现抽穗为抽穗初期；50% 的植株出现抽穗为抽穗盛期。

⑥花序或花蕾出现期：花序或花蕾开始出现的日期。

⑦开花期：当 10%的植株上初次有个别花的花瓣完全展开时为开花始期；有 50%花的花瓣完全展开为开花盛期；花瓣快要完全凋谢为开花末期。

⑧结荚期：结荚植物开花后荚果形成的时期。

⑨果实或种子成熟期：当植株上的果实或种子开始呈现成熟初期的颜色，即为成熟始期；有 1/2 以上果实或种子成熟时即为完全成熟期。

⑩果实脱落或种子散落期：果实或种子有 10%变色时为成熟开始期；50%的果实或种子变色时为全熟期。

⑪种子散布期：种子开始散布的日期。

⑫二次或多次开花期：某些草本植物在春季或夏季开花后秋季偶尔又开花为二次或多次开花期。

⑬黄枯期：以下部基生叶为准，下部基生叶有 10%黄枯时为开始黄枯期；达到 50%黄枯时为普通黄枯期；完全黄枯时为全部黄枯期。

（3）气象现象观测方法

①霜：春季最后一次霜出现的日期为终霜；秋末冬初第一次霜出现的日期为初霜。

②雪：春季最后一次雪出现的日期为终雪；冬季第一次雪出现的日期为初雪；在平坦的地面上，积雪开始融化显露地面的日期及完全融化全部露出地面的日期为积雪融化；在地面上初次见到积雪的日期为初次积雪。

③雷声：春季初次闻雷声日期，秋季或冬季最后闻雷声的日期（每次闻雷声均应记录）。

④闪电：一年中初次见闪电的日期，一年中最后见闪电的日期（每次见闪电均应记录）。

⑤虹：一年中初次见虹的日期，一年中最后见虹的日期（每次见虹均应记录）。

⑥严寒开始：阴暗处水面开始结冰的日期（可由观测场蒸发皿开始结冰日期代替）。

⑦土壤表面解冻和冻结：春季土壤表面开始解冻的日期；冬季土壤表面开始冻结的日期。

⑧池塘、湖泊水面解冻和冻结：春季开始解冻和完全解冻日期；冬季开始冻结和水面完全冻结日期。

⑨河流解冻和结冰：春季河流开始解冻日期、开始流冰日期、完全解冻日期和流冰终止日期；冬季河流开始结冰和完全封冰日期。

10.1.3 观测记录和观测频率

（1）观测记录表

森林生态系统物候观测记录表见表 10-1 至表 10-4。

表 10-1 植物地理环境观测表

样地编号： 观测时间： 经纬度：_____ E _____ N

中文名	拉丁学名	生长地点	海拔(m)	植物年龄或植物年代	地形	土壤	同生植物	备注

观测单位： 观测员：

表 10-2 乔灌木物候观测表

样地编号：　　　　　　　　　　　　　　　　　　　经纬度：＿＿＿＿＿ E ＿＿＿＿＿ N

| 植物名称 | 发育期 | | | | | | | | | | | | | | | | | | | | | 全部生长期日数 |
| | 萌动期 | | | 展叶期 | | 花蕾或花序出现期 | 开花期 | | | | | 果实或种子成熟期 | 果实或种子脱落期 | | | 叶变色期 | | | 落叶期 | | | |
	芽膨大期	芽开放期	间隔日数	开始展叶期	展叶盛期		开花始期	开花盛期	开花末期	第二次开花期	开花始末间隔日数	果实或种子成熟期	脱落始期	脱落末期	间隔日数	变色始期	完全变色期	间隔日数	落叶始期	落叶末期	间隔日数	

观测单位：　　　　　　　　　　　　　　　　　　　观测员：

表 10-3 草本植物物候观测表

样地编号：　　　　　　　　　　　　　　　　　　　经纬度：＿＿＿＿＿ E ＿＿＿＿＿ N

| 植物名称 | 发育期 | | | | | | | | | | | | | | | | | | 部生长期日数 |
| | 萌动期 | | | 展叶期 | | | 开花期 | | | | 果实或种子成熟期 | | | 果实脱落或种子散落期 | 黄枯期 | | | | |
	地下芽出土期	地上芽变绿色期	间隔日数	开始展叶期	展叶盛期	间隔日数	开花始期	开花盛期	开花末期	开花始末间隔日数	成熟始期	完全成熟期	间隔日数	果实脱落或种子散落期	黄枯始期	黄枯普遍期	黄枯末期	间隔日数	

观测单位：　　　　　　　　　　　　　　　　　　　观测员：

表 10-4 气象现象观测表

样地编号：　　　　　　　　　　　　　　　　　　　经纬度：＿＿＿＿＿ E ＿＿＿＿＿ N

| 观测项目 | 霜 | | 雪 | | | | 雷声 | 闪电 | 虹 | 严寒开始 | 土壤表面解冻和冻结 | 池塘、湖泊水面解冻和冻结 | | | | 河流解冻和结冰 | | | | | |
| | | | | | | | | | | | | 春季 | | 冬季 | | 春季 | | | | 冬季 | |
	终霜	初霜	终雪	初雪	积雪融化	初次积雪						开始解冻	完全解冻	开始冻结	完全冻结	开始解冻	开始流冰	完全解冻	流冰终止	开始结冰	完全封冰
日期																					

观测单位：　　　　　　　　　　　　　　　　　　　观测员：

（2）观测时间及频率

观测时间宜随季节和观测对象而灵活掌握，一般最好的观测时间在下午；但对于有些在早晨开花，下午隐花的植物，则需在上午观测。在观测期间宜每天观测，如人力不足，可以隔一天观测一次，或根据选定的观测项目酌量减少观测次数，但以不失时机为前提。气象现象应随时记载。冻结观测宜于早晨或上午进行，解冻观测宜于中午或下午进行。

10.1.4　数据处理

（1）物候历编制

将观测资料分类抄写制成统计表，绘制多年变化曲线，编制成物候历。

（2）物候时间格局计算

物候时间格局计算方法如下：

①把物候期数据由日期型转化为数值型，转化方法是 1 月 1 日为第 1 天，1 月 2 日为第 2 天，……然后依次往后推，直到 12 月 31 日为第 365 天。

②把每个编号植物多年物候期进行平均。

③把多年的平均物候期再转换成日期型数据，得到多年物候期平均月。

④统计每个月出现某个物候相的植物编号数，然后除以出现这个物候相的总植物编号数。

⑤依次计算出萌芽、落叶、现蕾、开花、幼果、果熟的起始期和结束期等物候时间格局。

10.2　森林生态系统凋落物及粗木质残体观测研究

10.2.1　采样方法

（1）采样点设置

程金花（2003）在"三峡库区三种林下地被物储水特性"研究中在不同类型林地内分坡面上、中和下 3 部分取样。采样时应考虑环境异质性的变化，即在每个样地内坡面上部、中部、下部与等高线平行各设置一条样线。环境异质性较小的林分，每条样线上等距设 3 个采样点；环境异质性较大的林分，在每条样线上设置 5 个采样点。

（2）采样

参考《森林生态系统定位研究方法》（林业部科技司，1994）第二章 1.2 凋落物量及其分解速率的测定和《陆地生物群落调查观测与分析》（董鸣，1996）第四篇 12.2 森林群落凋落物的测定，以及相关研究（官丽莉等，2004；赵勇等，2009；曲浩等，2010），综合确定凋落物采样方法和现存凋落物（林地枯落物）采样方法。

①凋落物采样方法：森林凋落物的采集多采用直接收集法（张乔民等，2003；曾昭霞等，2011），即采用凋落物收集器估测森林凋落量（图 10-1）。不同研究目的与对象，凋落物收集器的面积各不相同，收集器面积越大，所获数据越精确。通常用孔径为 1.0mm 的尼龙网做成 1m×1m×0.25m 的收集器，网底离地面 0.5m，置于每个采样点

（邓琦等，2007；赵鹏武等，2009）。采样时间以秋季落叶时间为准。将收集的凋落物按叶片、枝条、繁殖器官（果、花、花序轴、胚轴等）、树皮、杂物（小动物残体、虫鸟粪和一些不明细小杂物等）5 种组分分别采样，带回实验室；现存凋落物（林地枯落物）采样方法：在样地内划定 1m×1m 小样方，将小样方内所有现存凋落物按未分解层、半分解层和分解层分别收集，装入尼龙袋中，带回实验室。

图 10-1 凋落物收集器

②粗木质残体采样：森林凋落物取样按照传统的样方采样法即可实现，但粗木质残体由于其长度和直径等规格都比较大，采样方法的不当很容易造成采样代表性不大或者工作量过大、甚至不符合数理统计规律等问题（谷会岩等，2009；袁杰等，2011）。线截抽样法通常在采样点用皮尺设置一个边长 10m 的正三角形，只将与三条边相截的所有粗木质残体作为调查对象。在采样点用皮尺设置一个边长 10m 的正三角形，只将与三条边相截的所有粗木质残体作为调查对象。刘素青等（1998）通过在不同的针叶林和阔叶林，系统地试验研究了线截抽样原理与方法，并与传统的样地法进行比较，结果表明，该方法可行、可靠，抽样效率高；样线越长，精度越高。能够实现我国现阶段森林资源综合调查和监测的新需求。刘志华等（2009）、闫恩荣等（2005）、张利敏等（2010）的选用线截抽样法作为粗木质残体的采样方法，在确定粗木质残体调查对象后，将粗木质残体根据尺寸大小和其状态进行分类，并按标准确定其腐解等级后，分类测量与三条边相截的粗木质残体长度及其与线条相截处的直径，并分别采样，称其湿重后记录，带回实验室。

10.2.2 样品分析

（1）年凋落物量的测定

将带回实验室样品，70~80℃烘干至恒重，按组分分别称重，测算林地单位面积凋落物干重。

（2）凋落物现存量的测定

将带回实验室的样品，70~80℃烘干至恒重，称重，测算林地单位面积现存凋落物干重。

（3）凋落物分解速率的测定

将烘干的凋落物每份 200g 装入网眼 2mm×2mm 的尼龙纱网袋（20cm×25cm）中并编号，每种样品重复 3~5 个。模拟自然状态平放在样地凋落物层中，使网袋上表面与地面凋落物相平，网袋底部应接触土壤 A 层。依据研究目的（每份样品可分为叶样，也可是叶、枝、花、果、皮等按比例的混合样；可以分为同一树种或样地内所有树种的混合样。放置的地点可以是同一生境，也可以是不同生境），每月取回样袋，清除样袋附着杂物，70~80℃烘干至恒重后称量，得到残留凋落物量。然后将样袋放在潮湿环境中，吸水至取回实验室时的含水量后，再放回原处。按月定期测定，即可获得凋落物逐月的分解过程。连续数年，直至样品完全失去原形，即可获得凋落物完整的逐年分解过程。

(4)粗木质残体贮量的测定

将不同腐解等级的粗木质残体标准株样品在 70~80℃烘干至恒重。计算干重(枯立木和倒木、大枝、根桩)、粗木质残体体积、粗木质残体密度。根据计算结果,测算标准株以及林地单位面积粗木质残体贮量。

10.2.3 数据处理

(1)年凋落物量

$$Q_1 = Q_2 \times 0.01 \tag{10-1}$$

式中 Q_1——年凋落物量,t/hm²;

Q_2——年凋落物量,g/m²;

0.01——由 g/m² 换算成 t/hm² 的系数。

(2)凋落物组分含量

$$C = \frac{Q_d}{Q} \times 100\% \tag{10-2}$$

式中 C——凋落物中各组分含量,%;

Q_d——叶片、枝条、果、树皮和繁殖物、杂物等凋落物干重,g/m²;

Q——凋落物干物质总量,g/m²。

(3)凋落物现存量

$$M_{jb} = M_1 \times 10^4 \tag{10-3}$$

式中 M_{jb}——1hm² 凋落物现存量,kg/hm²;

M_1——1m×1m 年凋落物现存量,kg/m²;

10^4——将 hm² 换算为 m² 的进率。

(4)凋落物分解速率

$$R = \frac{Q_0 - Q_1}{Q_0} \times 100\% \tag{10-4}$$

式中 R——凋落物分解速率,%;

Q_0——原始凋落物干重,g/m²;

Q_1——残留凋落物干重,g/m²。

(5)粗木质残体贮量

$$Q = \frac{\rho \pi^2}{8L} \sum_{i=1}^{n} D_i^2 l_i \tag{10-5}$$

式中 Q——粗木质残体贮量,kg/hm²;

ρ——粗木质残体密度,kg/m³;

D_i——与线条相截处的粗木质残体直径,m;

l_i——与线条相截的粗木质残体长度,m;

L——样线长度(即边长),m。

本章小结

本章内容为森林生态系统物候研究方法和森林生态系统凋落物及粗木质残体观测研究方法。传统的物候观测主要以人工肉眼(辅以望远镜)观测为主。森林凋落物的采集多采用直接收集法,即采用凋落物收集器估测森林凋落量。森林凋落物取样按照传统的样方采样法即可实现,但粗木质残体由于其长度和直径等规格都比较大,采样方法的不当很容易造成采样代表性不大或者工作量过大,甚至不符合数理统计规律等问题。

延伸阅读

1. 中国物候观测网[OL]. http://www.cpon.ac.cn/.
2. 刘强,彭少麟,2010. 植物凋落物生态学[M]. 北京:科学出版社.

思 考 题

1. 哪些新技术可以提高物候观测的效率与精度?
2. 凋落物收集网如何布置?

第**11**章
树木年轮观测研究方法

[**本章提要**]通过对树木年轮宽度、密度测定及年轮元素的分析，建立树木年轮表，探求不同树种生长与气候因子的关系，推测过去环境变化尤其是环境污染状况。根据区域内的气象资料和同时期的树木年轮信息，建立树木年轮数据与气象数据的相关关系，并据此重建典型气候带的气候变化谱，进一步揭示气候变化对森林生态系统的影响。

　　树木年轮以独特的方式记载了长时间序列的树木生长信息。由于树木生长与气候环境和干扰具有紧密的联系，树木年轮在分析气候变化、森林火灾、病虫害等方面具有独特作用(图 11-1)。因此，树木年轮观测在生态响应、气候重建、生态系统生产力演变和水文变化过程方面的研究中具有重要价值。

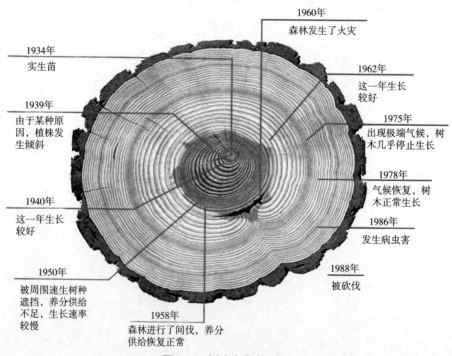

图 11-1　树木年轮的作用

11.1 样地设置与仪器设备

11.1.1 样地设置

选择树木生长对环境因子(温度、降水等)变化非常敏感的地区。在采样布局上，选取土层较薄、坡度较大、受人类活动影响较小的地点。根据研究目的不同，按照海拔、坡向、坡位等因子进行样地设置。采样点概况见表 11-1。

表 11-1　采样点概况

样地编号：　　　　　　　　　　　观测单位：　　　　　　　　　　观测员：

采样点名称	采样点代号	样本量（株）	样芯（个）	经度	纬度	海拔（m）	坡向(°)	平均郁闭度

11.1.2 仪器设备

指南针、GPS 手持机、土壤含水量测量仪、树木测高仪、照相机或摄像机、望远镜、生长锥、样条箱、皮尺、卷尺等。

生长锥直径有 4.35mm、5.15mm、10mm、12mm 等规格，一般用直径 5.15mm 的生长锥。生长锥长度范围为 100~1000mm。根据树木木质的不同，选取两线或三线螺纹式钻头。通常两线螺纹式生长锥适合硬质的树木，每旋转一圈可转进 8mm，三线螺纹式生长锥适合木质较软的树木，每旋转一圈可转进 12mm。

11.2 采样方法

11.2.1 样树选择

每个样地同一树种样本为 20~30 株，北方地区 20 株为宜，南方地区 30 株为宜。选择树木基部、根茎无动物洞穴、无干梢、树干通直的树木。为了重建尽量长时间的年轮气候变化谱，应选取树龄较长的树木包括枯死的古老树木。

11.2.2 样本采集

活体树木用生长锥在树干胸径处采样，方向一般与山坡等高线方向一致，或者与山坡的坡向垂直，同一样地内采样方向必须保持一致。已死亡的树木在树干均匀处截采样本盘(树木截面)。用生长锥采样时，先将锥体取出装在锥柄上，然后将生长锥保持水平，两手持锥柄两端，前端螺旋刃口对准树体，旋转锥柄。当锥体过树芯后，停止旋转锥柄。用取芯勺提取钻芯，将勺尖紧紧贴在锥体内壁，平稳较快地提取钻芯并放置于钻条箱中。样本采集后按表11-2填写年轮标本信息。

表11-2 树木年轮标本登记表

样地编号： 观测单位： 观测员：

样本编号：_____	采集日期：___年___月___日
采样地名：_____	
纬度_____经度_____高度_____m	
树种名称_____（中文名）_____（拉丁学名）	
林分密度_____	标本性质：钻芯 圆盘 其他
样本来源：活树 死树 古木 炭化木 化石 其他	
树高____m 胸径____m	生长状况_____
采样方向_____	采样高度_____m
采样环境：坡向_____坡度_____郁闭度_____	
优势树种_____	其他_____
样本存放_____	

11.2.3 采样时间

有休眠期的树木应在树木的休眠期进行，无休眠期的树木一年四季随时可以采样。样本采集后，宜用油灰等材料将树皮缝隙补塞，以免发生病虫害。

11.3 样本分析

11.3.1 分析仪器结构和原理

（1）年轮宽度分析系统

①结构：由LINTAB数控操作平台、高分辨率显微镜、计算机及标准年轮分析软件4部分组成（图11-2）。

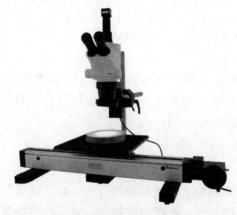

②工作原理：年轮宽度测量采用年轮定位测量技术，将树轮样本盘或样芯固定在特制的可移动精确操作台架上，通过高分辨率显微镜对年轮边界精确定位，并通过精确的转轮控制对操作台上样芯或样盘精确移动，测量年轮宽度，专业年轮分析软件实时记录测量数据并进行统计和分析。

（2）年轮密度及元素分析仪器

①结构：MultiScanner年轮密度分析系统由X光发生系统、标准LEF型X光显像管、PolyflatTM扁平X光束光学系统、可调X光

图11-2 树木年轮分析仪

束准直仪、300mm×200mm X/Y可移动电脑控制台、线性排列的感应原件、密度校准塑料楔、操作台、样本固定盘、计算机、平板扫描仪和系统专用用户软件组成。

②工作原理：利用 X 光透射成像技术获得待测样本的高精度数码图像，可以观察年轮密度等参数，然后利用软件进行统计分析。

利用 XRF（X 光荧光原理）扫描检测样本中 Mg、Al、Si、S、Cl、K、Ca、Ti、Ba、V、Cr、Mn、Fe、Ni、Cu、Zn、Br、Rb、Sr、Pb 等多种元素含量，其中 K、Ca 等元素含量图像还可辅助识别不清晰的年轮。仪器由激发源（X 射线管）产生入射 X 射线（一次射线），激发被测样本，样本中的每一种元素会因此发出荧光 X 射线（二次射线），并且不同元素所放出的二次射线具有特定的能量特性；检测系统检测这些放射出来的二次射线的能量及数量，然后由仪器软件将检测系统所收集的信息转换成样本中各种元素的种类及含量。

11.3.2　样本预处理

待取回的样本自然风干后，用白乳胶将其固定在样本槽内，要确保样本的木质纤维直立在样本槽内。样本槽长 0.8~1.2m，宽 4.3~4.5mm，深 2.0~2.5mm。使用时截成比样芯略长的小段木条，在木条两端书写或粘贴样芯编号。固定后的样芯依次使用砂粒为 ISO（77）240 号、320 号、500 号和 600 号 4 种规格的砂纸打磨抛光，分别使样本达到光、滑、亮，轮界清晰分明，以在 40 倍显微镜下可以看到清晰的细胞轮廓为止。

11.3.3　交叉定年

（1）原理

生长在同一生态环境下的树木，由于受到同样的限制因子作用，其年轮的宽窄变化应该是同步的。如果在某一个年轮序列中存在失踪年轮、断轮或伪年轮，那么它与树干的另一侧读得的年轮序列就无法重叠起来。把这两个序列绘在图上，年轮变化曲线就会出现明显的位相差，通过比较最终确定每个年轮正确的生长年份。交叉定年要先从同一株树的不同样本开始对比，无误后再与其他树木的样本对比。交叉定年可以在样本上直接进行，也可以先量测，然后利用量测的轮宽序列进行定年。在定年前，对所有的样本都进行一次目估，进一步了解每一个样本年轮的走向、清晰程度、是否有疖疤、病腐等，选取生长正常的样本部分定年。

（2）交叉定年的步骤

①年轮标识：年轮标识是从样本最外轮向髓芯数，每到公元整十年，如 1990 年、1980 年、1970 年做出"●"标志，到公元整五十年，做出"："标志，到公元整一百年，做出"⋮"标志，并记录样本总长度。除标识之外，一些窄轮、怀疑伪轮、缺轮、断轮，尽可能在预处理中标出，并做记录，便于定年。

②画骨架图：每个样本画一个骨架图。一般采用美国亚利桑那大学树木年轮研究实验室的交叉定年方法，即骨架示意图方法对树木年轮进行定年。该方法将树轮宽度序列中的窄轮作为序列之"骨"，识别后即以竖线的长短形式标注在坐标纸上。如果所视年轮比其两侧相邻的年轮相对愈窄，在坐标纸相应的年份位置上标注的竖线就愈长，而平均宽度的年轮不标出，以空白表示，极宽的年轮以字母"W"标注。以此方法在坐标纸上标识出的窄轮分布型被看作实际轮宽变化的"骨架"。

③比较：首先对同一棵树上的两个树芯进行比较，是否窄轮重合，确定好后再与

另一个样本用同样的方法进行比较，直到所有的样本的年轮数量准确无误为止。

④确定年代：对于活树的样芯，由于最外层年轮的年代是已知的，只要前面几步定年准确无误，那么利用每个年轮的生长年代就能准确定年。如果古木样本的年轮骨架与现代样本的年轮骨架重叠，那么每个年轮的生长年代也就能够确定。

⑤年轮宽度测量：样本年代确定后，用 LINTAB 年轮宽度分析系统测量树木年轮宽度。仪器安装与操作步骤详见仪器说明书。

⑥交叉定年检验：将树木年轮宽度值和年代录入计算机，用专门用于检查样芯或树盘定年和年轮宽度测量值的国际树木年轮数据库 COFECHA 定年质量控制程序，做进一步交叉定年和数据质量检查，以甄别系统定年错误和测量误差，确保每一生长年轮具有准确的日历年龄。COFECHA 定年质量控制程序检验结果统计见表 11-3。

表 11-3 COFECHA 程序检验结果统计

样地编号：　　　　　　　　　　　观测单位：　　　　　　　　　　　观测员：

采样点代码	海拔（m）	径 COFECHA 程序检验合格的样芯（$P = 0.05$）						建立年表的样芯					
		样本量（株）	树芯（个）	年轮数	最长序列（年）	序列间相关系数	平衡敏感度	样本量（株）	树芯（个）	年轮数	最长序列（年）	序列间相关系数	平衡敏感度

11.4 年表编制

使用国际树木年轮数据库 ARSTAN 程序（显著水平为 $P = 0.05$）编制 3 种树轮宽度年表，即标准年表（STD）、差值年表（RES）和自回归年表（ARS），能够增加在气候重建时的年表可选择性。生长量校正和标准化过程，能够消除树木生长中与年龄增长相关联的生长趋势及部分树木之间的非一致性扰动，排除其中的非气候信号。ARSTAN 程序编制年表特征参数及结果见表 11-4。

（1）标准化年表

对树木年轮样本进行前处理、初步定年和轮宽测定。通过轮宽的标准化，剔除与树龄有关的生长趋势，得到年轮指数，再根据指数序列与主序列间的相关系数，剔除相关差的标本，最后采用双权重平均法合并得到常规意义上的年轮年表。

（2）差值年表

在标准化年表的基础上，考虑到森林内部由于树与树之间的竞争以及可能存在的人类活动导致的树轮宽度序列的低频变化，以时间序列的自回归模式对标准化年表进行拟合并再次标准化，去掉树木个体特有的和前期生理条件对后期生长造成的连续性影响而建立的一种年表，它只含有群体共有的高频变化。

（3）自回归年表

估计采样点树木群体所共有的持续性造成的生长量，再将其加回到差值年表。它既含有群体所共有的高频变化，又含有群体所共有的低频变化。

表 11-4　年表主要特征参数及公共区间分析结果

样地编号：　　　　　　　　　　观测单位：　　　　　　　　　　观测员：

代码			
海拔(m)			
样本量(株)			
树芯(个)			
年表长度			
公共区间(a)			
年表类型	STD	RES	ARS
平均指数			
平均敏感度			
标准差			
一阶自相关系数			
树间平均相关系数			—
信噪比			—
样本总体代表性			—
第一主成分所占方差量			

11.5　年轮密度与年轮元素分析

年轮宽度测量仅能初步反映年轮间的宽度变化，更多的气候变化等信息存在于年轮内部的变化(季节性、年度变化)，如早晚材的宽度、年轮密度、年轮中痕量元素浓度等。通过年轮密度分析，可以进一步识别季节性生长不明显(年轮宽度变化不明显，用一般的图像分析法和年轮定位测量技术不能很好地加以识别分析)的林木；通过年轮元素分析可以更好地推断环境变化等信息，重建古气候变化以及研究气候变化对树木生长的影响。利用目前世界上最先进和最精确的年轮密度和年轮元素分析仪——MultiScanner 年轮密度分析系统，针对已完成预处理的树芯或树轮样本进行年轮密度和年轮元素含量分析。

11.6　数据处理

(1)年表特征分析
①平均敏感度：

$$MS = \frac{1}{n-1} \sum_{i=1}^{n-1} \left| \frac{2(x_{i+1} - x_i)}{x_{i+1} + x_i} \right| \tag{11-1}$$

式中　MS——敏感度；
　　　x_i——第 i 年轮宽度值，cm；

x_{i+1}——第 i+1 个年轮宽度值，cm；

n——样本年轮总数，个。

②样本的总体代表量：

$$EPS(t) = \frac{r_{bt}}{r_{bt}+(1-r_{bt})/t} \tag{11-2}$$

式中　EPS——样本的总体代表量；

t——样本数，个；

r_{bt}——不同树间的相关系数。

（2）重建方程的建立及检验

利用树木年轮宽度、年轮密度和年轮元素浓度等资料以及必备的气象资料，采用单相关、逐步回归分析法建立回归方程，并利用误差缩减值、符号检验、乘积平均数以及逐一剔除法对回归方程进行检验。

（3）重建结果特征分析

重建结果特征分析主要包括变化阶段分析、周期分析、最大熵谱分析、频率极值分析、趋势分析和突变特征分析。

（4）重建结果对比

利用已有的资料，将所得到的重建结果与其他研究人员所得结果进行比较，一般包括阶段比较、突变比较、趋势比较等。

本章小结

本章内容为树木年轮观测研究方法。树木年轮观测研究在森林群落大尺度变化，生态系统演替、古气候重建及森林与环境关系等研究中具有非常重要的价值。树木年轮的观测研究由样地设置、样本采集到样本分析、年表研制和数据处理等等步骤，每一步均需按照规范进行，以保证研究结果的可靠性。

延伸阅读

1. 李江风，2000. 树木年轮水文学研究与应用[M]. 北京：科学出版社.

2. Deng X, Zhang Q B, 2015. Tree growth and climate sensitivity in open and closed forests of the southeastern Tibetan Plateau[J]. Dendrochronologia(33)：25-30.

思　考　题

1. 年轮研究的基本步骤是什么？

2. 在年轮研究中如何保证定年的准确性？

第12章
森林生态系统碳汇研究方法

[**本章提要**]森林碳汇是指森林生态系统吸收并储存CO_2的量，或者森林生态系统吸收并储存CO_2的能力，其测算主要有样地实测法、材积源生物量法、净生态系统碳交换法、遥感判读法4种方法。本章从基础理论、数据来源、测算方法、典型案例等多个方面，系统对比分析了以上4种碳汇测算研究方法，为精确评估森林碳汇功能提供理论和方法借鉴。

森林作为陆地生态系统重要的组成部分，在全球碳平衡中扮演了重要的角色。近年来，国内外对森林碳储量开展的大量研究，证明了森林是陆地碳循环的关键组成部分，量化、调节和管理森林碳库对应对全球变化十分重要。目前，森林生态系统碳汇的测算主要有通过生物量换算、森林生态系统碳通量测算和遥感测算3种主要途径，其中基于生物量换算途径的森林碳储量测算方法主要有样地实测法、材积源生物量法；基于森林生态系统碳通量途径的测算方法是净生态系统碳交换法；基于遥感测算途径的测算方法是遥感判读法4种方法。

12.1 样地实测法

森林生物量指以森林生态系统单位面积或单位时间积累的干物质量或能量，是研究生产力、净第一性生产力的基础，是整个森林生态系统运行的能量基础和物质来源（张萍，2009）。森林生物量与森林生态系统碳汇密切相关，是碳汇研究的重要理论基础。从20世纪60年代开始，人与生物圈计划（MAB）和国际生物学计划（IBP）以研究各种植被类型生物量和生产力为中心，提出森林碳汇的样地实测法，促进了全球范围内植被碳汇研究的全面展开（Kauppi et al.，1992）。世界各国，尤其是在建立了长期定位观测站的国家和地区的科学家们已对大量的森林进行了生物量实测，收集了丰富的碳储量数据，为全球碳循环研究提供了科学的数据基础（Rachel et al.，2015）。

最初的样地实测法是通过对森林进行大规模的样地调查，再利用获得的大量数据构建标准的测量参数与生物量数据库（Woodwell et al.，1994）。之后，专家提出了平均木生物量法和标准径阶法。平均木生物量法是在样地内进行每木检尺，计算出平均胸径和树高，再选取伐倒平均胸径和树高的样木，称重后乘以林分总株数，合计得到林分生物量；标准径阶法是按不同径阶株数权重选取样木伐倒，称重后再乘上各径阶株数，最后得到林分生物量。样地实测法直接、明确、技术简单，省去了不必要的系统误差和人为误差，可以实现森林碳汇的精确测算（Whittaker et al.，1975）。

12.1.1　理论基础

样地实测法是在固定样地上用收获法连续调查森林的碳储量，通过不同时间间隔的碳储量变化，测算森林生态系统碳汇功能的一种碳汇测算方法。森林生态系统的碳储量可通过生物量进行估算。由于植物通过光合作用可以吸收并贮存 CO_2，植物每生产 1g 生物量（干物质）需吸收固定 1.63g CO_2，可用生物量（干物质）重量来推算植物从大气中固定和贮存的 CO_2 量，即：

$$M_C = 1.63 \times C_B \tag{12-1}$$

式中　M_C——碳储量，tC/hm^2；

C_B——生物量，t/hm^2。

由此可见，只要测定了森林植被生物量就可以估算森林生态系统植被的碳储量。

森林生态系统碳库是由植被碳库和土壤碳库组成的。近年来研究者对植被碳储量进行了大量研究（Fang et al.，2007），但对土壤碳储量的研究相对薄弱。由于在树木生长过程中，树木通过光合作用吸收固定的绝大部分碳由根系和枯枝落叶转化为土壤有机质，蕴藏在土壤中。当林地的属性不发生变化时，林地土壤固碳能力通常不会发生较大的变动。因此，土壤是一个巨大的碳库，准确估算森林土壤碳汇作用变得尤为重要。土壤碳库的样地实测也是通过一段时间间隔内森林土壤碳储量的变化来测算森林生态系统的碳汇功能。

Kolari et al.（2004）通过样地实测法计算了植被碳储量和土壤碳储量，获得整个森林生态系统的碳汇。2010 年，中国森林生态服务功能评估项目组利用样地实测法，收集了大量长期野外观测数据，测算了植被碳储量和土壤碳储量，基于分布式测算方法获得了全国森林生态系统碳储量及其空间格局、动态变化情况（张永利等，2010；中国森林生态服务功能评估项目组，2010）。《2013—2015 年退耕还林生态效益监测国家报告》基于森林生态连续清查体系，应用样地实测法对退耕还林重点省份、黄河和长江中下游区域，以及风沙区森林生态系统碳储量及其空间格局、动态变化情况进行研究（国家林业局，2013，2014，2015，2018）；中国森林资源核算研究项目组（2015）利用样地实测法，获得了第 8 次全国森林清查后的全国森林生态系统碳储量。

12.1.2　数据来源及测算方法

12.1.2.1　数据来源

森林碳汇样地实测法的数据主要包括森林资源、植被碳储量和土壤碳储量数据。

（1）森林资源数据

森林资源清查是评价国家森林资源与生态状况的重要依据，通过清查数据可以及时了解全国森林资源的动态变化。多年来，世界各国都非常重视森林资源清查工作。1923—1929 年瑞典已构建了覆盖全国的森林资源清查体系，完成 8 次连续清查；从 19 世纪开始，德国已完成了两次全国森林资源清查；从 1930 年开始，美国开展了以州为单位的全国森林资源清查，并从 2003 年起在全国实施。

在统一框架下，通过遥感和地面相结合的方法对森林资源和森林健康进行多阶系统抽样调查和综合监测。我国从 1973 年开始全国森林资源清查，截至目前，已连续完成 9 次森林清查。随着社会发展和技术进步，我国森林资源清查的方法和工作制度不断完善，森林资源清查体系日趋全面。因此，我国森林资源清查为其他科学研究提供了大量基础数据，不同区域、不同林龄、不同林分类型的面积、蓄积量等数据可从全国森林资源清查系列报告中获得。由于全国森林资源清查是间隔 5a 才进行一次，小范围的森林资源数据也可通过临时调查获得。

（2）植被碳储量数据

样地清查法是通过建立典型样地，采用收获法来准确获得森林生态系统生物量与碳储量数据。该方法常应用于小尺度森林生态系统碳汇的研究。森林生态系统乔木层生物量、灌木层生物量、草本层生物量和死有机物生物量均采用直接收获法测定，具体方法可参照《森林生态系统长期定位观测方法》（GB/T 33027—2016）。

（3）土壤碳储量数据

树木利用光合作用将大气中的无机碳吸收后转化为有机碳，从而固定于植物的各个器官，并通过凋落物、根系等转化到土壤中。因此，森林生态系统碳储量不仅包含在树木生物量中，还包含在死有机物和土壤中。土壤有机碳储量的统计方法主要有直接估算法和间接估算法（Batjes，1996）。

直接估算法依据主要土壤类型或植被类型的空间分布，首先按照不同土壤、植被或生物地带等类型将土壤分成不同亚类，计算单个土壤剖面或土体的碳密度，聚合得到相应亚类土壤剖面和亚类的碳密度，然后乘以该亚类土壤的土壤容重和深度，再乘以该亚类土壤面积计算出亚类土壤有机碳储量，最后，将各个亚类土壤有机碳储量累加得到整个区域的土壤碳储量。这种方法的不足之处在于不能较好地体现同一土壤类型或生态系统类型内部的空间差异性。长期大量的土壤有机碳储量实测数据表明，同一土壤类型或生态系统类型的土壤有机碳储量也存在很大的差异。利用该方法还需要更多的土壤实测数据，才能更准确研究土壤有机碳的空间差异性。为此，在实测数据有限的情况下，许多科学家在进行区域尺度的土壤有机碳估算时都会采用基于生态系统碳循环过程模型的间接估算法。但依然存在的问题是受土壤固碳容量、其稳定性机制的认知以及数据的制约，常常将间接法中具有空间异质性模型参数简化为常数，导致该方法并不能较好地解释当前土壤碳储存的地带性分布及其对温度变化的反映，大大影响了土壤有机碳估算的精确性。因此，有必要采用统一的森林土壤调查技术规范和实验室测定方法来研究森林土壤碳储量，可参照《森林生态系统长期定位观测方法》（GB/T 33027—2016）、《森林土壤样品的采集和制备》（LY/T 1210—1999）和《森林土壤水化学分析》（LY/T 1275—1999）执行。

12.1.2.2 基于样地实测法森林碳汇的测算

为精确测量森林生态系统的碳汇功能，样地实测法需要将植被、凋落物和土壤各部分的碳储量进行实测，累加后得到整个森林生态系统的碳储量。中国森林生态服务功能评估项目组（2010）、中国森林资源核算研究项目组（2015）将森林生态系统固碳量分为植被固碳和土壤固碳两部分，其中植被固碳包括地上生物量和地下生物量的变化

量，土壤固碳包括凋落物、根系等死有机物和土壤碳储量的变化量。计算公式由公式
(12-1)得到，即：

$$G_{总} = G_{植被固碳} + G_{土壤固碳} \tag{12-2}$$

$$G_{植物固碳} = 0.444\ 5\ A \times B_{年} \tag{12-3}$$

$$G_{土壤固碳} = A \times F_{土壤} \tag{12-4}$$

式中　$G_{总}$——森林生态系统的年固碳量，tC/a；

　　　A——面积，hm^2；

　　　$G_{植被固碳}$——植被的年固碳量，tC/a；

　　　$B_{年}$——为森林生物量的年增长量（NPP），包括活立木生物量和枯立木生物量，
　　　　　　tC/($hm^2 \cdot a$)；

　　　0.444 5——为生物量与碳之间的转换系数；

　　　$G_{土壤固碳}$——为土壤的年固碳量，tC/a；

　　　$F_{土壤}$——为单位面积林分土壤年固碳量，tC/($hm^2 \cdot a$)。

12.2　材积源生物量法

　　森林生态系统碳汇测算材积源生物量法由 Brown et al. (1984)首次提出。材积源生
物量法是利用森林生物量与蓄积量的函数关系推算森林生物量的方法，又称生物量转
换因子法(biomass expansion factor, BEF)，常用于较大尺度生物量的测算。最初，该方
法利用林分生物量与树干材积比值的平均值(为常数)乘以该林分的总蓄积量，得到该
林分的总生物量；或利用木材密度和总蓄积量相乘，再乘以总生物量与地上生物量的
转换系数，最终得到总生物量。之后，方精云等(1996)提出生物量转换因子连续函数
法，建立了生物量和蓄积量的函数关系式，从而克服了在生物量转换因子法中将生物
量与蓄积量比值作为常数的不足。周广胜等(2002)在总结前人森林生物量研究方法优
缺点的基础上，建立了生物量和蓄积量的双曲线关系模型，在如今的森林生态系统碳
储量研究中被大量应用(侯浩，2016)。

12.2.1　理论基础

　　森林的生物量与其自身的蓄积量、林龄等生物学特性之间存在密切的关系(方精云
等，1996)，奠定了生物量与蓄积量模型估算生物量参数的理论基础(Whittaker et al.，
1975；Brown et al.，1992)。

　　Brown et al. (1984)首先提出了基于森林材积的生物量估测方法，即生物量转换因
子法。该方法是利用林分类型的生物量换算因子平均值乘以其总蓄积和密度，得到该
林分类型的总生物量，计算公式为：

$$B_i = V_i \times W_{D_i} \times BEF_i \tag{12-5}$$

式中　V_i——该地区的平均蓄积量，m^3；

　　　W_{D_i}——木材密度，kg/m^3；

　　　BEF_i——生物量转换因子。

　　通过式(12-5)可以看出，其计算的理论依据是通过蓄积量与木材密度相乘获得树

干的重量，再通过常数的生物量转换因子换算为生物量。在这个计算公式中，除了可以准确获得 V_i 外，要获得准确的 W_{Di}、BEF_i 均是非常困难的。与农田草地等均质化生态系统不同，森林生态系统结构异质性大，这导致其平均木材密度即不能简单依据植物株数使用算数平均值，又无法依据生物量分配使用加权平均，且该公式只能计算森林乔木层的生物量与碳储量，无法评估灌草层的碳储量。同时，后期的大量调查研究也表明 BEF 并不是一个常数。由于树木生长是一个动态的过程，生物量积累不仅与蓄积量有关，还与林龄有关。为了更加准确地估算区域或国家尺度上的森林生物量，生物量转换因子连续函数法被提出，利用分龄级的转换因子代替单一不变的生物量平均转换因子（Kauppi et al.，1992；Alexeyev et al.，1995）。Brown et al.（1992）等利用幂指函数来表示生物量转换因子与林分材积之间的关系：

$$BEF = ax^{-b} \tag{12-6}$$

式中 a，b——均为大于 0 的常数。

然而，由于上述函数关系不易实现由样地调查和区域推算尺度间碳储量数据的转换，该函数关系不适合区域尺度或国家尺度森林生物量的估算（Fang et al.，2001）。为此，方精云等（1996）提出利用倒数方程来表示生物量转换因子与林分材积之间的关系，即：

$$BEF = a + b/x \tag{12-7}$$
$$B = a + bV \tag{12-8}$$

式中 a，b——均为大于 0 的常数；

B——生物量，t/hm^2；

V——蓄积量，m^3。

这一简单的数学关系符合生物的相关生长理论，不仅为区域尺度森林生物量的推算提供了理论基础，还简化了区域森林生物量的计算方程。但是，这种生物量和蓄积量简单的线性关系目前还存在着争议。

周广胜等（2002）在总结了前人森林生物量和蓄积量研究的基础上，收集全国 34 组落叶松实测生物量和蓄积量数据，建立了落叶松林生物量（B）和蓄积量的双曲线关系模型：

$$BEF = 1/(a + bV) \tag{12-9}$$
$$B = V/(a + bV) \tag{12-10}$$

该模型克服了 Brown et al.（1984）将生物量和蓄积量之比作为常数的不足，将估算模型中的系数 a 变成蓄积量的函数，还将生物量和蓄积量的简单线性关系变化处理为双曲线关系。但是，由于该模型目前仅在落叶松、油松和马尾松等少数几种林分类型中得到了验证，其是否适合于全国其他所有的林分类型，还有待今后进一步研究。

李海奎等（2010）将树高和木材密度引入单木生物量的计算。针对杉木类、马尾松、红松、硬阔叶类和软阔叶类等树种类型建立了生物量估算模型：

$$B/V = a(D^2 H)^b \tag{12-11}$$

式中 D——木材密度，t/m^3；

H——树高，m。

该模型将树高和木材密度考虑在内，是对原有模型的进一步升华，建模样本数也很大，而且应用的树种类型较多，达到了 6 种 4 大类。模型在《国家林业局退耕还林生态效益监测报告》中大量应用(国家林业局，2016)。

12.2.2　数据来源及测算方法

12.2.2.1　数据来源

材积源生物量法碳汇测算需要的数据源主要包括森林面积、蓄积量、木材密度和生物量转换因子。其中，森林面积和蓄积量主要来源于全国森林资源清查资料，生物量转换因子则通过样地实测法或收集相关资料获得。

世界上的多个国家已经开展了森林资源清查，提供了大量森林面积和蓄积量等数据。目前，我国已公布 1973—1976 年、1977—1981 年、1984—1988 年、1989—1993 年、1994—1998 年、1999—2003 年、2004—2008 年和 2009—2014 年期间全国森林资源清查数据。

不同树种的木材密度不同。IPCC 在 2003 年出版的《土地利用、土地利用变化和林业优良做法指南》中，按北方生物带、温带和热带推荐了相关参数(表 12-1、表 12-2)。方精云等(1996)曾利用历史资料中生物量数据，建立了相应的数据库(表 12-3)，提供了中国森林资源清查资料中所对应的各林分类型 BEF 值。

表 12-1　全球主要树种组木材密度　　　　单位：t/m³

气候带	树种组	D	气候带	树种组	D
北方生物带、温带	冷杉	0.40	热带	陆均松	0.46
	云杉	0.40		鸡毛松	0.46
	铁杉、柏木	0.42		加勒比松	0.48
	落叶松	0.49		楠木	0.64
	其他松类	0.41		花榈木	0.67
	胡桃	0.53		桃花心木	0.51
	栎类	0.58		橡胶	0.53
	桦木	0.51		楝树	0.58
	槭树	0.52		椿树	0.43
	樱桃	0.49		柠檬桉	0.64
	其他硬阔类	0.53		木麻黄	0.83
	椴树	0.43		含笑	0.43
	杨树	0.35		杜英	0.40
	柳树	0.45		猴欢喜	0.53
	其他软阔类	0.41		银合欢	0.64

注：引自 IPCC(2003)。

表 12-2　全球主要林分类型生物量转换因子

气候带	森林类型	BEF
北方生物带	针叶树	1.35(1.15~3.8)
	阔叶树	1.3(1.15~4.2)
温带	针叶树(云杉)	1.3(1.15~4.2)
	针叶树(松树)	1.3(1.15~3.4)
	阔叶树	1.4(1.15~3.2)
热带	松树	1.3(1.2~4.0)
	阔叶树	3.4(2.0~9.0)

注：引自 IPCC(2003)和李海奎等(2010)。

表 12-3　中国不同森林类型生物量转换因子($BEF=a+b/x$)相关参数

森林类型	a	b	森林类型	a	b
冷杉、云杉	0.46	47.50	杂木	0.76	8.31
桦木	1.07	10.24	华山松	0.59	18.74
木麻黄	0.74	3.24	红松	0.52	18.22
杉木	0.40	22.54	马尾松、云南松	0.51	1.05
柏木	0.61	46.15	樟子松	1.09	2.00
栎类	1.15	8.55	油松	0.76	5.09
桉树	0.89	4.55	其他松林	0.52	33.24
落叶松	0.61	33.81	杨树	0.48	30.60
照叶树	1.04	8.06	铁杉、柳杉、油杉	0.42	41.33
针阔混交林	0.81	18.47	热带雨林	0.80	0.42
檫树落叶阔叶混交林	0.63	91.00			

注：引自 Fang et al., 2001。

12. 2. 2. 2　基于材积源生物量法森林碳汇的测算

根据生物量转换因子法的定义，森林的生物量(B)可以利用该林分的面积(A)、蓄积量(V)与相应的换算因子(BEF)相乘获得。BEF 是一个变化的量，为准确利用森林资源清查资料计算森林类型生物量，需要分别计算各省区、年龄、地位级等的森林生物量。因此，区域、森林类型的总生物量可以用公式(12-12)表示，即：

$$B = \sum_{i=1}^{m} \sum_{j=1}^{n} \sum_{l=1}^{k} A_{ijl} \times W_{D_{ijl}} \times BEF_{ijl} \qquad (12\text{-}12)$$

式中　B——某一森林类型的总生物量，t/hm^2；

　　　i, j, l——分别为省区、地位级和龄级；

　　　A_{ijl}——分别为第 i 省区、第 j 地位级和第 l 龄级林分的面积，m^2；

　　　V_{ijl}——平均蓄积量，m^3；

　　　BEF_{ijl}——换算因子；

　　　m, n, k——分别为省区、地位级和龄级的数量。

12.3 净生态系统碳交换法

随着科学家们对碳重要性的认识及研究视野的扩大，森林生态系统碳汇方面的研究逐渐深入。目前，国际上生态系统碳通量的测定以涡度相关法为主。20 世纪 50 年代初，Swinbank(1951) 首次提出涡度相关法，并应用到草地生态系统显热通量和潜热通量的测定中。70 年代末到 90 年代初期该方法得到迅速发展，80 年代初期首次被应用到大面积尺度植被和大气间 CO_2 通量的测定中 (Vemm et al.，1986；Hollinger et al.，1994)。进入 90 年代后，涡度相关法逐渐被应用到森林生态系统碳通量测定中 (Wilson et al.，2001)，并开始用于森林生态系统长期连续的碳通量动态观测。至今涡度相关技术已经被广泛应用到森林生态系统碳交换测量中，并且取得了一系列成果 (Foken et al.，2012)，并在土地利用对不同地类通量信息提取和林分不同冠层分层数对 *NEP* 模拟方面得到应用 (乔延艳，2016)。

12.3.1 理论基础

净生态系统碳交换法通过直接测定林木上方 CO_2 湍流传递速率，从而计算出森林生态系统的 CO_2 通量。涡度相关法 (eddy covariance method) 是利用微气象学原理测定 CO_2 湍流通量的主要方法。该方法通过计算温度、CO_2、H_2O 等物理量脉动和风速脉动之间的协方差，从而获得湍流通量，因此也被称为湍流脉动法。涡度相关技术作为一种非破坏性的微气象方法，是当前生物圈和大气圈 CO_2 通量测量的最直接的标准方法 (Wofsy，1993；Baldocchi et al.，1996；Aubinet et al.，2000；Baldocchi et al.，2003)。

涡度相关法对仪器的要求较为严格，不仅需要 Licor6262、导管系统、数据记录系统以及分析软件等较为精密的仪器设备，而且对各系统内的每个组成部分都有较严格的规定。该技术所需的仪器通常要求安装在随高度变化 CO_2 通量不发生变化的边界层 (常通量层) 内，这样基于 CO_2 的标量物质守恒方程 (Moncrieff et al.，1996) 得到：

$$\frac{\partial \rho_c}{\partial t} + \frac{\partial \overline{u_i \rho_c}}{\partial t} - D \frac{\partial^2 \overline{\rho_c}}{\partial x_i^2} = \overline{S}(x_i, \ t) \tag{12-13}$$

式中 c——CO_2 质量混合比；

      ρ_c——CO_2 密度 ($\rho_c = \rho_d c$，ρ_d 为干空气密度)，g/m^3 或 $\mu mol/mol$；

      μ_i——相应的 u，v，w 风速，m/s；

      x_i——笛卡尔坐标系 x，y，z 轴；

      D——CO_2 在空气中的分子扩散率；

      $\overline{S}$——标量物质守恒方程控制体积内的 CO_2 源/汇强度，g/m^3。

方程左边从左到右各项分别为单位体积内 CO_2 密度变化的平均速度、引起控制体积边缘发生净平流和分子扩散的辐射通量项。

常通量层通常需要满足稳定、测定下垫面与仪器之间不存在任何源或汇、风浪区足够长和下垫面水平均质等几个条件。在满足上述假设情况下，由方程 (12-13) 可得：

$$\frac{\partial \overline{w\rho_c}}{\partial z} - \frac{\partial^2 \rho_c}{\partial z^2} = 0 \tag{12-14}$$

式中　w——垂直风速，m/s；

　　　z——垂直坐标。

Businger(1986)研究表明近地层分子的黏性力会抑制湍流，但在测定高度 z 处分子扩散比湍流输送量要小几个数量级。因此，对方程(12-13)积分，并运用雷诺分解可以得出：

$$F_0 = -D \frac{\partial^2 \overline{\rho_c}}{\partial z^2} = (\overline{w\rho_c})_z = F_z \tag{12-15}$$

式中　F_0——土壤和叶片表层的分子扩散通量，$\mu mol/(m^2 \cdot s)$；

　　　F_z——测定高度 z 处的湍流涡度通量，$\mu mol/(m^2 \cdot s)$。

为此，求得 CO_2 的垂直湍流通量方程式为：

$$F_c = \overline{w\rho_c} = \overline{w}\overline{\rho_c} + \overline{w'\rho_c'} \approx \overline{w'\rho_c'} \tag{12-16}$$

利用该方法测量时，如果实际条件不能完全满足上述基本假设条件时，观测值需要进行修正。

12.3.2　数据来源及测算方法

12.3.2.1　数据来源

湍流变化与涡度通量的测定是生态系统通量观测和研究的核心，测定的项目主要包括风速脉动、CO_2 和水汽浓度、湿度和气温脉动。各项指标的测定仪器及原理如下：

(1)风速脉动

用于涡度相关法的风速计要求具有能以 10Hz 以上的高频率测定出风速三维成分 (u, v, w) 的性能。其中垂直风速 (w) 与水平风速 (u, v) 相比小的多，需要仪器有较高的耐候性和稳定性。目前，三维超声风速计是利用超声波在空气中的传播速度随风速变化的原理，测定发生器和接收器之间超声波的到达时间来计算风速，该风速计可以较好地满足上述条件。

(2)CO_2 和水汽浓度

CO_2 和水汽浓度可以使用基于 CO_2 和水汽在红外线对特定波段的辐射吸收原理制成的红外 CO_2/H_2O 分析仪测定。测定的仪器根据分析光路的配置大致分成开路式和闭路式两种。

①开路式红外分析仪：开路式红外分析仪测定 CO_2/H_2O 的浓度的基本原理是利用红外线光源将光束照射到浓度测定光路上，在另一方利用检测器的镜头聚集红外线，测定出 CO_2/H_2O 的浓度脉动。该仪器的测定光路被暴露在空气中，在其原理上最符合涡度相关法的技术要求。目前，最先进的 CO_2/H_2O 分析仪为 LI-7500 红外 CO_2/H_2O 分析仪，它是高频率、高精度的 CO_2/H_2O 开路系统分析仪，可在组成复杂的气体中分析 CO_2/H_2O 的绝对浓度。高频率响应是开路式红外分析仪主要优势，不会造成系统高频数据的丢失，但是由于开路分析仪传感器被长期放置在野外，会造成仪器故障频出或测量精度的下降。

②闭路红外分析仪：闭路红外分析仪是将空气抽入分析仪的内部进行测定，使用分散型的红外分析仪作为分析仪的主体。在涡度相关法中，闭路分析仪在测定 CO_2 通量时相对稳定，受到外界环境的干扰较小，可以较好地弥补上述开路分析仪的测量缺陷，

适用于长期稳定监测 CO_2 通量，但由于闭路分析仪的抽气管影响 CO_2 浓度变化脉冲，容易导致高频数据丢失，因此，在通量观测过程中闭路分析仪会发生通量值偏小的现象。

（3）温度脉动测定

温度脉动通常采用细铂丝、热电耦、热敏电阻和超声温度计等测定。为了获得良好的响应性能，以减小太阳辐射的影响，细铂丝、热电耦和热敏电阻被制作的非常细，其中铂电阻线直径为 $12.5\mu m$，热电耦直径为 $20\sim50\mu m$，但其长期暴露在空气中容易老化，遇到大风、大雨和大雪时也容易断裂，应采取适当的保护措施。超声温度计具有测量温度所需的频率响应，是测定温度较为理想的仪器。

（4）湿度脉动测定

湿度脉动测定的仪器主要分为两种类型：一类是与空气直接接触的仪器类型；另一类是利用红外线或紫外线吸收的仪器类型。第一类仪器主要有干湿球湿度计、容量型湿度计，这些仪器由于频率响应能力差，多数情况下需要对高频成分进行校正；第二类仪器主要有红外湿度仪（利用水汽对红外辐射吸收的原理）、紫外湿度仪（利用水汽对紫外辐射吸收的原理）和微波折射仪（利用微波折射与温度的相互关系）。红外湿度仪又分为开路和闭路两种类型：开路型分析仪在长期观测过程中的稳定性方面存在问题；而闭路分析仪相对具有较好的稳定性。

12.3.2.2　基于生态系统碳交换法的森林碳汇测算

涡度相关技术应用于森林碳通量观测时要求具有严格的植被下垫面状况和气象条件。但在通量观测过程中，一般由于复杂地形或气象条件不能满足湍流交换理论条件，往往会造成通量观测值与真实值间存在较大差异。通量计算结果受到空气密度变化的影响，地形不平坦和仪器倾斜影响，夜间通量数据的选择、冠层碳储存的影响，插补策略的选择等因素的影响，因此，实测数据需要通过各种方法校正（图 12-1）。涡度相关法测定通量的计算方程可表示为（Paw et al.，2000；Massman et al.，2002）：

$$F_c = \overline{(w'c')} + \overline{c}(1+\overline{X_v})\left(\overline{\frac{w'T'}{T_a}}\right) + \overline{w_c}u_v\overline{w'\rho_v'} + \int_0^Z\frac{\overline{\partial c}}{\partial t}dz + \overline{w_c}\left[\overline{c_r} - \frac{1}{Z'}\int_0^Z\overline{c}dz\right] + \int_0^Z\overline{u\frac{\partial c}{\partial t}}dz$$

$$(12-17)$$

式中　$\overline{(w'c')}$——涡度相关法直接测得的 CO_2 通量，$\mu mol/(m^2\cdot s)$；

w'——垂直风速，m/s；

c'——CO_2 浓度脉动，mg/m^3；

$\overline{c}(1+\overline{X_v})\left(\overline{\frac{w'T'}{T_a}}\right)$——气温脉动校正项；

$\overline{T_a}$——空气平均温度，℃；

$\overline{X_v}$——体积混合比；

$\overline{w_c}u_v\overline{w'\rho_v'}$——水汽脉动校正项；

u_v——干空气与水汽摩尔质量比；

$\overline{w_c}$——CO_2 的平均质量混合比；

$\int_0^Z \overline{\frac{\partial c}{\partial t}} \mathrm{d}z$——观测高度以下空气中 CO_2 浓度变化所引起的碳储存项变化率;

Z——CO_2 浓度测定高度,m;

c——CO_2 浓度,mg/m³;

$\int_0^Z \overline{u \frac{\partial c}{\partial t}} \mathrm{d}z$——水平平流项;

$\overline{w_c} \left[\overline{c_r} - \frac{1}{Z^r} \int_0^Z \overline{c} \mathrm{d}z \right]$——垂直平流项。

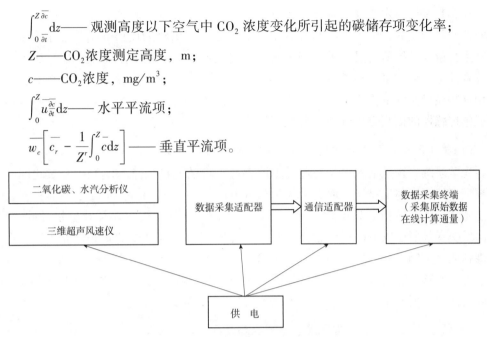

图 12-1 通量观测仪器结构示意图

12.4 遥感判读法

植被指数与生物量密切相关,卫星遥感技术能够探测全球陆地表面的散射辐射和反射辐射,并通过辐射驱动的模型来推算大尺度森林生态系统的 CO_2 通量。卫星遥感技术的发展以及遥感连续动态监测能力的提升促使遥感在碳汇研究中得到越来越多的应用(Tucker et al. ,1983;Field et al. ,1995)。遥感技术的应用改进了传统的资源调查方法,使其能够在恶劣的自然环境条件下有效提高野外调查速度和精度,从而降低调查成本(侯浩,2016;付尧,2016)。从 20 世纪 90 年代开始,科学家逐步深入开展了遥感生物量估测法的系统研究(赵宪文,1997),形成了较完备的森林生物量遥感估测方法与技术体系(李崇贵等,2006;Hirata et al. ,2014;张超,2016)。

12.4.1 理论基础

森林生态系统碳汇研究涉及多学科、多时空尺度、多数据集,传统生物量估测方法,在获取高精度、大尺度植被生物量时存在局限性,不能及时反映大尺度上森林生态系统碳汇动态变化及环境状况,因此需要多种新技术手段作为支撑(Franklin,2001)。遥感(remote sensing)作为一门综合运用物理原理、数学方法和地学规律,在高空以非接触方式探测物体性质、形状和变化动态的新兴科学技术,越来越多地被应用在碳储量研究中(Hame et al. ,1997;Lu,2002)。遥感判读法以计算机自动分类为主,结合实地解译进行。在森林生态系统中,以遥感技术对植被的分辨率为基础,结合植被分类系统,以反映现状植被为准,能方便进入植被数据库查询、检索和实际应用,可准确、快速、无破坏地对植被生物量进行估算,还可以对生态系统进行宏观监测(Curran et al. ,1992)。

遥感判读法测定生物量是利用植物的反射光谱特征来估算的。植物光合作用强烈吸收红光和蓝紫光，使得植物的叶绿素含量可以利用植物的反射光谱特征来反映。由于叶生物量与叶绿素含量相关，利用植被反射光谱特征决定的遥感图像信息数据可以估算森林植被生物量，即通过建立遥感数据与实测生物量之间模型及其解析式，从而利用这些模型及其解析式来估算森林生物量（Phua et al.，2003）。生物量遥感估算研究按遥感传感器的探测方式可划分为 3 个阶段：

（1）第 1 阶段：利用光学遥感估测生物量

光学遥感生物量估测主要是通过不同森林类型的光谱信息与实测生物量之间建立的模型来估算森林生物量。地上生物量与 *NDVI* 密切相关（Zheng et al.，2004）。但是，由于光学遥感植被指数只反映了绿叶叶绿素含量，仅可以获取森林叶生物量的信息，无法反映森林冠层以下的树干信息，从而只能间接估计森林生物量。研究表明，在成熟森林地上生物量中，叶生物量所占比例小于 10%，枝和干生物量约占 90%。因此，通过光学遥感仅能获取森林冠层叶片的生物量信息，在林分生物量估测中存在很大的不确定性和估测误差（Hame et al.，1997）。

（2）第 2 阶段：以微波雷达遥感估测生物量

微波能够穿透树冠，除了树叶还可以与枝和树干发生作用。因此，微波遥感通过接收地面物体发射的微波或者是回收仪器本身发出的微波，可对物体进行探测和鉴别。该方法还具有不受云雨影响，可以日夜工作，能够获得连续准确的森林植被特征数据（如树高、直径、密度和生物量等）等优点。因此，该遥感被认为是全面和精确估测森林生物量较具可行性的工具（Dobson，1992）。随着人们对微波与植被相互作用机理的逐渐深入认识，微波遥感机理模型被快速发展起来（Sun，1991）。

（3）第 3 阶段：以激光雷达遥感估测生物量

激光雷达利用激光光波，能够迅速、准确地穿透云层，可以观测大部分地表特征和低空大气现象。激光雷达的传感器还可以直接测出树高。森林生物量能根据树高建立生物量模型估测研究（Brown et al.，1999）。Lefsky et al.（1999）采用遥感判读方法，利用植被生物量与高度的关系研究了植被材积和生物量，证明了使用激光雷达能够较好地对森林生物量进行估测。尽管雷达在森林相关研究中取得了很大的成功，但目前激光雷达技术的应用仍存在局限性，如与其他遥感手段相比成本过高，缺乏数据分析处理软件，还有待于今后进一步完善。

12.4.2 数据来源及测算方法

12.4.2.1 数据来源

森林碳汇遥感判读法测算需要的数据项目主要包括：遥感数据、地形图、森林资源分布图、林相图以及 DEM 数据。

（1）遥感数据

遥感信息数据具有多源性，可以来自不同的遥感平台、传感器、遥感方式。遥感信息不同的空间分辨率、波谱分辨率、时间分辨率使各数据源具有不同的优势。航天被动遥感数据源主要有：NOAA/AVHRR、Landsat/MSS、SPOT、CBERS/CCD、

CBERS/WFI、中国国土资源卫星等。植被生物量监测时，需要选择波段分布合理、光谱特征信息准确的数据源。同时，与植被个体尺度相适宜的空间分辨率，也对准确估算森林地上生物量有积极意义。目前，常用的遥感影像数据源有 Landsat/TM、Landsat/MSS、SPOT、NOAA/AVHRR 等，数据参数见表 12-4。其中具有时间分辨率高、成像面积大等优点的 NOAA/AVHRR 数据源被广泛应用到植被生物量动态监测、趋势分析等领域（Friedl et al.，1995），但其存在空间分辨率较低的问题；TM 图像虽然时间分辨率差，但具有相对较高的空间分辨率，适用于局部地区中小尺度生物量的估测研究。

表 12-4 遥感数据参数

参数	NOAA/AVHRR	Landsat/MSS	Landsat/TM	SPOT/HRV
卫星高度(km)	833	705	705	832
轨道倾角(°)	98.72	98.2	98.2	98.72
时间分辨率(d)	0.5	18 6	16	26
扫描宽度(km)	2700	185	185	117
地面分辨率(m)	1100	80	30	10、20
光谱波段(μm)	0.58~0.68 0.725~1.1 3.55~3.93 10.3~11.3 11.5~12.5	0.5~0.6 0.6~0.7 0.7~0.8 0.8~1.1	0.52~0.60 0.63~0.69 0.76~0.90 1.55~1.75 10.4~12.5	0.50~0.59 0.61~0.68 0.79~0.89

注：引自刘勇卫等，1993。

（2）底图

直接利用调查单位所在地的国土规划部门测绘的基础信息数据绘制成底图，或将符合精度要求的最新地形图输入计算机并矢量化，编制成底图；叠加编图要素，包括各种境界线（行政区划界、林业局、林场、营林区、林班、小班）、道路、居民点、独立地物、地貌（山脊、山峰、陡崖等）、水系、地类、林班注记、小班注记等，制作成（1∶10 000）~（1∶500 000）基本图。

（3）森林资源分布图和林相图

林相图是以林场（或乡、村）为单位，以基本图为底图进行绘制的，比例尺与基本图一致。林相图通过小班主要调查因子进行注记和着色，其中对林地小班进行全小班着色，其他小班仅注记小班号及地类符号。图形制作可参照国家林业局《森林资源规划设计调查主要技术规定》。

森林资源分布图比例尺一般为（1∶50 000）~（1∶100 000），是以经营单位或县级行政区域为单位，以林相图为基础，将林相图上的小班进行适当综合、缩小绘制的。图形制作可参照国家林业局《森林资源规划设计调查主要技术规定》。

（4）DEM 数据

DEM 数据采集方法包括：

①影像测量数据：可利用航空摄影测量或地面摄影获得。从航空相片上获取的高

程数据精度低，只能获取大范围小比例尺数据。近年来出现的高分辨率图像、机载激光扫描仪等新型传感器能获取高精度高分辨率的 DEM 数据。

②地形图提取数据：地形图是各种尺度 DEM 建立的主要数据源。

③地面测量数据：利用 GPS、全站仪、经纬仪等进行野外观测，获取地面点数据，通过处理变换后建立数字高程模型。该方法的优点是采集数据精度非常高；缺点是周期长、工作量大、费用高、更新困难，因此不适合大规模的数据采集。

④其他数据源：用气压测高法、航空测高法、重力测量等方法可得到地面系数分布的高程数据，适合于大范围且高程精度要求较低的研究。

⑤即有数据源：目前，我国已经建成了覆盖全国范围的 1∶1 000 000、1∶250 000、1∶50 000 数字高程模型，以及省级 1∶10 000 数字高程模型。对已存在的各种分辨率的 DEM 数据，可根据自身的研究目的以及对 DEM 分辨率、数据精度、存储格式和可信度等因素的要求选择出相对适合的数据。

12.4.2.2　基于遥感判读法的森林碳汇测算

遥感是通过对灰度信息的处理分析来进行专题信息提取或参数反演的。在遥感成像过程中，由于遥感信息会受到大气和地物反射与发射电磁波的相互作用、卫星速度变化、随机噪声等多种因素的影响，实际图像灰度值并不能完全由地物辐射电磁波能量大小来反映。因此，在图像处理前，为消除这些因素带来的影响需进行图像预处理。

（1）遥感影像预处理

①几何校正：几何校正包括几何粗校正和几何精校正两种。在遥感成像的过程中，由于受飞行器的运行姿态、高度、速度以及地球自转等多种因素的影响，造成图像相对于地面实际目标发生了几何畸变。几何粗校正是针对这些几何畸变进行的校正，将遥感平台位置、飞行器运行姿态和传感器等的校准数据分别代入理论校正公式逐步进行校正。几何精校正首先是根据遥感图像和标准地图间的一些对应点建立几何畸变模型，再利用模型把畸变空间中的元素变换到校正空间。常用的几何校正模型有多项式变换模型，校正时，首先在遥感图像上根据多项式的次数选取适当数量的控制点，确立图像坐标和地面坐标之间的对应关系，然后转换整幅图像，如在二维空间可通过二维转换矩阵来实现几何校正。遥感图像的处理常采用 ERDAS 软件，其精度受地面控制点选取的限制，原则上要求选取遥感图像上清晰显示，地形图上能够精确定位的均匀分布点，如河流的拐弯点、道路的交叉点等。

②地形校正：收集的山区遥感图像质量常常受到地形的影响，图像处理的光谱强度与分类识别精度有所下降，能够形成地形阴影区。为减少这些地形的影响，需要通过 DEM 数据和卫星传感器的方位角与高度角的余弦关系模型进行校正处理。利用 ERDAS 中的地形校正模块对几何校正后的 TM 图像进行 Lambert 地形校正，也可达到消除地形影响引起的遥感图像特征畸变的目的。

③大气校正：大气影响遥感图像的辐射值。因此，遥感图像的大气校正可以采用天空光散射的校正来完成，采用的方法主要有多波段图像对比法和大气模型法。多波段图像的校正方法包括直方图法和回归分析法。大气模型法计算过程非常复杂，并且需要大量假设或成像时的大气参数。大气校正也可以通过 ERDAS 中大气模型法进行，但受参数的不确定和介质的非匀质性等因素的影响，该方法大气校正后的效果不太理

想。目前，应用较为广泛的大气校正方法基于电磁波在大气中的辐射传输原理，应用最多的模型有"6S"模型、LOWTRAN 模型和 MORTRAN 模型等。

④影像切割：如果研究区分布在不同景影像上，需用 ERDAS 软件的 Mosaic 命令将校正过的影像进行镶嵌，然后再用 Subset 命令将影像的矢量行政边界进行裁切，最终得到较为完整的研究区影像。

（2）图像分类

遥感数据存在光谱测量多、波段多、数据量大等特点。通过最大似然分类方法对遥感数据进行分类处理时，需要比较每一类数据的均值与协方差矩阵以及判别式等，计算量非常庞大。为此，在实际应用时，需要按遥感数据特征进行提取以达到减少特征数、压缩数据的目的。最大似然分类能非常有效地对遥感图像进行分类，平均误差较小，在遥感数据分类中得到广泛应用。最大似然分类法通过统计方法建立起一个判别函数集，计算各分类样品的归属概率，通过样品属于某类的概率来判断其属于哪一类。该分类方法主要依据相似的光谱性质和属于哪一类的概率最大判别各个像元的类别，其最大优点是可以快速指定被分类像元到若干类之中的一类中。但是，最大似然分类方法在高光谱数据分类中存在局限性。

（3）植被指数提取与分析

多光谱遥感数据采用一系列分析运算可以获得一些对植被生长、生物量等具有一定指示意义的数值，即植被指数。利用绿色植物叶片与植被冠层的光谱特性及其差异变化可以反映出遥感影像上的植被信息，而且不同的光谱波段植被反映出不同的光谱信息。由于植被在可见光的红光波段出现一个强烈的吸收带，而在近红外波段出现一个较高的反射峰，这两个波段的数据通常被选用进行等线性或非线性组合运算。国内外生物量遥感中采用的植被指数主要有：简单比值植被指数[如 TM4/3（*RVI*）、TM4/2、TM5/3 等]、多波段线性组合指数（如 Albedo、MID57、VIS123 等）、归一化植被指数（如 *NDVI*、*ND*32、*ND*54 等）、复杂植被指数（如 *ARVI*、*ASVI*、*RVI* 等）（Lu，2002；Phua et al.，2003；Zheng et al.，2008）。

①比值植被指数：

$$RVI = \rho_{NIR} / \rho_R \tag{12-18}$$

式中　ρ_{NIR}——为近红外波段的地面反射率；

　　　ρ_R——红外波段的地面反射率。

RVI 是近红外波段与红外波段反射光谱的比值。它是绿色植物的一个灵敏的指示参数，称作绿度。该指数能很好地反映植被覆盖度和生长状况的差异，尤其适合于植被覆盖浓密的区域。

②归一化植被指数（*NDVI*）：

$$NDVI = (\rho_{NIR} - \rho_R) / (\rho_{NIR} + \rho_R) \tag{12-19}$$

式中　ρ_{NIR}——为近红外波段的地面反射率；

　　　ρ_R——红外波段的地面反射率。

1973 年，Rousee 首先提出归一化植被指数，该指数是目前应运广泛的植被指数。由于 *RVI* 分辨率比较低，植被盖度浓密对红光反射很小，其 *RVI* 将无限增大，为此需要将该指数经非线性归一化处理得到归一化植被指数，并将其比值限制在[-1，1]内。

NDVI 增强了对植被的响应能力，不仅减小由地表二向反射和大气效应造成的角度影响，还部分消除与太阳高度角等有关的辐照度条件变化等的影响。但是，由于 *NDVI* 在植被生长初期会高估植被的覆盖度，因此，*NDVI* 较适用于植被中后期生长阶段（或中低覆盖度）的动态监测。

③差值植被指数（*DVI*）：

$$DVI = \rho_{NIR} - \rho_R \qquad (12\text{-}20)$$

式中　ρ_{NIR}——为近红外波段的地面反射率；

　　　ρ_R——红外波段的地面反射率。

DVI 对土壤背景的变化极为敏感，可以较好地识别植物和水土，经常被用于植被生态环境的动态变化监测，也称为环境植被指数。当植被盖度在 5%～25% 时，*DVI* 对植被盖度的变化响应较敏感，随生物量的增加而增加；当植被盖度超过 80% 时，*DVI* 的灵敏度下降。*DVI* 不仅能对植被盖度有非常好的反映，在一定范围内还能够弥补由大气造成的负面影响。

④垂直植被指数（*PVI*）：

$$PVI = \sqrt{(S_R - V_R)^2 + (S_{NIR} - V_{NIR})^2} \qquad (12\text{-}21)$$

式中　S——土壤反射率；

　　　V——植被反射率。

植被冠层顶部测得的反射光谱包括了植被和土壤等的反射信息。当植被盖度较高时，以植被信息反射光谱为主，而当植被盖度较低时，土壤与水体等背景的干扰作用相对强烈。为了消除土壤的相关影响，许多学者在这方面做了工作。1977 年，Richardson 和 wiegand 基于土壤线理论首次提出了垂直植被指数，将土壤线的垂直距离作为植被生长的标志。该土壤线主要是基于红外波段的数值提出的，与 Kauth（1976）提出的亮度植被指数具有二维相似性。

⑤绿色植被指数（*GVI*）：*k—t* 变换后可以表示绿度的分量。*k—t* 变换后得到的第一个分量表示土壤亮度；第二个分量表示绿度，这两个分量集中了大于 95% 的信息，能够较好地反映出植被和土壤光谱特征的差异；第三个分量根据传感器不同而表达不同的含义，如 TM 的第三个分量表示湿度，MSS 的第三个分量表示黄度，没有确定的意义。*GVI* 是多个波段辐射亮度值的加权和，由于辐射亮度受大气辐射、太阳辐射、环境辐射的综合影响，使得 *GVI* 受外界条件的影响较大。

（4）地形因子提取

地形因子提取的前提是从 DEM 中提取出由高程点构成的格网，通过空间分析方法进行格网分类（按小班对 DEM 数据进行裁剪），在此基础上运用各种分析算法建立所需要的地形因子。如在 ERDAS 软件中，利用 DEM 数据可提取出坡度、海拔、坡向和高程地形等数据。

（5）模型建立

遥感生物量法是通过对遥感数据和生物量之间的相关关系的分析，从而确定估算模型并进行森林生物量的估测的方法。按照模型特点建立的模型方法大致可以分为：经验模型（统计模型）法、机理模型法、半经验（半机理）模型法 3 类。其中，机理模型方法结合遥感数据，充分考虑了生物量的形成机理，但应用时需要输入的参数较多，而这些参数在大尺度区域获取相对困难，使其应用受到限制。半经验模型方法是通过对机理模型方法的适当简化，多应用于大尺度区域，但该方法为获得较高精度数据，需要高时间分辨率遥感影像如 AVHRR、MODIS 等以及每日的遥感数据，导致数据处理量相对较大。经验模型方法虽然未能很好地解释生物量的形成机理，但其操作简单、灵活，成为当前生物量遥感估测的重要常规方法。该模型方法包括线性模型和非线性模型。线性遥感生物量模型实施简便，但由于森林生物量与地形因子、遥感数据等之间不存在简单的线性关系，该方法往往存在精度较低的缺点，使得非线性模型逐渐受到重视。

（6）生物量及碳储量测算

基于统计分析软件（SPSS、R、Sigmaplot），利用遥感影像获取的各种植被特征因子，构建研究区域主要森林类型的遥感生物量模型，选择估测精度高的模型完成研究区的生物量估测。例如，将 TM 图像输入 ERDAS 的 modeler 模块，得到不同森林类型生物量分布图，利用 GIS 将所得不同类型生物量图叠加分析，计算研究区域森林生物量，并将生物量乘以碳含量换算成碳储量。

本章小结

本章测算途径的遥感详细阐述了样地实测法、材积源生物量法、净生态系统碳交换法和遥感判读法的理论基础、数据来源和测算方法，并借助相关研究案例，对具体实践中的应用情况做了说明，比较分析了各方法的优缺点、使用范围和对象，使计算森林碳汇更有针对性，为准确计算森林碳储量提供依据。

延伸阅读

1. 中国森林生态服务功能评估项目组，2010. 中国森林生态服务功能评估［M］. 北京：中国林业出版社.

2. 于贵瑞，孙晓敏，2018. 陆地生态系统通量观测的原理与方法［M］. 2 版. 北京：高等教育出版社.

3. 张桂华，张国平，王培娟，等，2010. 植被与生态遥感［M］. 北京：科学出版社.

思 考 题

1. 各种碳汇研究方法的优缺点是什么？
2. 如何根据研究需要选择合适的碳汇研究方法？

第**13**章
森林生态学野外调查抽样方法

[**本章提要**]本章节主要介绍抽样调查方法的内涵、特点及其在森林生态学野外观测研究中的具体应用，分别介绍了简单随机抽样、分层抽样、系统抽样、整群抽样及多阶段抽样、PPP抽样及无样地抽样几种常用的抽样方法的基本内容、实施方法、估计量及估计方法。

　　抽样方法是指按照一定的原则，从全部研究的对象中抽取一部分单位，进行实际调查，依据所获得的数据对全部研究对象的数量特征做出具有一定可靠程度的估计和判断，达到对现象总体的认识（刘敏，2012）。按照抽取样本依据原则的不同，可以分为概率抽样和非概率抽样（杜子芳，2005）。概率抽样也称随机抽样，分为等概率抽样和不等概率抽样两种形式。等概率抽样是按频率抽样，不等概率抽样是总体中各单元被抽中的概率不完全相等的抽样方法。该方法在组织样本、对资料进行分析及对总体参数的估计时，都要比等概率抽样复杂。但在某些条件下，采用不等概率抽样方法会得到较高的估计效率（Brown，2005）。据不完全统计，不等概率的抽样方法有大约50种，常用的大约只有10种（金勇进等，2008）。不等概率抽样技术方法与抽样调查的各种组织形式及技术方法相结合，构成各种不同形式的不等概率抽样方法。例如，不等概率抽样方法可与等概率抽样方法中的整群抽样、多级抽样等方法有效结合，这种结合使用能够体现出其高效、无偏的优点（Kibet，2012）。非概率抽样也称为非随机抽样，这种抽样方法不按照随机原则，样本抽取主要依据人们的主观判断或简便性原则。非概率抽样主要有以下4种方式（Scheaffer et al.，1990）：便利抽样、判断抽样、定额抽样、雪球抽样。由于选择过程的主观性和非概率抽样的选择程序并没有提供用样本结果来推算总体的原则或方法，这种方法抽取的样本会存在因选择过程的偏倚而导致研究结果无效的危险（Gary，2008）。

13.1　简单随机抽样

　　简单随机抽样是统计学中最为简单的一种等概率抽样方法，是森林生态学野外调查研究中使用最为广泛的一种样本抽取方法。简单随机抽样（simple random sampling）又称纯随机抽样，是抽样调查方法中最简单、最基本的抽样组织形式，也是其他抽样方法的基础(图13-1),可用于多种问题的调查(Pu et al., 2016),尤其适用于分布均匀的总体,即具有某种特征的总体单元均匀地分布于总体各部分。

该方法简单直观,所选概率相同,利用样本统计量对目标量进行估计较为方便。可以衡量其他抽样效果的比较标准。该方法适合于目标总体 N 不是很大的条件下单独使用,在抽样框完整时,可以直接从中抽选样本。

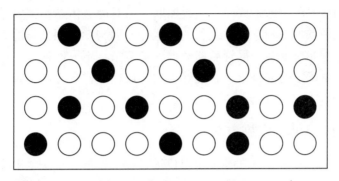

图13-1 简单随机抽样示意图

(杜子芳,2005)

13.1.1 简单随机抽样基本原则

(1)明确调查总体范围

界定调查总体的一般方法是将统计总体严格定义在某个区域尺度上,据此得到其统计推断。自然状态下的森林生物总体往往比推断总体规模大很多,因而需要将统计推断外推,进而得到普遍结论。最为可靠的办法是在生物总体尺度上直接进行抽样调查。

(2)确定基本抽样单位

抽样单位是抽样调查过程中的基本单位,其形式可以是简单个体(如一个植物个体),也可以是多个个体的集合(如一个设置完成的抽取样方)。抽样单位必须覆盖整个统计总体,不能有重叠现象。

(3)选择特定抽样方案

为实现以最小的代价和最小的置信区间来提供最可靠的概率估计的目的,有必要选择最优抽样方案。严格按照概率抽样原理来抽取样品才能够利用抽样理论来解释、分析所获取的数据(张文军,2007)。

13.1.2 简单随机抽样基本内容

简单随机抽样(simple random sampling)也称为单纯随机抽样,是从调查总体 N 位中抽取 n 个单元作为样本单元。如果每个样本被抽中的概率完全相等,则该种抽样称为简单随机抽样。根据抽样单位是否放回可以分为放回简单随机抽样和不放回简单随机抽样两种类型。结合到森林植物野外调查的实际情况,一般采用取样带回(等价于不放回抽样)的方法,下面将重点讨论不放回简单随机抽样。

不放回抽样也称为不重复抽样,即每次从调查总体中(如白桦林群落)随机抽取一个样本单位，经过测量、记录后，不再将该单位放回到总体中参加下一次抽样，此步骤反复进行，直至从总体中抽够 n 个样本单位为止，不考虑样本的顺序，每个样本被抽中的概率是 $\dfrac{1}{C_N^n}$，这样的抽样方式就是不放回简单随机抽样，抽得的样本就是不放回简单随机样本(刘俊霞，2008)。

每次抽取的样本单位都不放回，每次抽取时面对的总体结构都要受到前面各次抽取的影响，各次抽取不是相互独立进行的，这是放回与不放回抽样的主要区别。不放回方法的数据处理相对复杂。尽管后期数据处理复杂，不放回抽样不会造成信息的重复，即在样本容量确定的前提下，它能够提供比放回抽样更多的信息量，抽样效率也更高。

13.1.3　简单随机抽样实施方法

在实施抽样之前，需要对总体 N 个单位进行逐一编号，每一个单位对应一个唯一号码。对于总体中各个单位的编号、抽选，通常有以下两种方法：

(1)抽签法

该方法适合于调查总体的数量不是很大的情况。具体做法是用规格相同的 N 个标签，充分混合后，便可逐个进行抽选，直到抽够 n 个签为止。

(2)随机数字表法

总体数量较大时，逐个进行标签就显得十分笨拙，这种情况下就可以考虑使用随机数表、摇奖机、计算机等产生的随机数字来进行样本的选取(李金昌，2010)。最为常用的是五位数的随机数字表。在用随机数表选取简单随机样本时，一般可以根据总体 N 的位数来决定在随机数表中抽取几列。例如，$N=636$，想要从中选取 $n=10$ 的简单随机样本，则在随机数表中随机抽取相邻的 3 列，以此向上或向下，选出 10 个 001～636 的互不相同的数字。在使用随机数表时，为了增大选取的随机性，随机数表的起始页和起始点都需要应用随机数。

13.1.4　简单随机抽样估计量及估计方法

在完成样本单元选取后，需要对样本的数据进行进一步处理、分析。样本是总体的缩影。总体特征数一般是未知的，需要用样本特征数(即估计量)来估计总体特征数。在森林植物群落野外抽样调查中，用样本资料来估计总体平均数、总体成数、总体总量、总体方差及总体变异系数等(刘敏，2012)。

(1)估计的一般步骤

一个完整的抽样估计包括下列过程：

①从总体中抽取样本 n，计算有关样本特征指标 $\hat{\theta}$，如 $\bar{x}$、P、S^2 等。

②计算抽样误差 $S(\hat{\theta})$。

③在给定的概率保证程度下，计算抽样极限误差 Δ，$\Delta = tS(\hat{\theta})$。

④计算总体参数 θ 的估计区间，$\theta = \hat{\theta} \pm \Delta$。

⑤计算抽样估计精度 A。

（2）抽样平均数及其误差

假定 x_i 是总体 N 中第 i 个单位的标志值，从总体 N 中随机抽取样本 n，则样本平均数为：

$$\bar{x} = \frac{1}{n} \sum_{i=1}^{n} x_i \tag{13-1}$$

可以证明，样本平均数 $\bar{x}$ 是总体均值 $\bar{X}$ 的无偏估计量。

假定总体关于 X 的方差为 σ^2，从总体 N 中随机抽取 n，则在不放回简单随机抽样中：

①抽样方差：

$$V(\bar{x}) = \frac{\sigma^2}{n} \left(1 - \frac{n}{N}\right) \tag{13-2}$$

②抽样误差：

$$S(\bar{x}) = \sqrt{V(\bar{x})} \tag{13-3}$$

（3）抽样成数及其误差

成数是一种表示结构比例的统计学指标。抽样成数表示样本中具有标志值的样本单位数占样本总体的比重。总体成数是具有该标志值的总体单位数占全部总体的比重。统计学中用抽样成数来推断总体成数。

假设总体数为 N，总体中具有某特定标志值的样本单位数为 N_i，样本数为 n，样本中具有该标志值的单位数为 n_i，则有：

①样本成数：

$$p = \frac{n_i}{n} \tag{13-4}$$

②总体成数：

$$P = \frac{N_i}{N} \tag{13-5}$$

当总体单位标志值 x_i 服从（0，1）分布时，得到总体期望值和方差分别为：

$$E(x_i) = P \tag{13-6}$$
$$V(x_i) = P(1-P) \tag{13-7}$$

13.2　分层抽样

总体单元数 N 较大或者总体各个单元之间差异较大时，仍然采用简单随机抽样方法会在估计总体均值或总量时产生较大的误差。各国学者引入了分层抽样，又称为分类型抽样。分层抽样（stratified sampling）是指按照某种规则把总体划分为不同的层，然后在层内再进行抽样，各层的抽样是独立进行的。估计过程先在各层内进行，再由各层的估计量进行加权平均或求和最终得到总体的估计量（刘元珍，2008）。它是把异质性较强的总体分成若干个同质性较强的子总体，再抽取不同的子总体中的样本分别代表该子总体，所有的样本进而代表总体（图13-2）。

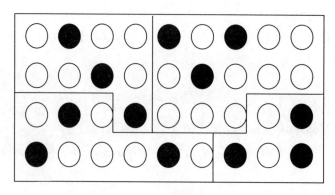

图 13-2 分层抽样示意图

（杜子芳，2005）

13.2.1 分层抽样基本内容

分层抽样是将总体各单元按照一定的标志加以分层，而后在各层中按照随机原则抽取若干个样本单元，由每层的样本单元组成一个样本。用统计学符号来表示，假设总体含有 N 个单元，将总体分成 K 层，第 i 层总体单元数为 $N_i(i=1, 2, \cdots, K)$，从各层总体 N_i 中随机抽取样本单元数 n_i，则样本 $n=n_1+n_2+\cdots+n_K$（黄良文等，1991）。

运用分层抽样方法需要调查者对调查目标总体的分布特征、成分构成及动态变化特点有足够的了解和掌握一定可利用资料。科学的分层，按照主要影响因素分层，层内单位标志值的差异相对较小。

13.2.2 分层抽样实施步骤和方法

（1）实施步骤

将总体按一定的原则分成若干个子总体，每个子总体称为层。在每层内进行抽样，不同层的抽样相互独立（于海涛，2006）。得到每层独立样本后，再进行一系列的标志值的测定，即样本参数。根据层样本特征值对层参数进行估计，最后将层估计加权平均或取总和作为对总体参数的估计。

（2）具体方法

根据要求的不同，分层样本单位的抽取有以下 3 种方式。

①比例分配法：样本单位数根据各层单位数分配，数量多多取样，数量少少取样，这边保证了样本单位数与样本容量之比和各层总体单位数与全部总体之比相等。该取样方法没有考虑各层单位数量有差别、变异程度不同。

②最优分配法：在变异幅度大的层内增加样本数量，变异幅度小的层少取样。样本单位数的多少与变异程度的大小成比例，抽样误差能够达到最小。

③经济分配法：各层之间除了数量差别、变异程度差异两个因素，独立进行各层调查的成本也有不同。费用较高的层取样相对较少，费用较低的层则可以多取样。

13.2.3 分层抽样估计量及估计方法

假设第 i 层第 j 个单位的标志值为 x_{ij}，第 i 层总体 N_i 在全部总体的比重为 ω_i，则：

①第 i 层总体均值为：

$$\overline{X_i} = \frac{1}{N_i} \sum_{j=1}^{i} x_{ij} \qquad (i=1,\ 2,\ \cdots,\ K) \tag{13-8}$$

②第 i 层样本平均数为：

$$\overline{x_i} = \frac{1}{n_i} \sum_{j=1}^{n_i} x_{ij} \qquad (i=1,\ 2,\ \cdots,\ K) \tag{13-9}$$

③分层样本的样本平均数为：

$$\overline{x} = \frac{1}{n} \sum_{i=1}^{k} n_i \overline{x_i} \tag{13-10}$$

④总体均值的估计量为：

$$\overline{x}_{st} = \frac{1}{N} \sum_{i=1}^{k} N_i \overline{x_i} = \sum_{i=1}^{k} \omega_i \overline{x_i} \tag{13-11}$$

当总体各层是按比例抽取的，即 $\dfrac{n_i}{n} = \dfrac{N_i}{N}$，则样本平均数与总体均值的估计量等价，即：

$$\overline{x} = \overline{x}_{st}$$

可以证明，$\overline{x}_{st}$ 为总体均值 $\overline{X}$ 的无偏估计量。

假设第 i 层的总体方差和层权分别为 σ_i^2 和 ω_i，第 i 层的抽样方差为 $V(\overline{x_i})$，则：
分层抽样方差为：

$$V(\overline{x}_{st}) = \sum_{i=1}^{k} \omega_i^2 V(\overline{x_i}) \tag{13-12}$$

抽样误差为：

$$S(\overline{x}_{st}) = \sqrt{V(\overline{x}_{st})}$$

13.3 系统抽样

系统抽样（systematic sampling）又称机械抽样或等距抽样，是从含有 N 个单元的总体中，随机确定起点后，按照预先规定的次序（间隔），抽取 n 个（组）样本，用以估计总体（N）的抽样方法（杜子芳，2005）（图 13-3）。最典型的系统抽样是从数字 $1 \sim k$ 之间随机抽取一个数字 m 作为抽选起始单元，然后依次抽取 $m+k$，$m+2k$，所以可以把系统抽样看作将总体内的单元按顺序分成 k 群，用相同的概率抽取出一个群的方法。需要注意的是，如果在抽取初始单元后按相等的间距抽取其余样本单元，这种方法称为等距抽样（Lehtonen et al.，2007）。

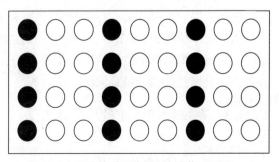

图 13-3　系统抽样示意图（杜子芳，2005）

13.3.1　系统抽样基本内容

系统抽样是按照总体单位在总体内的排列顺序，每隔一定间隔抽取一个单位组成样本，对样本单位进行观察并推断总体参数的一种抽样方法。按照总体单位与研究标志的顺序进行的排列称为按有关标志排队的系统抽样（袁晋华，1993）；反之则称为按无关标志排队的系统抽样。

系统抽样方法具有简便易行、样本分布均匀、估计效率高等优点，同时还较好的解决了在大规模抽样调查中逐个随机抽取样本数目工作量繁重、效率较低的问题，这是由于这种方法在抽样开始的时候先抽取一个随机数，得到一个样本点，而后按照某种规律（因要求而异），依次得到全部样本。该抽样方法受总体标志值变动情况的影响较大。另外一个角度来看，系统抽样是一种特殊的分层抽样，又是一种特殊的整群抽样，按无关标志排队的系统抽样则与随机抽样很接近（Bennett，2006）。

13.3.2　系统抽样实施方法

将总体成员集合起来或制作总体的清单，选定一个随机起始点，最后依次选取间隔 i 个位置的样本单位。随机起始点是抽样过程的关键点。如果没有随机的起始点，研究总体中的某些成员的选中概率则可能为零，否则样本不能视为概率样本。系统抽样的样本抽取方式分为以下两种类型：

（1）线性系统抽样

假设总体单位数为 N，按照某种标志值将总体 1 到 N 编号，样本容量 n 已定，计算出一个正整数 $k=N/n$。假定 N 是 n 的整数倍，k 为抽样距离，然后将总体分为 n 段，每段包含 k 个单位。从第一段的 k 个单位中，随机选出一个单位，假设其编号为第 r 号，每隔 k 个单位抽出一个单位，编号为 $r+k$，$r+2k$，$\cdots$，$r+(n-1)k$。其抽样模型总结如下：

$$r+(j-1)k \quad (j=1, 2, \cdots, n；r \text{ 为随机数}) \tag{13-13}$$

（2）圆圈系统抽样

在线性系统抽样中，首先假定了 N 是 n 的整数倍这种特殊情况，但是在某些条件下，这种假定得不到满足。为了解决样本容量不固定或一些总体单位永远不会抽中的缺陷，一些学者提出了一种改进的方法——圆圈系统抽样法，具体做法是：将总体 N 个单位的排列假定成一个首尾相连的圆圈，设最接近 N/n 的整数为 k，在总体 N 个单位中随机选取一个起点 i，沿圆圈按照顺时针方向每隔 k 个单位抽取一个样本单位，直到抽出 n 个单位为止（李金昌，2010）。在这种方法中，可以解决当 N 不能被 n 整除的情况，使每一个总体单位被抽中的概率相等，每一个可能的系统样本被抽中的概率也相等，并且得到的估计量是无偏的。

13.3.3　系统抽样估计量及估计方法

（1）估计量

假设系统抽样的随机起点为 r，其对应的系统样本的均值为 $\bar{y}_{sy}$，即：

$$\bar{y}_{sy} = \frac{1}{n} \sum_{j=1}^{n} y_{rj} = \frac{1}{n} \sum_{j=1}^{n} Y_{rj} \tag{13-14}$$

$\bar{y}_{sy}$ 为未知总体均值 $\bar{Y}$ 的估计量。当 $N = nk$ 时，能够证明这个估计量是无偏的，即：

$$E(\bar{y}_{sy}) = \frac{1}{k} \sum_{r=1}^{k} \bar{y}_r = \frac{1}{n_k} \sum_{r=1}^{k} \sum_{j=1}^{n} y_{rj} = \bar{Y} \tag{13-15}$$

当 $N \neq nk$ 时，使用线性系统抽样所得到的 k 个可能样本所包含的单位数不完全相等。故而，$\bar{y}_{sy}$ 对 $\bar{Y}$ 的估计是有偏的。但是，当 N 和 n 都较大时，其偏误不会很大；如果使用圆圈系统抽样，那么 $\bar{y}_{sy}$ 仍然是无偏的。

估计量的方差为：

$$V(\bar{y}_{sy}) = E(\bar{y}_i - \bar{Y})^2 = \sum_{i=1}^{k} (\bar{y}_i - \bar{Y})^2 P_i = \frac{1}{k} \sum_{i=1}^{k} (\bar{y}_i - \bar{Y})^2 \tag{13-16}$$

(2) 估计方法

通常情况下，估计量的方差一般是未知的，这就需要根据样本或以往资料作出估计。任何一种抽样方式都需要对其抽样误差的估计值进行讨论，这样才能对总体参数作出估计。下面简要介绍几种对于抽样误差的估计方法。

①交叉子样本估计法：该方法是将一个样本容量为 n 的样本分为两个或多个具有独立随机起点且样本大小相同的子样本，这样就把一个容量为 n 的等距样本分成了 m 个容量为 n/m 的子样本。假设 $\bar{y}_i(i=1, 2, \cdots, m)$ 为 m 个子样本的均值，则样本均值为 $\bar{y} = \frac{1}{m} \sum_{i=1}^{m} \bar{y}_i$。$m$ 个子样本间的方差 s_b^2 能够按照下列公式计算：

$$s_b^2 = \frac{1}{m-1} \sum_{i=1}^{m} (\bar{y}_i - \bar{y})^2 \tag{13-17}$$

这样，等距抽样(系统抽样)的均值估计量的方差的样本估计为：

$$v(\bar{y}_{sy}) = \frac{s_b^2}{m} \left(1 - \frac{m}{mk}\right) = \frac{s_b^2}{m} \left(1 - \frac{1}{k}\right) \tag{13-18}$$

②"折层"估计法：科克伦(1946)和耶茨(1948)等针对线性分布总体提出了采用有偏估计量来估算 $v(\bar{y}_{sy})$ 的方法。这种方法是将总体 N 分为 $n/2$ 层，在每层中等距抽取两个单位作为样本，然后用这 $n/2$ 层每对标志值的均值的平均数作为总体均值的估计值，公式如下：

$$\bar{y}_{sy} = \frac{1}{n} \sum_{i=1}^{n} y_{ij} = \frac{2}{n} \sum_{i=1}^{n/2} \left(\frac{y_{ij} + y_{i,j+1}}{2}\right) \tag{13-19}$$

③Matern 估计法：Matern 针对线性趋势总体提出了一种估计方法来估计 $\bar{y}_{sy}$ 的方差，计算公式如下：

$$v(\bar{y}_{sy}) = \frac{N-n}{Nn} \times \frac{\sum_{i=1}^{n-2} (y_i - 2y_{i+k} + y_{i+2k})^2}{6(n+2)} \tag{13-20}$$

在该公式中，n 在通常情况下是较大且有偏差的。

13.4　整群抽样

13.4.1　整群抽样基本内容

整群抽样(cluster sampling)是指将调查总体划分成若干群，以群为抽样单元，从总体中随机抽取一部分群，对被抽中的群的内部所有单元进行调查的一种抽样调查方法(金勇进等，2008)。

在调查实践过程中，遇到调查总体很大、无法构造完整抽样框，或是有可能完成构造抽样框，但工作量极大的情况。此种情形下，可考虑采用整群抽样方法，以此来简化工作量。如在对全国小麦亩产量状况进行调查时，要想获得全国范围内所有小麦产区产量的第一手数据，工作量将会非常巨大，但若以主产区中的省(或者市)为单位，则相关数据的获取就要容易许多，提升了调查效率，降低了调查费用。整群抽样是将总体单元按照规定的形式划分为若干个互不交叉的群，然后从总体 N 群中随机抽取 n 个群组成样本，对抽中的群内所有单元进行调查(图 13-4)(冯晓磊，2007)。对小群体的抽取可采用简单随机抽样和分层抽样等其他几种抽样方法。与分层抽样相比，虽然都是事先对目标总体进行类型划分，但整群抽样要求各子群体之间的差异较小，而子群体内部的差异性很大。分层抽样是用代表不同子群体的子样本来代表总体中的群体分布，整群抽样是用子群体代表总体，再通过子群体内部样本的分布来反映总体样本的分布。

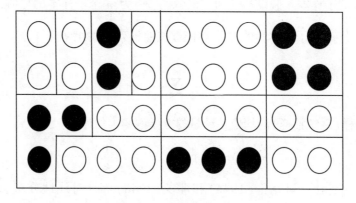

图 13-4　整群抽样示意图

(杜子芳，2005)

13.4.2　整群抽样实施方法

(1)群的划分

群的划分既可以是自然实体，如村庄、小班，也可以是人为设立的机构、组织，如学校、企业等。划分群必须遵循群的划分有利于提高样本估计量精度的原则，要考虑群间差异尽可能小，群内差异尽可能大，充分反映总体内各部分的差异性信息，提高估计精度。

(2)群的规模

实际调查中，群划分为两种形式。一种是群规模大小相等，另一种是群规模大小不相等，后者在实际调查中占大多数。这种划分反映了群之间差异的变异程度，也反映了这种划分方法的天然缺陷，即由于群差异的存在，样本误差在一定程度上影响估计精度。

13.4.3 整群抽样估计量及估计方法

（1）群规模相等时的估计

群规模相等是最为简单、理想的情况，即整群抽样估计量的方差只与群内方差有关，而与群间方差无关。假定，总体由 N 个群组成，每一个群众所包含的单元数 M 相等，这就是群规模相等。而群的抽取又是采用简单随机抽样方法所得，故而，直接将群的均值或总数作为观测值，按照抽样比率 $f = \dfrac{n}{N}$，套用简单随机抽样估计量即可，对总体均值 $\overline{\overline{Y}}$ 的估计为：

$$\overline{\overline{Y}} = \sum_{i=1}^{n} \sum_{j=1}^{M} y_{ij} / nM = \frac{1}{n} \sum_{i=1}^{n} \overline{y}_i \tag{13-21}$$

（2）群规模不相等时的估计

由于现实情况的极端复杂性，群规模不相等的情形更为常见，正如上面提到的全国小麦产量调查的案例，每个省（或市）由于受到行政区划、功能区划及政府发展规划的影响，群的规模会有较大程度的变异。

假定从包含有 N 个群的总体中随机选取 n 个群的整群样本，如果各群的规模不相等，则前面规模相等时的简单估计量是有偏差的，这种偏差会随着群之间差异的增大而增加。这里介绍两种对于这种情况的两种估计方法，无偏估计和比率估计。

①无偏估计：基本思路是以群规模 M_i 为权重，与各群的均值 $\overline{y}_i$ 相乘，便可得到群观察总值 y_i，然后再将样本中 n 个群的群总和平均，求得群总和均值 $\overline{y}$，最后除以群的平均规模，其均值估计公式为：

$$\overline{\overline{y}} = \sum_{i=1}^{n} \frac{M_i \overline{y}_i}{n\overline{M}} = \frac{1}{n\overline{M}} \sum_{i=1}^{n} y_i = \frac{\overline{y}}{\overline{M}} \tag{13-22}$$

估计量方差为：

$$V(\hat{Y}) = \frac{N^2(1-f)}{n} \cdot \frac{\sum\limits_{i=1}^{N} (Y_i - \overline{Y})^2}{N-1} \tag{13-23}$$

其无偏估计为：

$$v(\hat{Y}) = \frac{N^2(1-f)}{n} \times \frac{\sum\limits_{i=1}^{n} (y_i - \overline{y})}{n-1} \tag{13-24}$$

这种估计方法考虑了群的规模 M_i，因而估计量 $\overline{\overline{y}}$ 和 $\hat{Y}$ 分别为 $\overline{\overline{Y}}$ 和 Y 的无偏估计。

②比率估计：比率估计量是一个有偏估计值。当样本群数 n 很大时，偏倚很小，从而可以忽略不计。总体总值 Y 的比率估计量为：

$$\hat{Y} = M_0 \overline{\overline{y}} = M_0 \frac{\sum\limits_{i=1}^{n} y_i}{\sum\limits_{i=1}^{n} M_i} \tag{13-25}$$

而估计量$\bar{y}$和$\hat{Y}$的方差分别为：

$$V(\bar{\bar{y}}) \approx \frac{1-f}{n\,\overline{M}^2} \times \frac{\sum_{i=1}^{N}(Y_i - \overline{\overline{Y}}M_i)}{N-1} \tag{13-26}$$

而

$$V(\hat{Y}) \approx M_0^2 V(\bar{\bar{y}}) = N^2\,\overline{M}^2 V(\bar{\bar{y}}) = \frac{N^2(1-f)}{n} \times \frac{\sum_{i=1}^{N} M_i^2(\overline{Yi} - \overline{\overline{Y}})^2}{N-1} \tag{13-27}$$

该方法与无偏估计相比，在大样本容量的条件下，比率估计的精度更高。

13.5　多阶段抽样

我国森林资源连续清查开始更多地采用了系统抽样方法，但是在面积估测方面仍然采用整群抽样。近年来，多阶段抽样方法在连续清查中的应用，逐渐成为主流趋势。多阶段抽样(multi-stage sampling)的基本思想是：若初级单元内的次级单元相似程度较大，调查所有次级单元会造成很大的浪费。此时一个自然的想法是在被抽中的初级单元中再对次级单元进行抽样，这就涉及多阶抽样(图 13-5)。该抽样方法是整群抽样的深入发展。在抽出初级单元后，并不调查其全部次级单元，而是再次抽样，从入选的初级单元中抽选次级单元，这种方法称为二阶段抽样(刘元珍，2008)，二阶段及以上抽样称为多阶段抽样。

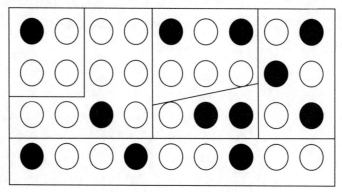

图 13-5　多阶段抽样示意图

(杜子芳，2005)

13.5.1　多阶段抽样基本内容

多阶段抽样是指假设总体中的每个单位(即初级单位)数量非常庞大，先从初级单位中抽取样本单位，在抽中的初级单位中再抽取若干个二级单位(次级单位)，在抽中的二级单位中再抽取若干三级单位，重复这样的过程，直到从最后一级单位中抽取所要调查的基本单位，这种抽样组织形式就称为多阶段抽样方法(李金昌，2010)。

13.5.2　多阶段抽样实施方法

在多阶段抽样实施过程中，每一阶段的具体抽样方式可以是多种形式的。初级单元规模大小相等时，多采用简单随机抽样。初级单元大小不等时，常采用不等概率抽样（PPES 抽样）。某一个阶段的抽样可采用分层抽样方法。该方法是多种抽样方法的综合运用，可以发挥出抽样调查的最大功能。

多阶段抽样根据总体的复杂程度可分为：二阶、三阶和三阶段以上的多阶段抽样，其中二阶段抽样是基础和出发点。下面重点介绍二阶段抽样方法主要估计量及估计方法。

13.5.3　多阶段抽样估计量及估计方法

在进行多阶段抽样时，首先解决的问题是初级抽样单位是否相等，以下将针对初级单位相等条件下的等概率估计方法做相关介绍。

（1）总体均值的估计

如果在各个阶段中采用的抽样方法是简单随机抽样，则总体均值的无偏估计量就是二阶段抽样的样本均值：

$$\hat{\bar{\bar{y}}} = \bar{\bar{y}} = \sum_{i=1}^{a} \bar{y}_i / a = \sum_{i=1}^{a} \sum_{j=1}^{m} y_{ij} \Big/ (am) \tag{13-28}$$

样本均值的方差：

$$V(\bar{\bar{y}}) = \frac{1-f_1}{n} S_1^2 + \frac{1-f_2}{mn} S_2^2 \tag{13-29}$$

（2）总体比例的估计

假定 $\sum_{j=1}^{M} Y_{ij}$ 是总体第 i 个初级单位中具有某种属性的二级单位数（$i=1, 2, \cdots,$

A），$P_i = \frac{1}{M} \sum_{j=1}^{M} Y_{ij}$ 是总体中第 i 个初级单位中各二级单位的比例，总体比例为：

$$P = \frac{1}{AM} \sum_{i=1}^{A} \sum_{j=1}^{M} Y_{ij} = \frac{1}{A} \sum_{1}^{A} P_i \tag{13-30}$$

样本比例为：

$$p = \frac{1}{am} \sum_{i=1}^{a} \sum_{j=1}^{m} y_{ij} = \frac{1}{a} \sum_{1}^{a} p_i \tag{13-31}$$

样本比例 p 为总体比例 p 的无偏估计。

样本比例方差的样本估计为：

$$v(p) = \frac{1-f_1}{a} s_1^2 + \frac{f_1(1-f_2)}{am} s_2^2 \tag{13-32}$$

13.6　PPP 抽样

PPP 抽样（probability proportional to prediction）是总体单元的入选概率与预估数量大小成比例的一种不等概率抽样方法，简称 3P 抽样。这种抽样方法是常规不等概率抽样方法的一种变型（Schreuder，1971）。

PPP 抽样的基本抽样原则与不等概率抽样一致，即总体单元的预估值越大，入选样本的概率越大。其样本的抽取方法一般分为确定主要辅助因子，计算期望的样本容量、总体辅助因子的预估值、应抽取的样本单元数和计算 3P 抽样随机数字的上限，然后，将总体单元预估值依次编号，与 N 个随机数字一一对应，只要是预估值大于或等于随机数字，该样本单元就被抽中。这种方法与常规的 PPS 抽样相比，不需要事先编制总体各单元的辅助因子清单，只需准备一个抽取样本所用的随机数字表。

此方法最早是在森林伐区调查中得到应用。到了 20 世纪 60 年代末，在世界范围内形成了一套较为完整的抽样体系，这个体系具有以下 3 个突出的优点：

①材积大或经济价值高的林木，入选的概率大，可显著提高估计精度。

②该方法体系下，需要测定的林木株数少，便于集中使用先进仪器（如光学测树仪），既保护林木资源，又避免了材积表的误差。

③将外业调查的第一手数据与计算机分析系统有机结合起来，增强了计算统计分析能力，加大了信息量。

13.7　无样地抽样

前面介绍的抽样方法，包括等概率抽样中的 5 种和 PPP 抽样，这些方法虽然在理论依据、组织形式、实施方法等方面不尽相同，却存在一个共同点，即在设置好的样方内完成，这就是通常所说的样地法（plot method）。这种方法在森林群落野外调查中应用十分普遍。但采用样方内每木调查，一旦所处地段地形复杂，这就为设置样方及后续测定工作带来了不小的困难。出现了一种新的森林群落抽样调查方法——无样地法（plotless method）。在方法实施的过程中，调查起始点的选取是随机选取的，故该方法也属于概率抽样的范畴，又总体单元因起始点的位置而入选的概率不尽相同。所以，无样地法又是不等概率调查方法的一种组织形式。

20 世纪 50 年代，Wisconsin 学派（Curtis et al.，1951）提出了无样地取样方法，其主要应用于森林群落的研究（朱珣之等，2008）。该方法早期主要用来测定树种的密度，即通过测量某种距离来估算树的平均间距，进而求算出单株林木所占平均面积，其倒数即为密度（朱珣之等，2008）。另外，通过该方法也可以获取优势度、频度及重要值等数据。

无样地法包括了最近个体法（close individual method）、最近毗邻法（nearest neighbour method）、随机成对法（random pairs method）和中心点四分法（point centred quarter method）。

（1）最近个体法

在调查林分内随机选取多个随机点，然后测定距离每个点最近的一株树木，同时测量其距离随机点的直线距离（图 13-6）。

（2）最近毗邻法

确定距离随机点最近的一株林木，找到并确定与这株林木最近的、随机出现的另一株林木，同时测定该株林木其他各项指标和两株林木之间的距离，见图 13-7。

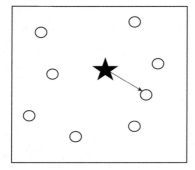

图 13-6 最近个体法示意图
（孙振钧等，2010）

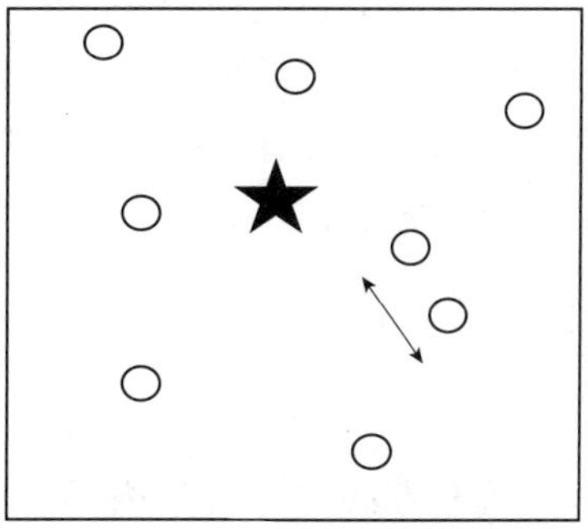

图 13-7 最近毗邻法示意图
（孙振钧等，2010）

（3）随机成对法

通过随机点划出一条直线，使改线与最近林木个体与随机点之间连线相互垂直。确定距离这条分界线另一侧最近的个体，测量这两株树木之间的距离（图 13-8）。

（4）中心点四分法

确定随机点后，以该点为中心点，利用测量工具（如罗盘）划分出四个象限，然后在每个象限中分别选定距离坐标原点（随机中心点）距离最近的植株个体，并分别测量其到原点之间的距离（图 13-9）。

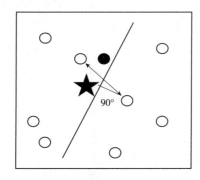

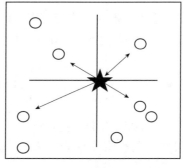

图 13-8 随机成对法示意图
（孙振钧等，2010）

图 13-9 中心点四分法示意图
（孙振钧等，2010）

4 种方法中，最近个体法和中心点四分法同为点—植株法，即测量的是点到植株的距离。最近毗邻法和随机成对法属于植株—植株法，即测量的是植株到植株之间的距离。根据近年来大多数学者的研究结论，中心点四分法被认为是最为简单和有效的。该方法测定的距离是每个随机点距离 4 个象限最近个体之间距离的平均值，这样一来，随机点的数量就可以相应地减少，客观上减少了一定程度的工作量，节约了调查成本。

在 Cottam et al.（1956）的研究中，针对同一对象，分别用样地法和无样地法中的 4 种类型进行了比较研究，其结论支持了这样一种观点：以样方法的结果为实际结果，中心点四分法与实际结果最为吻合，其他 3 种方法所测数据均有较大程度的偏差，需要用各自方法测得的结果乘以一个系数来矫正，最近个体法的矫正系数是 2.00，最近毗邻法的矫正系数是 1.67，随机成对法的系数则为 0.80，从中也可以大致比较出 4 种方法的优劣性。但是，中心点四分法并不是在任何条件下都适用。最为简便的最近个体法完全可以满足一些研究需要，同时符合精度要求。中心点四分法可以视为随机起始点的 4 个最近个体，而最近个体法则是随机起始点的一个最近个体，后者的工作量自然要小一些，精度方面相对差一些。

本章小结

本章从抽样调查方法的分别从内涵、优势、对比意义、分类体系及不同方法 5 个方面对比，全方位、多角度、深层次地论述了森林生态系统野外调查抽样方法体系中的各种具体形式。按照分类体系中的顺序，分别从基本内容、实施方法、估计方法及应用举例 4 个方面，对各种抽样方法进行对比分析。对比分析过程将各种抽样方法的优势、劣势、适用范围等清晰地展现出来，丰富了抽样调查方法理论，深刻揭示了抽样方法的本质，为新方法的产生提供了可能性。另外，本章介绍了平均数的内涵、作用、类型及其在林业上的应用。同时，针对森林的特殊性，提出了平均数取值区间的概念，分析了平均数取值区间确定的步骤与方法，并分别对总体平均数、中位数区间平均数及极值平均数的取值区间确定方法与平均数计算方法进行了介绍。

延伸阅读

1. 金勇进，2016. 抽样理论与应用[M]. 北京：高等教育出版社.
2. 金勇进，杜子芳，蒋妍，2008. 抽样技术[M]. 北京：中国人民大学出版社.

思 考 题

1. 各种抽样方法的适用条件是什么？
2. 在设计野外调查抽样方案时应该考虑哪些因素？

第14章

森林生态系统物质循环稳定同位素技术研究方法

[**本章提要**]本章首先简单概述稳定同位素定义、分类、丰度、同位素效应及同位素测定方法等稳定同位素技术基础理论，随后介绍了稳定同位素在森林生态学碳循环、氮循环、水循环研究中的应用。通过本章，可以了解稳定同位素技术基本原理及其在森林生态学研究中的具体应用方法。

原子由原子核和核外电子两部分构成，原子的性质是由原子核决定的（易现峰，2007）。原子核由质子和中子组成，一个原子核可以用下列数字特征表示：

$$A = Z + N \tag{14-1}$$

式中　Z——质子数，亦即原子序数；

　　　N——中子数；

　　　A——总核子数。

质子数相同而中子数不同的原子称为同位素（isotope），因为核外电子数由原子核中的质子数决定，所以可以近似的说，相同元素同位素的化学性质相同（易现锋，2007）。

由于原子核所含有的中子数不同，具有相同质子数的原子具有不同的质量（祁彪等，2013），这些原子被称为同位素。例如，碳的3个主要同位素分别为^{12}C、^{13}C和^{14}C，它们都有6个质子和6个电子，但中子数则分别为6、7和8。与质子相比，含有太多或太少中子均会导致同位素的不稳定性（如^{14}C），这些不稳定的同位素将会衰变为稳定同位素。而^{12}C和^{13}C则因为质子和中子所特有的C稳定结合，不发生衰变，即为稳定同位素。

同位素可分为两大类：放射性同位素（radioactive isotope）和稳定同位素（stable isotope）。放射性同位素是指凡能自发地放出粒子并衰变为另一种同位素的一类元素。其中有的是长寿命的，例如^{87}Rb（铷），它能自发衰变，形成稳定的^{87}Sr（锶）。短寿命放射性同位素是指半衰期小于60d的放射性同位素，有的甚至是几分钟。如^{190}Au的半衰期为42.8min，^{11}C的半衰期为20.38min，^{13}N的半衰期为9.96min等。有些放射性同位素，须经过连续的衰变过程才成为最终的稳定同位素，例如，^{238}U放出8个α粒子衰变为^{206}Pb，构成一个由母体放射性同位素、许多中间放射性同位素和最终的放射成因稳定同位素组成的放射系。

稳定同位素指无可测放射性的同位素，其中一部分是放射性衰变的最终稳定产物（如 ^{206}Pb 和 ^{87}Sr 等），称之为放射成因同位素（radiogenic isotope）；另一大部分是天然的稳定同位素，即自核合成以来就保持稳定的同位素，例如 ^1H 和 D，^{13}C 和 ^{12}C，^{18}O 和 ^{16}O，^{15}N 和 ^{14}N，^{34}S 和 ^{32}S 等（李吉君，2005；徐立恒，2006）。在生态学研究中常用的有碳、氮、氢、氧和硫等稳定同位素，其共同特征是原子量较小。稳定同位素的原子核稳定，其本身不会自发进行放射性衰变或核裂变的同位素（刘辉，2009；奚伟学，2014）。在元素周期表中，原子序数 Z（或核内质子数）>82 的元素均为放射性元素，因为其原子核内中子数多于质子数，呈不稳定状态。$Z<82$ 的元素大多为稳定元素，但也有例外。在目前已知的天然核素中，稳定同位素有 270 多种，放射性同位素有 60 多种。

核素是以有特定质子数、中子数和核的能态为标志的原子核。核素的稳定性有几个重要规则，其中的两个如下：

第一称为对称规则，它表述为在一个低原子序数的稳定核素中，质子数近似等于中子数，或中子与质子之比（N/Z）近似等于 1。在稳定核素的质子数大于 20 时，N/Z 比总是大于 1，对于最重的核素该比值最大可达 1.5。由于随着质子数的增加，核内正电荷质子库伦排斥力迅速增加。为了维持核内稳定性，核内 N/Z 比增加。

第二称为偶—奇规则（又称 Oddo-Harkins 规则），它表述为偶原子序数核素的丰度比奇原子序数的核素丰度高。稳定核素的结合有 4 种类型，即偶—偶型、偶—奇型、奇—偶型和奇—奇型。存在最多的是偶—偶型，稳定核素数目约为 165 个，偶—奇型约为 53 个，奇—偶型约为 50 个，奇—奇型最少，仅 6 个（Hoefs，2009）。

同位素的丰度分为绝对丰度和相对丰度，绝对丰度是指地球上各元素或同位素存在的数量比。对宇宙而言叫做宇宙丰度（仅指我们观察到的那部分宇宙），以 $H=10^{12}$ 作基准。这种丰度一般是由太阳光谱和陨石的实测结果给出元素组成，结合各元素的同位素组成计算的（易现峰，2007）。

相对丰度是指自然界中存在的某一元素的各同位素间的组成关系，以 atom% 来计算。大多数元素由两种或两种以上同位素组成，其中一种占总稳定同位素的比例即为相对丰度。例如，氢的同位素丰度：$^1H=99.985\%$，$^2H=0.015\%$；氧的同位素丰度：$^{16}O=99.76\%$，$^{17}O=0.04\%$，$^{18}O=0.20\%$。

很多学者总结了各种各样的同位素相对丰度的经验规律，但每种规律又大多有例外。一般来说以下规律可供参考：

①在 $Z<28$ 的元素中，往往有一种同位素的丰度占绝对优势，而其余同位素丰度很低。在 $Z\geqslant28$ 以后，同位素的丰度有更加均匀的趋势。

②$^*Z$ 为偶数的元素，其丰度最大的同位素是偶—偶型的，其最轻和最重的稳定同位素也是偶—偶型的。

③在 $Z>32$ 的偶数元素中，没有丰度在 60% 的同位素，但 $N=50,82$ 的同位素例外。

④$^*Z$ 为偶数的元素，偶—偶型同位素的丰度和占 70%~100%，偶—奇型同位素的丰度和≤偶—偶型同位素。

在天然物质中，甚至从地球外来的像陨石之类的物质中，大多数元素，尤其是较重的元素的同位素组成具有明显的恒定性。但由于在自然条件下进行的多种物理、化学和生物等作用，对同位素，特别是氢元素的同位素起着不断分离的作用；另外，放射性衰变或诱发核反应，使某些元素的同位素还在继续产生或消灭。因此，随样品来源环境的变迁，元素的同位素组成在一定范围内涨落。一般，水中氢的氚含量比雪水的低，河水比海水的低，而内陆盐湖、油田水及死海水等则比海水的要高。大气中氧的^{18}O含量比地表淡水中的高，甚至像硫那样稍重的元素中，^{34}S与^{32}S比值的变化也高至7%。又如，元素铅的稳定同位素中，^{206}Pb、^{207}Pb和^{208}Pb分别产生于铀、锕和钍3种放射性衰变系，所以铀矿中铅的相对分子质量（206.1）不同于钍矿中铅的相对分子质量（207.8）。氦同位素组成的变化也是很大的，大气中的^{3}He与^{4}He的相对含量比天然气中高一个数量级或更高，这是由于前者是核反应的产物。

当一种元素的某一种同位素被另一种质量不同的同位素取代后，就会引起物理性质和化学性质上的差异，这就是同位素效应。由于同种元素原子的电子数及其分布是相同的，所以同种元素原子的化学性质是相同的，但是由于同位素之间的质量差别也会产生某些物理化学性质的差别（刘辉，2009），主要是由同位素在质量、核自旋等性质上的差异所引起的。同位素质量的相对差别越大，所引起的物理和化学性质上的同位素效应就越大（黄光玉，2004）。显然，对氢而言同位素效应最大。同位素效应大致可分为光谱的同位素效应、物理的同位素效应、热力学同位素效应、动力学同位素效应和生物学同位素效应（黄光玉，2004）。

14.1 稳定同位素的测定

14.1.1 稳定同位素样品的制备

一般采集到的固体和液体样品是无法直接进入质谱或者光谱仪器进行同位素比值测量的，在测定前需要对样品进行预处理。根据需要测试元素不同，样品制备方法也不同。

（1）碳同位素样品制备过程

通常取样情况下，用于稳定碳同位素测定的多是植物样品、土壤样品、古生物和岩石样品等。因此取样时要确保样品的代表性，即样本量要充足。对于植物样品可对不同的个体取样，然后混合作为一个样本，减少人为误差。对于土壤样品，应多点重复取样，满足时空要求。

干燥采集的样品首先需要干燥处理（如果需要预先进行酸处理的土壤样品则不用），样品可以放在透气性好，而且耐一定高温的器具或取样袋中，然后在60℃左右的干燥箱内进行干燥24~48h。干燥温度不能过高，否则会造成材料同位素值的变化。烘干后的样品要及时研磨或者保持干燥，否则有返潮现象，给磨样造成困难，而且影响同位素数据（姚鸿云，2017）。

酸处理采集的土壤样品中通常含有无机碳，无机碳的稳定碳同位素组成一般比较高，这会影响分析结果（姚鸿云，2017），所以在干燥前应该进行酸处理。处理时，将土壤样品适当粉碎（以便充分反应），放在小烧杯中，倒入适量浓度为1mol/L的盐酸（也可以用磷酸代替），用玻璃棒搅拌使反应更完全，可以间隔1h搅拌一次使之充分反应。反应至少进行6h，除去土壤中的无机碳，沉淀，倒掉上清液，再用去离子水搅拌洗涤，沉淀，倒掉上清液，重复 3~4 次，充分洗净过量盐酸（姚鸿云，2017），然后烘干，经过烘干的样品再经研磨，过 60 目的筛子备用。

根据样品需要量进行碳同位素的分析，每个样品的一次需要纯碳量是 60μg。所以需要量通常与样品的含碳量有关，但一般 1~10mg 就可以满足测试要求（Groot，2004）。

（2）氮同位素样品制备过程

①采集土壤和枯落物样品按常规方法取样：由于 ^{15}N 自然丰度法基于固氮植物和非固氮植物之间 δ^{15}N 值的微小差异，所以，植物样品取样方法具有其特殊性，取样的每一个细节都必须确保最终测定结果的误差最小。植物取样时需注意以下问题：

a. 重视非固氮参照植物的选择。入选非固氮参照植物与固氮参照植物吸收的非大气 N 的 ^{15}N 丰度必须相同。为此，选择与固氮植物根生长模式，吸收氮素土体部位与吸收氮素时期相近的参照植物尤为重要。

b. 取样时，为使所取样品更有代表性，每个样地每个种先要从 5~10 个单株上分别取样，然后合二为一形成该种的一个样品。

c. 对固氮植物和参照植物要尽可能就近配对取样，这样有利于它们从土壤中吸氮的 N 库趋于一致，确保最后测量结果的准确性。

d. 在生态系统研究中，植物叶片和茎通常是最可行的取样组织，一般叶片要收集相当于 200g 干物质的量。由于茎和叶的 ^{15}N 丰度不同（茎＜叶），取样时，参照植物和固氮植物都要取可比组织（都取茎或叶）。

e. 由于幼小的植物和未成熟的组织内 N 同化过程中的同位素分馏尚未完成，^{15}N 的自然丰度还没有最后稳定。因此在取样时要注意选取已经充分展开的并且成熟的叶片和成熟的枝茎。

②样品的制备烘干、粉碎和称量：待测样品放入通风干燥器内，在 70℃ 以下烘干 48h，然后将叶片（不包括叶柄、叶轴）用粉碎机粉碎过 0.5mm 的筛，装入密闭容器（小塑料瓶或密封塑料袋）备用。进行氮同位素分析，一次需要的纯氮量是 60μg。所以需要提供的样品量视样品含氮量（或蛋白质含量）而定。如样品的含氮量是 6%，则最少需要 1mg。一般在测样过程中，10~15mg 即可满足测样要求（Groot，2004）。

（3）水中氢、氧同位素样品制备过程

①水样采集制备：水样需要在采集时将水立即密封，处理好的水或者雨水、河水等水样装在密封的小瓶子里，确保水分没有泄露和蒸发，避免分析前因蒸发导致同位素分馏。气体取样需要专门的取样瓶，要是用气袋取样，确保使用标准接口，并且易于转移。对于动、植物组织，为避免有机物损失，需尽快冷冻并冻干，或在中等温度下快速干燥，然后研磨至通过 40 目筛。一般情况下，测量 D/H 只需不到 3mg 干有机物。在分析 D/H 比率前，有机物的样品需要经过消化处理，去除可能与环境交换的氢原子。

②样品的气化、纯化和分离：将测量材料装入材料管，加入催化剂（1g CuO、1g Cu 和一小片 Ag）。将材料管与真空系统连接，抽到真空后封管，然后放入炉内燃烧。燃烧后的材料管内混杂有各种气体，须在特制的系统中分离，使所需的气体纯化，然后收集入测试管（Groote，2004）。

注意：如果使用光谱分析仪则无需进行样品的气化、纯化和分离步骤。

14.1.2 稳定同位素的测定方法

在生态学和环境科学研究中最常用的是 C、N、S、O 和 H 的稳定同位素，对这些稳定同位素比率的测定，常用的方法有质谱法和光谱法。

（1）质谱法

在质谱测量时，首先，样品转化成气体（如 CO_2、N_2、SO_2 或 H_2），在离子源中将气体分子离子化（从每个分子中剥离一个电子，导致每个分子带有一个正电荷）。接着将离子化气体打入飞行管中。飞行管是弯曲的，磁铁置于其上方，带电分子因质量的不同而分离，含有重同位素的分子弯曲程度小于含轻同位素的分子。在飞行管的末端有一个法拉第收集器，用以测量经过磁体分离之后具有特定质量的离子束强度（易现峰，2007），图 14-1 是质谱仪的基本结构。

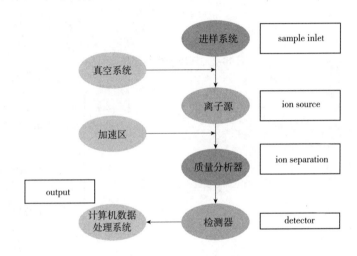

图 14-1　质谱仪的基本结构

质谱法具有以下特点：

①质谱不属光谱范围；

②质谱图与电磁波的波长和分子内某种物理量的改变无关（沈自友等，2006）；

③质谱是分子离子及碎片离子的质量与其相对强度的谱，谱图与分子结构有关；

④质谱法进样量少，灵敏度高，分析速度快；

⑤质谱分析可以给出相对分子质量，确定分子式。

在实际应用中，常常将气相/液相色谱仪与质谱仪联合使用，构成气质联用（GC-MS），或液质联用（LC-MS），图 14-2 为气质联用的示意图。

（2）光谱法

与质谱法一样，首先，将样品转化为气体（如 CO_2、N_2、SO_2 或 H_2O）后进入测量腔室，将特定波段的一束激光打入腔室内，待充满腔室后断掉激光，记录下光在腔室内衰荡的时间。利用空腔和目标气体的衰荡时间不同计算得出气体的浓度值，进而求出元素的稳定同位素比率，图 14-3 为光谱仪器结构示意图。

光谱法具有以下特点：

①测气体时无需转换，可直接测量；

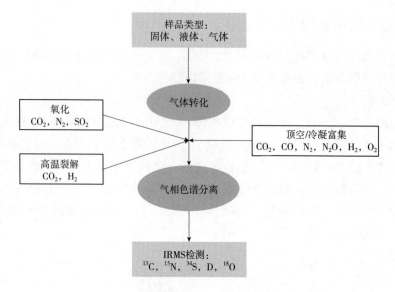

图 14-2 气质联用示意图

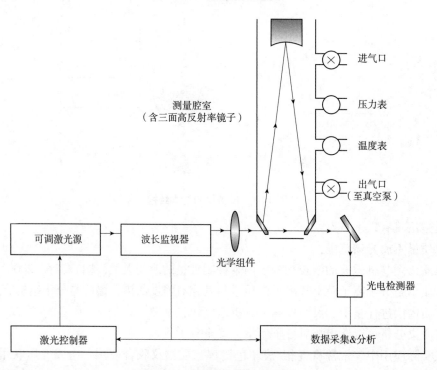

图 14-3 光谱仪器结构示意图

②不需要校正气体和参考标准；

③测量 D/H、$^{18}O/^{16}O$、$^{13}C/^{12}C$ 和 $^{14}N/^{15}N$ 的比例，并同步测量气体浓度，可以得出同位素的绝对含量；

④体积轻巧，无需液氮等昂贵耗材，可在野外原位在线监测，这是质谱仪无法实现的；

⑤测量快速，一般小于 2s。

近年来，由于光谱技术的革新与光谱仪器精度的发展，其测定精度已经可以与质谱仪媲美。随着光谱仪器精度的提高，加之其比质谱仪便携易用，越来越多的研究者选用光谱类仪器测定 C、H、O 和 N 等轻质元素的稳定同位素比值。

14.1.3 稳定同位素分析结果表达

同位素含量的多少可以用丰度的概念来衡量。同位素丰度有绝对丰度和相对丰度之分。绝对丰度指某一种同位素在所有稳定同位素总量中的相对份额，常以该同位素以 ^1H(取 $^1H = 10^{12}$)或 ^{28}Si($^{28}Si = 10^6$)的比值表示(李吉君，2005；徐立恒，2006)。这种丰度一般是由太阳光谱和陨石的实测结果给出元素组成，结合各元素的同位素组成计算的(易现峰，2007)。相对丰度指自然界中存在的某一元素的各同位素组成间的关系。我们一般所说的同位素丰度是指同位素相对丰度。

相对丰度表示为原子%或摩尔%。在化合物中，则仅表示标记位置的同位素原子，如 90 原子%的(2-^{13}C)乙酸钠，指甲基上 ^{13}C 的丰度为 90%，羧基上的碳是自然丰度。如果是双标记，则由各种分子的统计分布分配，如 90 原子%的(1，2-^{13}C)乙酸钠，则81%为双标记，8.5%为各自的单标记，2%为无标记。

通常情况下，测定稳定同位素的绝对含量无太大意义(易现峰，2007)。因此，一般用同位素比值 R 来表示，一般定义同位素比值 R 为某一元素的重同位素原子与轻同位素原子的丰度之比，如 D/H、$^{13}C/^{12}C$、$^{34}S/^{32}S$。但由于在自然界中轻同位素的相对丰度很高，而重同位素的相对丰度很低，R 值非常低且非常冗长繁琐不便于比较，加之仪器原因极难测准，R值使用较少。因此，实际采用相对测量法将待测样品的同位素比值 R_{sample} 与准物质的同位素比值 $R_{standard}$ 作比较，也就是同位素比率(isotope ratio)δ(单位以‰表示)，可定义为：

$$\delta = \left(\frac{R_{sample}}{R_{standard}} - 1\right) \times 1000 \tag{14-2}$$

式中　R_{sample}——样品中元素的同位素丰度之比；

　　　$R_{standard}$——国际通用标准物的同位素丰度之比(郑永飞等，2000)。

标准物质的稳定同位素丰度被定义为 0‰。以碳为例，国际标准物质为 Pee Dee Belemnite，一种碳酸盐物质，其普遍公认的同位素绝对比率($^{13}C/^{12}C$)为 0.011 237 2。如果某种物质的 $^{13}C/^{12}C$ 的比率>0.011 237 2，则具有正值；若其 $^{13}C/^{12}C$ 的比率<0.011 237 2，则具有负值(易现峰，2007)。各元素使用的国际标准物质见表 14-1：

表 14-1　几种轻质元素的同位素国际标准物质

元素	δ 符号	测量比率(R)	国际标准物	R，国际标准
H	δD	$^2H/^1H$	标准平均海水(SMOW)	0.000 155 75
		$^2H/^1H$	标准南极轻降水(SLAP)	0.000 089 089
C	$\delta^{13}C$	$^{13}C/^{12}C$	美洲拟箭石(PDB)	0.011 237 2
N	$\delta^{15}N$	$^{15}N/^{14}N$	大气	0.003 676
O	$\delta^{18}O$	$^{18}O/^{16}O$	标准平均海水(SMOW)	0.002 005 2
		$^{18}O/^{16}O$	美洲拟箭石(PDB)	0.002 067 2
		$^{18}O/^{16}O$	标准南极轻降水(SLAP)	0.001 893 9
S	$\delta^{34}S$	$^{34}S/^{32}S$	一种陨硫铁(CDT)	0.045 005

注：引自易现峰，2007。

在稳定性核素示踪研究中还有一个常用的概念是原子百分超(atom % excess)。原子百分超定义为：某试验样品中，稳定性核素的丰度与其天然丰度之差称为该核素的原子百分超(又称为富集度)。例如：现有一个^{13}C 的样品，其丰度为 3.108%，则其原子百分超为 3.108%−1.108% = 2.000%。其中，^{13}C 的天然丰度源于标准物 PDB，碳元素由^{12}C 和^{13}C 两种稳定性同位素组成，国际认可的 PDB 中^{12}C 的丰度为 98.1892%，而^{13}C 的丰度为 1.108%。为便于数据的使用，质谱和光谱类仪器测定的结果一般直接输出为同位素比率(isotope ratio)δ(以‰表示)。

14.2 森林生态系统碳循环稳定同位素研究方法

碳元素是组成生命的有机物质，占植物体干物质的 30%~40%，与它结合的化合物总量在植物干物质量中占 90% 以上，这决定了碳在地球化学物质循环中占有重要位置。森林作为地球上最大的陆地生态系统，是陆地上最大的生物碳库，在全球碳循环过程中发挥着极其重要的作用(冯秀智，2018)。稳定性同位素技术最初应用于生态学是研究植物稳定碳同位素差异，20 世纪 90 年代后，这项研究技术已由最初的单一生物相研究，如植物光合和呼吸作用，发展到土壤、大气等非生物相以及根系—土壤和叶片—大气等生态界面层的研究(易现峰等，2007)，使森林生态系统的碳交换机制研究有了很大的进展。同时，这些研究也使人们更清楚地认识到了碳稳定同位素技术的重要性，为稳定同位素技术的发展奠定了理论基础。

14.2.1 理论基础

(1)光合作用过程中的碳同位素分馏效应

植物的稳定碳同位素组成首先是由遗传因素控制的，这反映在同种植物中，在相同环境下具有基本相同的稳定碳同位素组成。植物的稳定碳同位素同时又受环境因子的影响，种内的稳定碳稳定同位素组成存在差异(邓文平，2015)。稳定碳同位素在植物中的分布特点能够揭示其循环过程中所包含的物理、化学、代谢、气候、环境等许多方面的信息。自然界中碳同位素分布特征表明：有机体的碳同位素比值强烈偏向负值区，是因为生物化学的热力学和动力学两种因素分馏的结果，尤其是光合作用中的动力学分馏，使大多数植物的碳同位素比光合作用前的 CO_2(δ^{13}C = −8 素)偏轻(李玉成等，2001；戴亚南，2003)。C 从大气进入叶片并参与光合作用的过程中发生了两次重要的分馏作用。

①大气 CO_2 通过叶片气孔向叶内扩散过程的动力分馏。在这个过程中，含有轻同位素的(^{12}C)的 CO_2 分子要比含有重同位素(^{13}C)的 CO_2 分子的扩散速度更快，结果造成 δ^{13}C 值降低 4.4。

②CO_2 进入光合循环，合成有机物过程中的动力分馏。由于$^{13}CO_2$ 键能较$^{12}CO_2$ 大，参与同化作用较多，导致 δ^{13}C 值降低 27‰ ~ 29‰(吴绍洪，2006)。在此基础上，Farquhar 提出了植物固碳过程中^{13}C 同位素分馏的表达式：

$$\delta^{13}C_p = \delta^{13}C_a - a - (b-a)(c_i/c_a) \tag{14-3}$$

式中 $\delta^{13}C_p$——植物全体(或纤维素)的稳定同位素 δ^{13}C 值；

$\delta^{13}C_a$——大气的 $\delta^{13}C$ 值;

a——气孔扩散 CO_2 时对 $\delta^{13}C$ 分馏作用;

b——羧化作用引起的生物分馏值($\approx$ 表示羧化作用);

c_i, c_a——分别为细胞间与大气的 CO_2 浓度(吴绍洪,2006;李雪松等,2018)。

这一分馏模式的建立为根据植物 C 同位素组成重建大气 CO_2 浓度及 $\delta^{13}C$ 提供了理论依据,但模式没有阐明气候因子对植物 C 同位素分馏的影响。

(2)不同光合途径 $\delta^{13}C$ 差异

植物通过吸收大气中的 CO_2 气体进行光合作用合成有机质,按照羧化过程中形成的过渡产物的不同,光合作用可分为 3 种途径,即 C_3 植物、C_4 植物和 CAM 植物(李玉平,2007),C_4 植物由于植物纤维束鞘细胞和叶肉细胞在 CO_2 同化过程中分工明确,其光合相关酶的分布与 C_3 植物不同(丁明明,2005;容丽,2006),此外 C_4 植物还可以进一步根据运入维管束鞘的 C_4 化合物和脱羧反应的不同分为 3 种类型(NADP-ME 型、NADME 型和 PCK 型)(陈世苹,2003)。不同光合作用途径植物因光合羧化酶(RuBP 羧化酶和 PEP 羧化酶)和羧化的时空上差异对 ^{13}C 有不同的识别和排斥(孙伟等,2015),产生了碳同位素分馏效应,导致不同光合途径的植物具有显著不同的 $\delta^{13}C$ 值(Farquhar et al.,1982;Henderson et al.,1992;陈世苹,2003;孙伟等,2005;易县峰,2007),从而可以使用碳稳定同位素技术来鉴别植物的光合途径类型。陆地 C_3 植物的 $\delta^{13}C$ 值范围在 $-35‰\sim-20‰$ (平均为 $-26‰$)(郑兴波等,2005),C_4 植物的 $\delta^{13}C$ 值范围在 $-17‰\sim-9‰$ (平均 $-13‰$)(王银山,2009),而 CAM 植物处于二者之间,在 $-22‰\sim-10‰$ (平均 $-16‰$)(O'Leary,1981;Farquhar et al.,1989)。

(3)植物体内 $\delta^{13}C$ 与水分利用效率

植物组织的 $\delta^{13}C$ 值不仅反映了大气 CO_2 的碳同位素比值,也反映了植物叶片中细胞间平均 CO_2 浓度。根据 Farquhar et al.(1982)的研究,植物的 $\delta^{13}C$ 值与 C_i 和 C_a 有密切的关系[式(14-6)](陈世苹,2003;容丽,2006)。根据水分利用效率的定义,植物水分利用效率也与 C_i 和 C_a 有密切的联系,这可由下列方程式中看出(陈世苹,2002;容丽,2006):

$$A = g \times \frac{C_a - C_i}{1.6} \qquad (14-4)$$

$$E = g\Delta W \qquad (14-5)$$

$$WUE = \frac{A}{E} = \frac{C_a - C_i}{1.6\Delta W} \qquad (14-6)$$

式中　A,E——分别为光合速率和蒸腾速率;

　　　g——气孔传导率;

　　　ΔW——叶内外水汽压之差;

　　　1.6——气孔对水蒸气的导度与对 CO_2 导度的转换系数。

这样,$\delta^{13}C$ 值可间接地揭示出植物长时期的水分利用效率:

$$WUE = C_a \frac{1 - \left(\dfrac{\delta^{13}C_a - \delta^{13}C_p - a}{b - a} \right)}{1.6\Delta W} \qquad (14-7)$$

植物叶片的 $\delta^{13}C$ 值与水分利用效率呈正相关。由于植物组织的碳是在一段时间(如整个生长期)内累积起来的, 其 $\delta^{13}C$ 值可以指示出这段时间内平均的 C_i/C_a 值及 WUE 值, 是最准确的水分利用效率值(陈世苹, 2002; 容丽, 2006)。

同位素比率(δ)和同位素判别值(Δ)有如下关系:

$$\Delta = (\delta_a - \delta_p) / (1 + \delta_p) \tag{14-8}$$

式中　δ_a——大气中 CO_2 的 $\delta^{13}C$ 值(一般取 -9.23 系);

　　　δ_p——植物样品的 $\delta^{13}C$ 值。

(4)植物体内 $\delta^{13}C$ 的环境限制因子

由于植物碳同位素分馏大小与其光合作用类型、遗传特性、生理特点、生长环境及其他因素密切相关, 所以其比值能指示植物光合途径随光强、温度、海拔及降雨量等环境梯度的变化(Diaz et al., 1996)。在目前研究中广泛采用碳同位素分辨率($\Delta^{13}C$)来分析 $\delta^{13}C$ 值受限制的因素, 其计算公式为:

$$\Delta^{13}C = (\delta^{13}C_a - \delta^{13}C_p) / (1 + \delta^{13}C_p) \tag{14-9}$$

$$\Delta^{13}C = a + (b - a) \tag{14-10}$$

$$C_i/C_a = 4.4 + (27 - 4.4) \tag{14-11}$$

$$C_i/C_a = 4.4 + 22.6(C_i/C_a) \tag{14-12}$$

式中　$\delta^{13}C_a$, $\delta^{13}C_p$——分别为空气和植物中的 $\delta^{13}C$ 值;

　　　C_i, C_a——分别为细胞间 CO_2 浓度和外界空气 CO_2 浓度;

　　　a——气孔扩散作用对 ^{13}C 的分辨率;

　　　b——羧化酶对 ^{13}C 的分辨率(刘海燕, 2007)。

C_i/C_a 的变异主要是由植物气孔导度和光合速率的差异所决定。当气孔处于开放状态时, CO_2 很容易进入细胞间, C_i 就越接近 C_a, 因而 $\Delta^{13}C$ 值也就越接近 b 值, 此时决定 $\Delta^{13}C$ 的限制因素在羧化阶段; 相反, 当气孔导度变小, CO_2 成为限制因素时, C_i 显著小于 C_a, 所以此时光合作用受气孔导度的限制, $\Delta^{13}C$ 非常接近 a 值(Farquhar et al., 1989)。

光照条件由于影响了植物叶绿素在叶片中的分布、叶片的气孔导度及光合羧化酶活性, 从而引起光合途径的 $\delta^{13}C$ 值改变。随着光照强度的减弱, 叶片中稳定碳同位素组成比值降低。Francey et al. (1985)的研究表明随着光照增强, 叶片细胞内部 CO_2 浓度会逐渐降低, 从而导致光合产物的 $\delta^{13}C$ 值增大。

温度对植物碳同位素分馏过程的影响十分复杂, 不仅可以影响植物光合羧化酶活性以及叶的气孔导度、叶片内外的 CO_2 分压比、CO_2 的吸入率, 还可以影响植物生长、CO_2 同化速率及细胞内 CO_2(气)—CO_2(溶液)—水溶性 HCO_3^- 的平衡。另外, 温度对植物碳同位素组成的影响也因植物种类而异。在众多因素中, 温度是影响光合羧化酶活性的最主要因素之一, 任何一种植物进行光合作用都有其最适温度, 太高或太低都会妨碍酶的活性, 使参与光合作用的酶发挥不出其最大作用。

C_3 植物生长在森林底层呼吸释出 CO_2 到环境中时, 其 $\delta^{13}C$ 值将明显地低于 -27‰(Osmond et al., 1982; Vogel, 1978)。显然, 植物吸收负的 $\delta^{13}C$ 值的 CO_2 源之后的 $\delta^{13}C$ 变小, 森林底层植物因土壤呼吸碳的再固定而使其叶中 ^{13}C 值比冠顶低就是例证

（Schleser et al.，1985）。同一株植物不同生长时期和生长季节 $\delta^{13}C$ 值也有较大变化。春天树叶生长，日照长，光合快，地区性大气 CO_2 的 $\delta^{13}C$ 值增大，秋季则相反（刘海燕，2007）。

植物可利用水分状况也是影响植物 $\delta^{13}C$ 值变化的重要因素。土壤含水量、空气湿度、降水量三者都会影响植物的 $\delta^{13}C$ 值（刘海燕，2007）。当降水减少时，水分胁迫加重，植物会关闭部分气孔，避免水分的丢失，同时降低叶片导度，引起 C_i 的下降和 $\delta^{13}C$ 的增加（Farquhar et al.，1989）。在最适的水分条件下，气孔导度达到最大时，$\delta^{13}C$ 就不会发生变化。

植物在盐生环境中 $\delta^{13}C$ 值的改变可能包含两个成分：一个是盐分对 CO_2 扩散、传递或光合速率的影响而引起的 $\delta^{13}C$ 值的改变；另一个是光合途径的转换引起的 $\delta^{13}C$ 值的变化，$\delta^{13}C$ 值的大小与诱导发生 CAM 或 C_4 代谢的程度有关（王银山，2009）。植物组织的 $\delta^{13}C$ 值随盐度的变化趋势除了与植物本身固有的耐盐性有关以外，盐度和胁迫时间是影响植物 $\delta^{13}C$ 的重要因素。对非盐生植物而言，在低盐度和短期的盐处理下，随盐度的增加和胁迫时间的延长，植物的 $\delta^{13}C$ 值会增大，这个阶段限制光合作用的主要因素是气孔导度，但是如果盐度过低，$\delta^{13}C$ 变化就很小，则难以表现出应有的相关性。随着胁迫的加强，当限制光合作用的非气孔因素成为主导因素时，由于光合作用受到强烈抑制（光合结构遭到破坏），$\delta^{13}C$ 将随之降低。对盐生植物而言，其 $\delta^{13}C$ 与最适盐度有关。最适盐度下，植物的 $\delta^{13}C$ 低于其他盐度条件下的 $\delta^{13}C$ 值。盐生条件下，有些 C_3 植物可能发生光合途径的转换，无论诱导发生的是 C_4 代谢还是 CAM 代谢，$\delta^{13}C$ 值均趋于增大。但一般情况下，盐处理诱导的光合途径的改变对植物组织整体的 $\delta^{13}C$ 影响很小（韦莉莉，2008）。

（5）冠层效应

冠层效应在不同的森林类型中表现出了相同的趋势。冠层效应的出现，是林下及土壤呼吸释放大量贫 ^{13}C 的 CO_2 的结果（Francey et al.，1995）。

14.2.2　具体应用

森林生态系统是以乔木为主体的生物群落（包括植物、动物和微生物）及其非生物环境（光、热、水、气、土壤等）综合组成的生态系统。因此，在应用碳稳定同位素技术研究森林生态系统的时候，可以从林木个体、种群和群落以及生态系统的不同层次开展。

（1）在林木个体层次的应用

森林生态系统中，林木个体的生长，个体之间的相互关系以及个体与生境之间的关系是我们研究的一个关注点。根据已有的大量研究，$\delta^{13}C$ 在个体内、个体间以及不同环境下具有不同的差异。因此，应用碳稳定同位素技术可以在如下方面展开新的或者更深层次的研究。

光合作用碳的固定和植物自养呼吸是植物生理过程的 2 个重要方面。光合作用过程中会发生碳同位素分馏而呼吸作用则不会。因此，可以根据此特性进行光合作用机理、碳同位素分馏原理、植物新陈代谢、植物与大气的气体交换等方面展开研究。例如，用稳定碳同位素来区分不同生活型植物，利用稳定碳同位素标记，分析植物各器官、组织中 ^{13}C 浓度和 C 量即可量化研究新固定的碳素营养所占比例及同化产物的分布与运转等动态规律等。

光照、温度、CO_2 浓度和水分状况等环境条件是影响植物体内的碳同位素组成的主要因素。植物叶片胞间 CO_2 浓度是影响 $\delta^{13}C$ 值的最重要环境因素，$\delta^{13}C$ 值随 C_i 值增大而降低（Farquhar et al.，1982）。

研究环境对 $\delta^{13}C$ 值的影响对于我们了解不同树种的水分利用特点，并根据生境选择合适的树种具有指导意义。我们知道 $\delta^{13}C$ 可以作为物种水分利用高低的一个判别，植物的长期水分利用效率可以通过叶片的 $\delta^{13}C$ 值来指示，并且已被用作筛选低蒸腾植物的指标，广泛地应用于林木育种工作（Ehleringer et al.，1988）。随着利用 $\delta^{13}C$ 值和 $\Delta^{13}C$ 值判断植物水分利用效率研究的深入，稳定碳同位素技术将会越来越多地应用于林木遗传育种工作。

（2）在种群和群落层次的应用

森林生物之间的关系错综复杂，各种竞争、共生、寄生及营养等关系充斥在植物与植物、植物与微生物及植物与动物等之间。森林演替过程中群落的外貌和结构组成特征都会发生明显的变化，同时也就伴随着植物 $\delta^{13}C$ 值的变化。因此，可以利用稳定碳同位素技术研究物种间的相互关系。此外，森林形态的最终形成不仅取决于生物间的相互关系，更重要的是受周围物理环境的制约。森林演替过程中群落的外貌和结构组成特征都会发生明显的变化，同时也伴随着植物 $\delta^{13}C$ 值的变化。森林中不同植物功能群的结构与功能一直是森林生态学研究的重点之一。

（3）在生态系统层次的应用

森林生态系统在全球碳平衡中占有极其重要的位置，一定程度上决定了未来全球的气候变化状况。利用 Keeling 曲线法可开展森林生态系统碳通量的研究（Sternberg et al.，1989）。确定不同的生态过程对净通量的影响和贡献是当前生态学研究的热点问题之一。利用稳定同位素技术的树木年轮研究是全球气候变化研究的另一个热点。年轮中碳同位素含量的变化能够为过去长时间内环境变化的研究提供科学的理论依据。

在全球碳平衡（global carbon budget）的研究中，大气 CO_2 的碳同位素比值（$\delta^{13}C$）已被证明是一个很有价值的指标，广泛用于研究全球碳汇分布、量化海洋与陆地植物对大气圈碳迁移的相对贡献、陆地和大气碳流的耦合等（Ciais et al.，1995；Francey et al.，1995；Battle et al.，2000；Sternberg，1989；Lloyd et al.，1996；孙伟等，2005）。利用碳同位素技术估测的全球碳汇分布与年际间的变化与其他方法（如模型计算和大气氧气/氮气比率）测定结果相近（Battle et al.，2000）。稳定碳同位素技术还可用于森林生态系统的 CO_2 再循环研究。森林生态系统呼吸释放的 CO_2 并非全部与外界大气进行湍流混合，其中一部分气体被植物重新吸收利用，这就是生态系统内部的 CO_2 再循环（CO_2 cycling）。Walker et al.（2015）对阿拉斯加内陆地区的树木进行了树木年轮的稳定碳同位素研究，指出北方森林的气候在变暖变干燥，长期下去可以预见干旱将引起北方大区域森林生产力的下降。

14.3 森林生态系统氮循环稳定同位素研究方法

氮循环主要指氮在大气圈、生物圈、水圈、土壤圈和岩石圈之间迁移转化和循环的过程，而每一个圈层都包含了许多内部循环过程。在森林生态系统中，氮循环过程大致可划分为3个过程：氮素的输入（主要是森林生物固氮），氮素在森林生态系统中的转化（主要包括分解作用、矿化和硝化作用以及在食物网中的转化）和氮素的输出（主要是反硝化和气体挥发）（Menyailo et al.，2003）（图14-4）。N是植物生长和发育所需的大量营养元素之一。在许多森林生态系统中，土壤N有效性通常是限制林木生长的主要因素（Vitousek et al.，1986），因此，研究森林生态系统中N有效性及其循环利用具有十分重要的意义。一般而言，测定共生固氮的方法主要有氮累积法、乙炔还原分析法、$^{15}N_2$整合法、同位素稀释法和^{15}N自然丰度法5种（Shearer et al.，1988）。而^{15}N自然丰度法克服了前4种受自然生态系统干扰较大这一缺陷，引起众多生态学家的重视，并得以广泛应用。

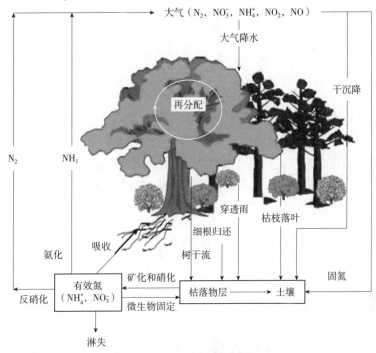

图14-4　森林生态系统氮循环过程

14.3.1　理论基础

大气N_2的$\delta^{15}N$值接近0，而土壤N的$\delta^{15}N$值在$-6‰\sim16‰$之间（Shearer et al.，1986）。$\delta^{15}N$自然丰度法本质上是一种同位素稀释法，只不过土壤"标记"在自然条件下完成。它可用于定量生物固氮对固氮植物氮素营养的贡献，计算公式如下：

$$\%N_{fixed} = (\delta^{15}N_{ref} - \delta^{15}N_{field})/(\delta^{15}N_{ref} - \delta^{15}N_{hydro}) \tag{14-13}$$

式中　$\delta^{15}N_{ref}$——参照植物，即与固氮植物生长在相同环境下的非固氮植物组织的$\delta^{15}N$值；

$\delta^{15}N_{field}$——野外固氮植物组织的$\delta^{15}N$值；

$\delta^{15}N_{hydro}$——在无氮溶液中水培生长的固氮植物组织的$\delta^{15}N$值。

对固氮植物进行无氮水培的目的是在氮素100%源于N_2的条件下测定其同位素丰度。结合生物量等数据，$\delta^{15}N$自然丰度法还可以计算森林生态系统内固氮植物一个生长季内的总固氮量(Bolger et al., 1995)。

固氮量 = %N$_{field}$×所有植物生物量×豆科植物所占百分比×豆科植物全氮含量

14.3.2　具体应用

了解氮沉降来源和氮污染物的类型是研究叶片 δ^{15}N 值指示氮沉降关键。人类活动的干预一方面导致自然环境中氮的固定量成倍增加;另一方面也造成氮沉降量的不断增加。当沉降量超过生物的需求上限时,就会促使生态系统达到氮饱和状态,导致氮或以淋溶的方式从土壤流失或以气体的形式排放到大气中至量增加。当氮循环效率由于氮有效性增加而加快时,会导致土壤库中 ^{15}N 的富集,因为较轻的 ^{14}N 同位素通过淋溶或反硝化作用会优先流出系统。于是,利用这些土壤库中氮的植物,其 ^{15}N 会逐渐变得相对富集。由于植物生物量的周转速率比整个土壤库快,所以植物本身也可以用来指示人类活动引起的环境变化。这样,叶片 δ^{15}N 的测量就可以被用来指示已经加快的氮循环速率。例如,有研究发现 ^{15}N 浓缩程度与土壤氮增加、氮循环速率加快以及氮流失增加之间存在很大的相关性。

14.4　森林生态系统水循环稳定同位素研究方法

森林与水的关系问题是森林水文学和生态学研究的热点问题之一。大气降水、林冠穿透水、地表水、土壤水、地下水和植物水等构成了自然界森林生态系统的主要水形态(图 14-5)。

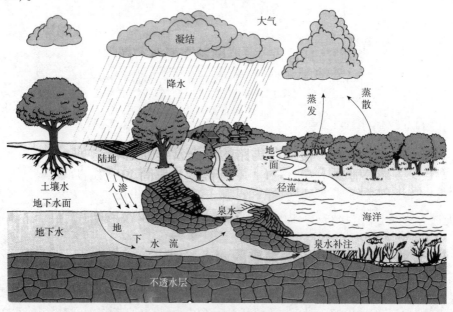

图 14-5　水循环示意图

在森林植物水分利用和水循环迁移、转化与分配整体过程的研究中,在指示环境因子和反演气候变化研究中,氢、氧稳定同位素技术发挥着越来越重要的作用。研究森林水文及水分利用过程的主要手段包括:水文学测量方法、红外遥感、模型模拟及稳定同位素技术等。

14.4.1 理论基础

(1)植物水分来源研究

利用氢和氧稳定同位素研究植物吸收利用水分的来源，已是稳定同位素技术在生态学研究中的重要应用。也可以更好地认识植物水分利用策略及生态对策，有助于理解植物时空分布格局与可利用水源的关系。

当植物有两种水分来源时：

$$\delta D = x_1 \delta D_1 + x_2 \delta D_2 \tag{14-14}$$

$$\delta^{18}O = x_1 \delta^{18}O_1 + x_2 \delta^{18}O_2 \tag{14-15}$$

$$x_1 + x_2 = 1 \tag{14-16}$$

当存在 3 个水分来源时，计算公式为：

$$\delta D = x_1 \delta D_1 + x_2 \delta D_2 + x_3 \delta D_3 \tag{14-17}$$

$$\delta^{18}O = x_1 \delta^{18}O_1 + x_1 \delta^{18}O_2 + x_3 \delta^{18}O_3 \tag{14-18}$$

$$x_1 + x_2 + x_3 = 1 \tag{14-19}$$

式中 $\delta D(\delta^{18}D)$——植物木质部水分的稳定氢或氧同位素组成；

$\delta D_1(\delta^{18}O_1)$、$\delta D_2(\delta^{18}O_2)$、$\delta D_3(\delta^{18}O_3)$——水源 1、2、3 的稳定氢或氧同位素组成；

x_1，x_2，x_3——水源 1、2、3 在植物所利用的水分总量中所占的百分数。

(2)植物蒸腾和土壤蒸发研究

虽然蒸腾也会使叶片水富集重同位素，但当蒸腾处于同位素稳态时，即植物吸收水分的速率和蒸腾速率相同时，离开叶片的水汽和进入叶片的水同位素组成相同，此时蒸腾水汽的同位素组成近似于根吸收的土壤水的同位素组成，基于质量守恒的 Keeling Plot 方法和同位素二元混合线性模型，就可以确定植物蒸腾对蒸散贡献的百分比。

地表蒸散是植物蒸腾与土壤蒸发之和，对于水的稳定同位素含量而言(如^{18}O)，地表蒸散中^{18}O的含量是蒸腾^{18}O含量与蒸发^{18}O含量之和，这就是同位素质量守恒。基于这一原理，可以推导植物蒸腾在总的蒸散量中所占的比例，公式如下：

$$F_T(\%) = \frac{\delta_{ET} - \delta_E}{\delta_T - \delta_E} \times 100 \tag{14-20}$$

式中：F_T——植物蒸腾在总地表蒸散中所占百分比；

δ_{ET}，δ_T 和 δ_E——分别为蒸散、蒸腾和蒸发水的稳定同位素组成。

土壤蒸发水汽的计算采用 Craig-Gordon 模型，这一模型最初基于开放水体(如湖泊)的蒸发过程，也可以用来计算其他非开放水体的蒸发水汽同位素值，Craig-Gordon 公式如下：

$$\delta_E = \frac{\alpha_{V/L}\delta_S - h\delta_V - \varepsilon_{V/L} - \Delta\xi}{(1-h) + \Delta\xi/1000} \approx \frac{\delta_S - h\delta_V - \varepsilon_{V/L} - \Delta\xi}{(1-h)} \tag{14-21}$$

式中 δ_S——土壤蒸发表面液态水的同位素组成；

h——大气水汽的相对湿度，是相对于土壤蒸发点温度(5cm 深度)而言的；

δ_V——大气水汽的同位素组成；

$\alpha_{V/L}$——水汽从液体转化为气态的平衡分馏系数；

$\varepsilon_{V/L}$——平衡分馏系数的另一种表达形式；

$\Delta\xi$——同位素扩散系数。计算公式分别如下：

$$-\ln^{18}\alpha_{V/L} = \frac{1.137\times10^3}{T^3} - \frac{0.4156}{T} - 2.0667\times10^3 \tag{14-22}$$

$$\varepsilon_{V/L} = (1-\alpha_{V/L})\times10^3 \tag{14-23}$$

$$\Delta\xi = (1-h)\,\theta\times n\times C_D\times10^3 \tag{14-24}$$

式中　n——描述分子扩散阻力与分子扩散系数相关性的一个常数，对于不流动的气层而言（土壤蒸发或叶片蒸腾），一般取值为 1，在自然条件下大的开放水体，其 n 一般取值 0.5；

　　　θ——分子扩散分馏系数与总扩散分馏系数之比，对于蒸发通量不会显著干扰环境湿度的小水体而言（包括土壤蒸发），一般取值为 1，大的水体 θ 取值在 0.5~0.8；

　　　C_D——描述分子扩散效率的参数，相对 $H^{18}O$ 来说一般取值 28.5。

14.4.2　具体应用

稳定性氢(^2H)、氧(^{18}O)同位素是广泛存在于水中的环境同位素，在降水、地表水、地下水、土壤水和植物体内水转化循环过程中，发生氢氧同位素的分馏，不同的水有不同的氢氧同位素值。利用这种差异，可研究水分来源、径流响应、植物用水和森林生态水分关系等。使不同时空尺度的生态过程得到更好的理解，且在国内外已经取得许多重要成果（Ehleringer et al.，1992）。

有研究表明，植物吸收与传递水分过程中不发生同位素分馏作用，但由于蒸发作用，叶水相对于水源存在有明显的同位素富集作用。水分在土壤中产生同位素梯度的原理，通过植物茎水的同位素比率可以确定根系对不同来源水的吸收 Ehleringer et al.，1991。此外，在森林生态系统水循环研究中，结合森林各层次优势植物吸水模式和水循环过程，稳定性同位素技术可以用来判断大气降水的水蒸气来源，定量分析土壤水、地下水循环机制，研究大气降水—林冠穿透水—地表水—土壤水—地下水的相互作用关系，为最终探明森林生态系统水循环机制服务。运用氢、氧同位素携带的不同信息，可以判断高山雪水和冰雪融水对河水的补给时间。森林土壤水的氢、氧同位素信息还能反映土壤剖面不同深度土壤水分迁移的关系。其他研究还利用 δD 或 $\delta^{18}O$ 来调查群落内不同物种水资源利用的差异（Flanagan et al.，1992），确立植物沿自然有效水分梯度分布与植物获得水资源深度之间的关系（Mensforth et al.，1994）。同位素脉冲标记与动态模型相结合可以精确量化植物对不同源水分的利用，帮助揭示群落内不同生活型植物水资源的分配格局（Schwinning et al.，2001）。

从土壤表面蒸发的水分与土壤中水分相比存在着重同位素的贫化（Gat，1996）。植被对森林生态系统中水分转移的数量和速率方面起着很重要的作用。与其他方法相结合，稳定同位素技术使人们对森林生态系统蒸发蒸腾有了进一步的了解，各模型都有各自的应用范围和局限：三源线性混合模型只能在植物吸收的水分来源不超过 3 个的情况下运行，且 3 个来源水中的 δD、$\delta^{18}O$ 值必须有明显差异。水同位素（氢和氧）在海域中有各自的记录条件，温度源区与空气带来降水有很强的相关性（Hafner et al.，

2011），研究结果为欧洲东南部的阿尔卑斯山和西巴尔干地区的气候重建开辟了新的视角。

本章小结

同位素技术应用于森林生态系统的最基本的原因是同位素效应。森林生态系统中，植物、动物、微生物和环境之间许多复杂的生理过程受同位素效应驱使具有一定的规律。因此，可利用稳定同位素技术研究生态系统中不同生理生态过程和各层次应对各种环境变化的响应，也因为其具有准确、灵敏以及安全等特点，正越来越广泛地应用于生态学研究的诸多领域。由于温度同位素技术在生态学研究中的独特作用和不可替代性，许多有影响力的国际研究计划也开始加强同位素方面的观测和研究工作。

延伸阅读

1. 林光辉，2013. 稳定同位素生态学 [M]. 北京：高等教育出版社.
2. 顾慰祖，2016. 同位素水文学 [M]. 北京：科学出版社.

思 考 题

1. 稳定同位素技术在森林生态学研究中的优势是什么？
2. 如何根据研究需要选择最佳的稳定同位素方法？

第15章

森林生态系统长期生态学定位观测研究网络布局方法

[**本章提要**] 本章通过参考美国国家生态观测站网络(NEON)的生物多样性、生态系统服务功能、气候、水文、植被、土地利用、生物入侵等布局理念，在现有生态地理区划研究成果的基础上，综合考虑森林资源优势树种的分布、生物多样性热点地区和关键地区、生态功能分区等因素，采用自上而下的演绎途径与自下而上的归纳途径相结合的方法，通过叠加分析，对各指标进行计算，划分得出适宜建设中国森林生态系统观测网络的全国区划和重点区划，从而确定生态站的布设范围，完成中国森林生态系统观测网络布局。通过本章可以了解森林生态地理区划及森林生态网络布局体系的相关研究方法。

20世纪以来，人口迅速增长，工业不断发展，森林植被破坏严重，生物多样性锐减，环境恶化，生态环境保护引起各国政府高度重视(曹世雄等，2008)。各种气候环境变化的因果过程交织在一起，通常会在较大的时空尺度上造成影响，但人们对地球在不同尺度上的物理化学动态变化的研究远远达不到认识这些过程的程度(Schimel et al.，2009)。同时，针对气候变化的趋势研究目前也存在极大争议(Houghton et al.，1996；Stocker et al.，2013)，其对生态系统的影响引起广泛关注。开展长期综合监测对了解气候环境变化尤为必要(Hicks et al.，1994)。除了面对环境的变化，人们在生产生活中对自然资源有极强的依赖，因此，合理管理自然资源，使之保持可持续发展，也是目前各项研究的重中之重。对自然科学信息长期有效的数据收集是合理进行资源管理的必要前提(Stork et al.，1996；Hughes，2000)。生态学长期定位研究为生态学的发展积累各种数据、方法和经验，遥感、地理信息系统等计算机技术的不断发展也使得人们展开大尺度的研究成为可能。各国政府对生态监测的支持力度不断加大(Gosz，1996；Vaughan et al.，2001)，在这种背景下，多种长期生态研究网络应运而生。

作为"地球之肺"，森林从固碳释氧、涵养水源、保持水土等多个方面与气候环境发生着相互作用，为了更深入地研究气候变化，保护环境，了解森林生态系统过程，对森林生态服务进行合理评估，提高森林经营水平，对森林生态系统的长期监测工作不可或缺。随着社会经济的发展，中国林业已经从以木材工业为主转向进行生态建设，追求生态效益的长期的可持续发展。森林资源连续清查是进行森林调查的重要工作，主要调查内容为森林面积、蓄积、覆盖率和森林健康质量等。通过森林资源清查，可以清楚了解全国森林资源现状和消长变化动态，预测森林资源发展趋势。但是上述工作仅能获得森林生态系统资源方面数据，无法了解森林生态系统所能给人提供的服务。因此，除了森林资源连续清查外，还应对森林生态系统的水分、土壤、气象和生物等生态要素进行全指标连续清查工作，收集数据可作为森林生态系统服务评估的基础，为森林经营提供数据支持，该工作主要针对森林生态要素展开，即森林生态系统长期定位观测。构建森林生态长期定位观测台站(以下简称：台站)是完成森林生态系统长期定位观测工作的前提。

针对世界上已经构建的若干尺度网络，David 将长期生态监测分为以下两类(Lindenmayer et al.，2010)。

①强制性生态监测：一般为大尺度的生态监测网络，主要针对环境等方面问题展开。

②专项生态监测：一般研究尺度较小，针对某一项感兴趣的科学问题或为了证明某项原理设计相应的实验方案展开研究。

森林生态系统长期定位观测为大尺度下开展生态监测工作的网络，属于强制性生态监测，需以政府支持为前提开展工作。不同尺度的生态监测网络开展研究有不同的社会影响，其主要研究内容根据网络建设的目的有所不同，但是均为通过网络中台站开展数据采集，对数据进行处理分析，解决气候或环境变化等方面对各类生态系统造成的影响。但是现存的网络多为单独台站发展而来，并非根据不同尺度和不同需求从整体进行布局，而且台站隶属于不同的部门进行管理和数据采集，数据之间具有较大差异。因此，根据网络观测目的，对台站进行合理规划布局，从而在整体上对网络进行规划，是目前网络建设的发展方向，也是构建森林生态系统长期定位观测网络必须解决的问题。

长期定位观测研究始于 1843 年英国 Rothamsted 实验站，主要针对植物营养和土壤施肥的问题展开研究，推动了化肥应用。森林生态系统定位观测研究始于 1939 年美国 Laguillo 实验站，对美国南方热带雨林森林生态系统结构和功能的状况和变化展开研究。随着很多国家相继开展定位观测研究工作，由单独台站发展而来的生态系统定位观测网络逐渐形成。根据其研究对象差异，生态系统研究网络可分为综合生态系统研究网络和专项生态系统研究网络，其中综合生态系统研究网络主要针对网络范围内生态系统和环境变化进行研究，在世界尺度上有国际长期生态系统研究网络(International Long-Term Ecosystem Research Network，ILTERN)，目前已有 40 多个国家加入 ILTERN，如美国长期生态系统研究网络(US Long Term Ecological Research Network，US-LTERN)(Hobbie et al.，2003)，澳大利亚陆地生态系统研究网络(Terrestrial Ecosystem Research Network，TERN)，法国区域长期生态学研究网络(Zones Ateliers Long Term Ecological Research Network，ZA-LTER)，英国环境变化网络(Environmental Change Network，ECN)(Morecroft et al.，2009)，加拿大生态监测和评估网络(Ecological Monitoring and Assessment Network，EMAN)(Vaughan et al.，2001)等。专项生态系统研究网络是针对某项研究内容布局的网络，如欧洲森林生态系统研究网络(European Forest Ecosystem

Research Network，EFERN)(Andersson et al.，2000)目的是促进森林生态系统研究的协作性和科学家工作沟通，全球二氧化碳通量监测网(FLUXNET)，主要目的为研究各种生态类型的二氧化碳通量变化，与 ILTERN 一样，该网络由各大洲国家网络组成，如美洲二氧化碳通量监测网(AmeriFlux)，亚洲二氧化碳通量监测网(AsiaFlux)(于贵瑞等，2005)，加拿大二氧化碳通量监测网(FluxNet-Canada)，欧洲二氧化碳通量监测网(CarboEuroFlux)等。除了上述网络外，还有捷克长期生态学研究网络，韩国长期生态学研究网络，巴西长期生态学研究网络等。这些网络大多是在原有的单独观测(试验)站的基础上发展起来的。

中国的长期生态学研究起步较晚，始于 20 世纪 50 年代末。目前中国在国家尺度上已有两个生态系统观测网络：中国生态系统研究网络(CERN)和中国森林生态系统定位观测研究网络(CFERN)。CERN 主要针对中国各种生态系统类型开展长期监测研究，该网络是一个综合性生态系统定位观测研究网络(黄铁青等，2002)，到目前已建设 42 个生态系统试验站，其中农田 16 个、森林 11 个、草地 3 个、沙漠 3 个、沼泽 1 个、湖泊 4 个、海洋 3 个和城市 1 个；中国森林生态系统定位观测研究网络(Chinese Forestry Ecosystem Research Network，CFERN)在中长期发展规划中(王兵等，2004)，计划到 2020 年发展到 99 个。CFERN 目前已有森林生态站 90 个，是一个专项的生态系统研究网络，主要工作为对森林生态系统生态服务功能全指标体系连续观测与清查，作为林业行业观测网络为政府决策提供支持，而且目前该网络针对台站建设、观测指标、观测方法、数据管理和观测数据的应用形成较为完备的标准体，解决了标准的监测框架问题。CFERN 目前已经根据已有数据完成四次中国森林生态系统服务评估和一次退耕还林工程生态效益评估。但是，CFERN 规划的森林生态站能否就可以满足对中国森林生态系统生态要素调查，如何合理规划这些台站，使其在现代林业建设中发挥应有的作用，成为当前必须解决的首要难题。

在众多网络中，美国于 2000 年在国家科学基金(NSF)的支持下建立的美国国家生态观测网络(National Ecological Observatory Network，NEON)的布局体现了"典型抽样"的思想，对中国森林生态系统观测网络的布局具有一定的借鉴意义。美国的 NEON 观测系统通过在典型的能够反映美国客观环境变化的区域布设观测网络来实现(Senkowsky，2003)，它包含 20 个生物气候区，覆盖相连的 48 个州，以及阿拉斯加、夏威夷和波多黎各。每个区域代表一种独特的植被、地形、气候和生态系统(Carpenter et al.，1999)。区域边界依据统计多元地理聚类法(MGC)确定(Hargrove et al.，1999；Hargrove et al.，2004)，数据由 William 和 Forrest Hoffman of the Oak Ridge National Laboratory 提供。NEON 由 2 个层次构成，第 1 层为一级区域网络，根据 MGC 将全国划分为 20 个区域，每个区域内的研究机构、实验室和野外观测站组成的 20 个区域网络；第 2 个层次是由一级区域网络组成的国家网络(Committee on the National Ecological Observatory Network，2004；赵士洞，2005)(图 15-1，表 15-1)。组成 NEON 的每一个区域网络的单位被分为核心站(Core Site)和再定位站(Relocatable Site)，它们一起共同构成一个覆盖所在区域内不同生态类型的网络。在每个区域网络中，只有一个核心站，它将具有全面、深入开展生态学领域的研究工作所需的野外设施、研究装备和综合研究能力。通过核心站和再定位站的设计，能够进行区域内的比较。本书以 NEON 布局思想为指导，对中国不同尺度和不同类型的森林生态系统长期定位观测台站布局进行介绍。

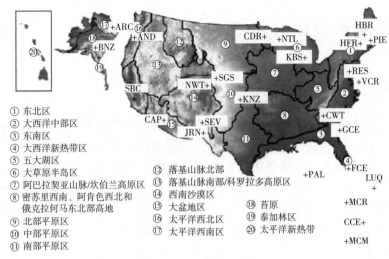

① 东北区
② 大西洋中部区
③ 东南区
④ 大西洋新热带区
⑤ 五大湖区
⑥ 大草原半岛区
⑦ 阿巴拉契亚山脉/坎伯兰高原区
⑧ 密苏里西南、阿肯色西北和俄克拉何马东北部高地
⑨ 北部平原区
⑩ 中部平原区
⑪ 南部平原区
⑫ 落基山脉北部
⑬ 落基山脉南部/科罗拉多高原区
⑭ 西南沙漠区
⑮ 大盆地区
⑯ 太平洋西北区
⑰ 太平洋西南区
⑱ 苔原
⑲ 泰加林区
⑳ 太平洋新热带

图 15-1　NEON 生物气候区

表 15-1　NEON 候选核心站及其科研主题

分区编号	分区名称	候选核心野外站点	科学主题	北纬	西经
1	东北区	Harvard 森林站	土地利用和气候变化	42.4	72.3
2	大西洋中部区	Smithsonian 保育研究中心	土地利用和生物入侵	38.9	78.2
3	东南区	Ordway-Swisher 生物研究站	土地利用	29.7	82.0
4	大西洋新热带区	Guánica 森林站	土地利用	18.0	66.8
5	五大湖区	圣母大学环境研究中心和 Trout 湖生物研究站	土地利用	46.2	89.5
6	大草原半岛区	Konza 草原生物研究站	土地利用	39.1	96.6
7	阿巴拉契亚山脉/坎伯兰高原区	橡树岭国际研究公园	气候变化	35.6	84.2
8	奥扎克杂岩区	Talladega 国家森林站	气候变化	32.9	87.4
9	北部平原区	Woodworth 野外站	土地利用	47.1	99.3
10	中部平原区	中部平原试验草原站	土地利用和气候变化	40.8	104.7
11	南部平原区	Caddo-LBJ 国家草地站	生物入侵	33.4	97.6
12	落基山脉北部	黄石北部草原站	土地利用	45.1	110.7
13	落基山脉南部/科罗拉多高原区	Niwot 草原	土地利用	40.0	105.6
14	西南沙漠区	Santa Rita 试验草原站	土地利用和气候变化	31.8	110.9
15	大盆地区	Onaqui-Benmore 试验站	土地利用	40.2	112.5
16	太平洋西北区	Wind River 试验森林站	土地利用	45.8	121.9
17	太平洋西南区	San Joaquin 试验草原站	气候变化	37.1	119.7
18	冻土区	Toolik 湖泊研究自然区	气候变化	68.6	149.6
19	泰加林区	Caribou-Poker Creek 流域研究站	气候变化	65.2	147.5
20	太平洋新热带区	夏威夷 ETF Laupahoehoe 湿润森林站	生物入侵	19.9	155.3

15.1　台站布局特点和原则

15.1.1　台站布局特点

　　森林生态系统长期定位观测研究是研究揭示森林生态系统结构与功能变化规律的重要方法和手段(王兵等，2003)，森林生态系统长期定位观测研究网络是获得大尺度森林生态系统变化及其与气候变化相互作用等数据信息的重要手段。在典型地区建立森林生态系统长期定位观测台站，对该区域内森林生态系统的结构、能量流动和物质循环进行长期监测，是研究森林生态系统内在机制和自身动态平衡的重要研究方法。因此，决定了森林生态系统长期定位观测台站布局应具有以下特点：

　　(1)长期连续性

　　森林生态系统长期定位观测台站目的是研究森林生态系统结构和功能及其动态变化规律。由于森林生态系统存在生长周期长，结构功能复杂，而且有环境效应之后等问题，因此短期调查和实验数据无法解释森林生态系统内部和系统与外界物质能量交换等关系，有些生态过程甚至需将时间尺度扩展至数百年，甚至更久。

　　(2)长期固定性

　　森林生态系统长期定位观测台站研究不仅需要时间上的连续性，还要保证位地点固定。因此，在森林生态站选址时，一般考虑国有土地(如国家公园、自然保护区等)，以保证森林生态站用地，可以在同一地点开展长期观测，以保证实验的长期连续性。

　　(3)观测指标及方法的一致性

　　森林生态站单一站点的研究可以保证实验的连续性，但由于不同森林生态系统环境差异较大，不同的指标和观测方法会使实验解决差异较大。为了保证森林生态站之间数据具有较好的可比性，森林生态系统长期定位观测网络需要具有统一的建设标准、观测指标及观测方法。

15.1.2　台站布局体系原则

　　森林生态系统长期定位观测台站布局体系是森林生态系统长期定位研究的基础，森林生态站之间客观存在的内在联系，体现了森林生态站之间相互补充、相互依存、相互衔接的关系和构建网络的必要性。基于上述特点，合理布局的多个森林生态系统长期定位观测台站构成森林生态系统长期定位观测网络。因此，在构建森林生态系统长期定位观测台站布局时应遵循以下原则：

　　(1)分区布局原则

　　在充分分析待布局台站区域自然生态条件的基础上，从生态建设的整体出发，根据温度、植被、地形、重点生态功能区和生物多样性保护优先区进行森林生态站网络规划布局。森林生态站应以国家森林公园或自然保护区等国有土地为首要选择，保障土地可以长时间使用。

　　(2)网络化原则

　　采用多站点联合、多系统组合、多尺度拟合、多目标融合实现多个站点协同研究，不同类型的森林生态系统联网研究，研究覆盖个体、种群、群落、生态系统、景观、区域多个尺度，实现生态站多目标观测，充分发挥一站多能，综合监测的特点。

（3）区域特色原则

不同尺度森林生态系统具有不同特点，根据不同类型生态系统的区域特色，以现有森林生态站为基础，根据区域内地带性观测的需求，建设具有典型性和代表性的生态站。

（4）工程导向原则

重大林业工程的森林生态效益评估工作也逐步展开。因此，森林生态站网络规划与建设应服务于国家重大工程建设，其布局应与重大的生态工程紧密结合。森林生态站网络布局应重点考虑重大林业生态修复工程等典型代表地区。

（5）政策管理与数据共享原则

森林生态站的建设、运行、管理和数据收集等工作应该严格遵循中华人民共和国林业行业标准《森林生态站建设技术要求》（LY/T 1626—2005）、《森林生态系统长期定位观测指标体系》（GB/T 35377—2017）、《森林生态系统长期定位观测方法》（GB/T 33027—2016）的要求。网络成果实行资源和数据共享，满足各个部门和单位管理及科研需要。

15.2　主要研究方法

森林生态系统长期定位观测台站布局在"典型抽样"思想指导下完成，需根据待布局区域的气候和森林生态系统系统特点，结合台站布局特点和布局体系原则，根据台站观测要求，选择典型的、具有代表性的区域完成台站布局，构建森林生态系统长期定位观测网络。综上所述，首先，需选择合适的抽样方法，实现"典型抽样"的思想，获得适合构建森林生态站的典型且具有代表性区域；其次，需选择合适的空间分析方法完成抽样的数据处理；最后，在布局体系构建完成后，还应有定量化的方法对布局结果进行评估。

15.2.1　抽样方法

抽样是进行台站布局的基本方法。简单随机抽样、系统抽样和分层抽样是目前最常用的经典抽样模型。由于简单随机抽样不考虑样本关联，系统和分层抽样主要对抽样框进行改进，一般情况下抽样精度优于简单随机抽样。

（1）简单随机抽样

简单随机抽样是经典抽样方法中的基础模型。该种抽样方式是根据用户给出的期望误差计算样本量，然后根据样本量从总体中随机抽取样本，要求每个样本都有可能被抽选到。该方法适合当样本在区域 D 上随机分布，且样本值的空间分异不大的情况下，可通过简单随机抽样得到较好的估计值。

（2）系统抽样

系统抽样是经典抽样中较为常用的方法。系统抽样是对于一个大样本 N，首选确定抽样间隔 i，在 $0\sim i$ 之间先选择第一个样本 j，后续样本选择为 $i+j$。该种方法较简单随机抽样更加简单易行，不需要通过随机方法布置样点，适用于抽样总体没有系统性特征，或者其特征与抽样间隔不符合的情况。反之，当整体含有周期性变化，而抽样间隔又恰好与这种周期性相符，则会获得偏倚严重的样本。因此，该方法不适合用于具有周期性特点的情况。

（3）分层抽样

分层抽样又称为分类抽样或类型抽样。该种抽样方法是讲总体单位按照其属性特征划分为若干同质类型或层，然后在类型或层中随机抽取样本单位。通过划类分层，获得共性较大的单位，更容易抽选出具有代表性的调查样本。该方法适用于总体情况复杂、各单位之间差异较大和单位较多的情况。层内变差较小而层间变差较大时，分层抽样可较好的提高抽样精度。该种方法需要用户可以更好的把握总体分异情况，从而较好的确定分层的层数和每个层的抽样情况。

根据 Cochran 分层标准，分层属性值相对近似地分到同一层。传统的分层抽样中，样本无空间信息，但是在空间分层抽样中，这种标准会使分层结果在空间上呈离散分布，无法进行下一步工作。因此，空间分层抽样除了要达到普通分层抽样的要求，还应具有空间连续性。该思路符合 Tobler 第一定律：在进行空间分层抽样时，距离越近的对象，其相似度越高（Miller，2004）。

森林生态系统结构复杂，符合分层抽样的要求。国家或者省域尺度森林生态系统长期定位观测台站布局可通过分层抽样的方法来实现。生态地理区划是根据不同的目的，采用不同的指标将研究区域划为相对均质的分区，即为分层。通过将研究区划分相对均质的区域，选择典型的具有代表性的完成区域台站布局。分层后可采用随机抽样的方式选择站点。分层完成后，通过 ArcGIS 中的 Feature To Point（Inside）功能提取待布设台站分区的空间内部中心点布设森林生态站。

15.2.2　空间分析

空间分析是图形与属性的交互查询，是从个体目标的空间关系中获取派生信息和知识的重要方法，可用于提取和传输空间信息，是地理信息系统与一般信息系统的主要区别。目前，空间分析主要包括空间信息量算、信息分类、缓冲区分析、叠置分析、网络分析、空间统计分析，主要研究内容包括空间位置、空间分布、空间形态、空间距离和空间关系。本研究使用空间分析功能主要为了实现分层抽样，对已有的主要采用了空间叠置分析和地统计学方法。

15.2.2.1　空间叠置分析

空间叠置分析是 GIS 的基本空间分析功能，是基于地理对象的位置和形态的空间数据分析技术，可用于提取空间隐含信息。该种分析方式包括逻辑交、逻辑差、逻辑并等运算。由于森林生态系统的复杂性，单一的生态地理区划较难满足分层抽样的需求。因此，需对比分析典型生态地理区划的特点，筛选适合指标进行森林生态系统长期定位观测台站布局的指标，通过空间叠置分析可提取具有较大共性的相对均质区域。本书中主要叠置分析对象为多边形，采用操作为交集操作（Intersect），公式如下。

$$x \in A \cap B \tag{15-1}$$

式中　A，B——是进行交集的两个图层；

　　　x——结果图层。

15.2.2.2 空间插值方法

人们为了了解各种自然现象的空间连续变化，采用了若干空间插值的方法，用于将离散的数据转化为连续的曲面。主要分为两种：空间确定性插值和地统计学方法。

(1)空间确定性插值

空间确定性插值如反距离加权插值法、全局多项式插值法、径向基函数插值法等，个方法的具体内容见表 15-2。

表 15-2 空间确定性插值

方 法	原 理	适用范围
反距离权插值法	基于相似性原理，以插值点和样本点之间的距离为权重加权平均，离插值点越近，权重越大	样点应均匀布满整个研究区域
全局多项式插值法	用一个平面或曲面拟合全区特征，是一种非精确插值	适用于表面变化平缓的研究区域，也可用于趋势面分析
局部多项式插值	采用多个多项式，可以得到平滑的表面	适用于含有短程变异的数据，主要用于解释局部变异
径向基函数插值法	适用于对大量点数据进行插值计算，可获得平滑表面	但如果表面值在较短的水平距离内发生较大变化，或无法确定样点数据的准确定，则该方法并不适用

由表 15-2 可知，空间确定性插值主要是通过周围观测点的值内插或者通过特定的数学公式内插，较少考虑观测点的空间分布情况。

(2)地统计学方法

地统计学主要用于研究空间分布数据的结构性和随机性，空间相关性和依赖性，空间格局与变异等。该方法以区域化变量理论为基础，利用半变异函数，对区域化变量的位置采样点进行无偏最优估计。空间估值是其主要研究内容，估值方法统称为Kriging 方法。Kriging 方法是一种广义的最小二乘回归算法。

Kriging 方法在气象方面的使用最为常见，主要可对降水、温度等要素进行最优内插，在本研究中可使用该方法对省域尺度气象数据进行分析。由于球状模型用于普通克里格插值精度最高，且优于常规插值方法(何亚群等，2008)，因此本文采用球状模型进行变异函数拟合，获得省域尺度降水、温度等要素的最优内插。球状模型见式(15-2)。

$$\gamma(h) = \begin{cases} 0 & (h=0) \\ C_0 + C\left(\dfrac{3}{2} \times \dfrac{h}{a} \times \dfrac{h^3}{a^3}\right) & (0<h \leqslant a) \\ C_0 + C & (h>a) \end{cases} \qquad (15\text{-}2)$$

式中　C_0——块金效应值，表示 h 很小时两点间变量值的变化；

　　　C——基台值，反映变量在研究范围内的变异程度；

　　　a——变程；

　　　h——滞后距离。

15. 2. 3　合并标准指数

在进行空间选择合适的生态区划指标经过空间叠置分析后，各区划指标相互切割获得许多破碎斑块，如何确定被切割的斑块是否可作为监测区域，是完成台站布局区划必须解决的问题。本文构建合并标准指数(merging criteria index，MCI)，以量化的方式判断该区域是被切割，还是通过长边合并原则合并至相邻最长边的区域中，见式(15-3)：

$$MCI = \frac{\min(S, S_i)}{\max(S, S_i)} \times 100\%$$ （15-3）

式中　S_i——待评估森林分区中被切割的第 i 个多边形的面积，$i = 1, 2, \cdots, n$；

　　　n——该森林分区被温度和水分指标切割的多边形个数；

　　　S——该森林分区总面积减去 S_i 后剩余面积。

如果 $MCI \geqslant 70\%$，则该区域被切割出作为独立的台站布局区域；如 $MCI < 70\%$，则该区域根据长边合并原则合并至相邻最长边的区域中；假如 $MCI < 70\%$，但面积很大（该标准根据台站布局研究区域尺度决定），则也考虑将该区域切割出作为独立台站布局区域。

15. 2. 4　复杂区域均值模型

由于在大区域范围内空间采样不仅有空间相关性，还有极大的空间异质性。因此，传统的抽样理论和方法较难保证采样结果的最优无偏估计。王劲峰等(2009)提出复杂区域均值模型(mean of surface with non-homogeneity，MSN)，将分层统计分析方法与 Kriging 方法结合，根据指定指标的平均估计精度确定增加点的数量和位置(Wang et al.，2009)。该模型是将非均质的研究区域根据空间自相关性划分为较小的均质区域，在较小的均质区域满足平稳假设，然后计算在估计方差最小条件下各个样点的权重，最后根据样点权重估计总体的均值和方差(Hu et al.，2011)。模型结合蒙特卡洛和粒子群优化方法对新布局采样点进行优化，加速完成期望估计方差的计算。该方法可用于对台站布局数量的合理性进行评估，主要思路是结合已存在样点，分层抽样的分层区划和期望的估计方差，根据蒙特卡洛和粒子群优化方法逐渐增加样点数量，直到达到期望估计方差的需求。MSN 空间采样优化方案结构体系流程如图 15-2 所示，具体公式如下：

$$n = \frac{\left(\sum W_h S_h \sqrt{C_h}\right) \sum \left(W_h S_h / \sqrt{C_h}\right)}{V + (1/N) \sum W_h S_h^2}$$ （15-4）

式中　W_h——层的权；

　　　S_h^2——h 层真实的方差；

　　　N_h——h 层中所有的样本数；

　　　N——样本总数；

　　　V——用户给定的方差；

　　　C_h——每个样本的数值；

　　　n——达到期望方差后所获得的样本个数。

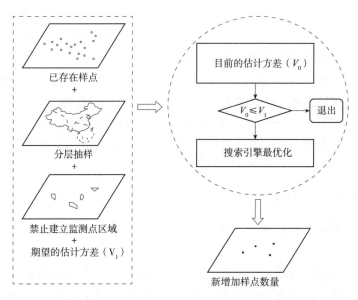

图 15-2 MSN 空间采样优化方案体系结构

（Hu et al.，2010）

15.3 台站布局体系构建步骤

根据森林生态系统长期定位观测台站布局的原则和方法，布局体系的构建应按照如下步骤进行：首先，以典型抽样思想为指导，采用分层抽样方法，对比分析典型有代表性的生态地理区划，根据不同尺度和不同类型的台站网络布局特点，通过空间叠置分析，以 MCI 指数为标准，划分得出森林生态系统长期定位观测相对均质区域。其次，根据不同尺度不同类型的台站布局特点，选择台站重点布局区域。最后，结合目前已有的 CFERN 森林生态站和森林生态站重点布局区域，通过 ArcGIS 中的 Feature To Point(Inside) 功能提取区划的空间内部中心点布设森林生态站，完成森林生态系统长期定位观测台站布局。

15.4 国家尺度森林生态系统长期定位观测网络布局

单独的森林生态站无法完成大尺度森林生态调查工作，具有科学布局的森林生态系统定位观测研究网络是进行森林生态系统长期定位观测的基础。全国范围内开展森林生态系统长期定位观测是以标准《森林生态系统长期定位观测方法》（GB/T 33027—2016）、《森林生态系统长期定位观测指标体系》（GB/T 35377—2017）、《森林生态系统定位研究站建设技术要求》（LY/T 1626—2005）、《森林生态系统服务功能评估规范》（LY/T 1721—2008）为基础对全国森林生态系统服务进行评估的基础。为了更好的反映中国不同温度带、水分区划下各种森林生态系统的特点，需要在国家尺度上对森林生态系统长期定位观测网络进行布局。以典型抽样的思想为指导，将全国划分为相对均质的区域，结合已建设森林生态站，综合考虑生态功能区划，完成中国森林生态系统长期定位观测网络布局；考虑经济因素、环境因素和人口密度等因素（Martin et al.，2012）构建城市森林生态站。通过森林生态系统长期定位观测网络获取森林生态系统长期定位观测数据，能够反映气候和人为活动条件下的环境变化及响应机制，可以用于对森林生态效益进行评估。通过对比分析已有中国典型生态地理区划，选择中国生态地理区域系统的气候指标、中国森林分区（1998）作为植被指标和生态功能区划指标，采用分层抽样、空间叠置分析方法结合标准化合并指数等方法对上述指标进行处理，完成全国森林生态系统的相对均质区域，同时结合生态功能区构建中国森林生态系统长期定位观测网络。

15.4.1　主要步骤与研究方法

基于 GIS 的森林生态系统定位观测研究网络建设的主要步骤和研究方法如下：

（1）功能区划方法

将温度和水分指标图层和中国森林分区图层进行 GIS 空间叠置分析，完全重合部分即相对均质区域，破碎部分根据合并面积指数（MCI）进行判断。如 $MCI \geqslant 70\%$ 或者 $MCI < 70\%$，但被分割后该森林区域总面积大于 10 000km²，则该区域被切割，否则根据长边合并原则合并至相邻边最长的区域中。该项处理后即获得中国森林台站布局区划。不符合条件的区域不具备作为单独区域进行森林生态系统长期定位观测的条件，因此去掉该部分，则形成森林台站布局相对均质区域，作为森林生态站的监测范围。选取重点生态功能区、生物多样性保护优先区进行 GIS 空间叠置分析，提取森林生态功能类型，空间合并相同属性后获取中国生态功能区。

（2）网络布局方法

在中国森林台站布局区划的基础上，优先考虑中国生态功能区，通过提取无已建森林台站布局区划中不同生态功能类型功能区的内部中心点布设森林生态站，如区划内无生态功能区，则提取整个区划的内部中心点布局森林生态站，与已建森林生态站共同构成中国森林生态系统长期定位观测网络。

森林生态站点位置选择标准如下：若该分区有已建森林生态站，则把已建森林生态站纳入网络规划，不再重新建设森林生态站；反之，则需要重新布设森林生态站。若该分区没有已建森林生态站，优先考虑该分区的生态功能区划，提取生态功能区的空间内部中心点布设森林生态站。若该分区没有已建森林生态站和生态功能区，则直接提取分区的空间内部中心点布设森林生态站。

（3）城市森林生态站布局方法

城市森林生态系统是城市生态系统的重要组成部分，为了提高人们的生活环境和生活质量，以高人口密度、高 GDP、高污染为标准，在全国不同区域选择 12 个城市建立城市森林生态站。

15.4.2　结果与分析

根据指标中温度、水分、森林分区指标基于 GIS 进行空间叠置分析，所有指标图层重合的区域即为所要布设森林生态站的区域，也是森林生态站监测的有效分区，共生成 147 个有效分区。每个分区至少应布设 1 个森林生态站。根据网络布设方法步骤和生态站站点位置选择标准对中国森林生态系统定期观测研究网络进行规划布局，共规划森林生态站 190 个，其中有已建森林生态站 88 个，规划森林生态站 107 个。已建设的 88 个森林生态站主要分布在我国东部地区，补充完善的 107 个森林生态站主要分布在中国北部和西部，代表了 94 个中国森林生态地理区。原则上，1 个生态站代表 1 个生态地理单元，如果该区内生态功能类型较多，且面积大于 10 000km^2，则可能会有更多的森林生态站，最多不超过 4 个。中国森林分区（1998）为根据中国森林立地研究划分的适宜森林生长的地区，并不包括中国全部地区，尤其中国西部和青藏高原高寒干旱地区并无中国森林分区。由于区划是在国家尺度完成，大片不适宜森林生长地区可能会由于地形或其他条件形成小片森林。因此，中国森林台站布局区划中并不能包括中国所有的森林植被，少数已建设的森林生态站并不在目前的中国森林台站布局区划中，主要由于该地区的独特的森林特点，包括内蒙古大青山森林生态站、内蒙古鄂尔多斯森林生态站、甘肃河西走廊森林生态站和新疆塔里木河胡杨林森林生态站。森林生态系统长期定位观测网络布局如下，各站具体内容如下：

（1）寒温带湿润地区（IA）

包括大兴安岭北部地区、大兴安岭伊勒呼里山地北坡。寒温带湿润地区根据其立地条件分为四部分，分别为大兴安岭北部东坡和西坡、伊勒呼里山地北坡东部和西部地区。伊勒呼里山地北坡东部相比西部地区地势平缓，大兴安岭北部西坡为向呼伦贝尔草原过渡地区，东部为主要用材林基地。区内共有森林生态站 4 个：漠河森林生态站、嫩江源森林生态站、大兴安岭森林生态站和 78 号森林生态站。区内有生物多样性保护优先区和水源涵养生态功能区。

（2）中温带湿润地区（IIA）

包括部分大兴安岭北部东坡、三江平原东部、南部和西部地区、松嫩平原东部地区、小兴安岭地区。区内全年气温偏低，四季分明，是典型温带气候。虽然区内降水量不大，但是蒸发量也比较小，属于湿润地区。已建设森林生态站集中在小兴安岭南坡和长白山地区。大兴安岭北部东坡、三江平原和松嫩平原东部均为拟建设森林生态站。区内有生物多样性维护和水源涵养生态功能区。

（3）中温带半湿润地区（IIB）

包括大兴安岭北部东坡和西坡南部地区，辽河平原东北部、辽河下游平原、松嫩平原中部和西部地区。本区降水量与 IIA 区相似，但蒸发量较大，为中温带半湿润地区。区内以平原为主，无已建设森林生态站，有 7 个拟建设森林生态站。区内有生物多样性维护和水源涵养生态功能区。

（4）中温带半干旱地区（IIC）

包括大兴安岭南部和辽河平原西北部。区内共有生态站 4 个，其中已建站 3 个，拟建站 1 个，属于生态监测较好的地区。区内北部有小面积的生物多样性维护生态功能区，南部主要为防风固沙生态功能区。

（5）中温带干旱地区（IID）

包括黄土高原西部、阿尔泰山地区、贺兰山地区、天山南坡、天山北坡、伊犁河谷地区、阴山地区和准格尔西部山地。由于该区域远离沿海，降水量较少，主要降水靠降雪补充，植被发育良好。区内共布局森林生态站 11 个，其中已建设森林生态站 2

个，拟建设森林生态站 9 个。水源涵养和生物多样性维护是该区内主要生态功能类型。

（6）暖温带湿润地区（ⅢA）

包括胶东半岛和辽东半岛地区，该区域位于渤海湾地区，受海洋季风影响气候温暖湿润。区内布局森林生态站 3 个，1 个拟建设森林生态站，2 个已建设森林生态站。已建设森林生态站均位于胶东半岛，1 个拟建设森林生态站位于辽东半岛。区内人类活动密集，无生态功能区。

（7）暖温带半湿润地区（ⅢB）

包括汾河谷地，伏牛山北坡，海河平原，淮北平原、黄泛平原、黄土高原东部、江淮丘陵、辽东半岛、辽河平原、鲁中南山地、秦岭北坡、太行山、渭河谷地、燕山山地、中条山地区。该区具有华北区大陆性气候特点，水热条件较好，以华北区系植物为主。该区域中包括较多区划，区内布局森林生态站 25 个，其中已建森林生态站 16 个，拟建森林生态站 9 个。区内生物多样性维护是主要生态功能类型。

（8）暖温带半干旱地区（ⅢC）

包括黄土高原地区、陇西地区和吕梁山地区。区内海拔较高，雨热同期，降水集中，水土流失严重，主要森林类型为落叶阔叶林。区内共布局森林生态站 5 个，其中已建森林生态站 2 个，拟建森林生态站 3 个。水土保持是该地区主要生态功能类型，在与暖温带半湿润地区交界地区有狭长生物多样性维护生态功能类型。

（9）暖温带干旱地区（ⅢD）

包括天山北坡中段林区。区内盛行西风，是迎风坡，多为地形雨，冬季降雪丰富，也是降水的主要来源，该区是我国西部森林面积最大的山区，由于前期植被破坏，水土流失严重。区内共布局森林生态站 1 个，为拟建设森林生态站。区内生物多样性维护是主要生态功能类型，主要分布在天山和阿尔泰山地区。

（10）北亚热带湿润地区（ⅣA）

该区域位于暖温带到亚热带的过渡地带，为北亚热带季风气候，区内降水量丰富，地带性植被为落叶阔叶林和常绿阔叶林。包括大巴山北坡、大别山山地、伏牛山南坡、汉江中上游谷地、杭嘉湖平原北部、江淮平原和丘陵、两湖平原、秦岭地区、桐柏山山地、武当山低山丘陵和沿江平原地区。区内共布局森林生态站 15 个，其中已建森林生态站 6 个，拟建设森林生态站 9 个。水土保持和生物多样性维护是该地区主要生态功能类型，区内生态功能区主要分布在西部，东部地区人口稠密，只有大别山地区是生物多样性维护和水土保持生态功能区。

（11）中亚热带湿润地区（ⅤA）

该区域覆盖面积最大，而且由于水热条件较好，多为丘陵山地和河谷平原，森林资源丰富。因此，被划分为较多的林区，区内地带性植被为常绿阔叶林。区内包括成都平原、川滇金沙江峡谷、川滇黔山地、川东鄂西地区、滇西高山纵谷、滇中高原盆谷地区、滇中南中山峡谷地区、东喜马拉雅山南翼、贵州山原北部和中南部、桂西北高原边缘、贵溪滇东南山地、桂中丘陵台地、杭嘉湖平原南部、金衢盆地、两湖平原、罗霄山武功山、闽北浙西南、闽东沿海、闽西南低山丘陵区、闽粤沿海台地、闽中低山丘陵、幕阜山九岭山、南岭山地、黔南桂北丘陵山地、三江流域、四川盆地、天目山北部、湘赣丘陵盆地、雪峰山、于山低山丘陵、浙东南和浙江沿海、武陵山地区和西江流域北部。共布局森林生态站55个，其中已建设森林生态站24个，拟建设森林生态站31个。区内主要生态功能类型为生物多样性维护、水土保持和水源涵养，以生物多样性维护功能为主。

(12)南亚热带湿润地区(VIA)

该区域位于我国南部沿海地带，区内顶极群落为亚热带季雨林和常绿阔叶林，气候温暖，降水丰富。包括滇东南峡谷、滇西南河谷山地、滇中南中山峡谷、桂西北石灰岩丘陵、桂中丘陵台地、雷州半岛、闽粤沿海台地、十万大山低山丘陵、西江流域南部、珠江三角洲、左江谷地地区。区内共布局森林生态站15个，其中已建设森林生态站7个，拟建设森林生态站8个。区内人口稠密，在西部山区有部分水土保持和生物多样性维护生态功能区。

(13)边缘热带湿润地区(VIIA)

该区域包括我国南部西双版纳地区和海南岛。区内气候温暖，降水丰富，多为季雨林和雨林，区内共布局森林生态站6个，其中已建设森林生态站3个，集中在海南岛，拟建设森林生态站3个。

(14)中热带湿润地区(VIIIA)

该区域包括我国海南岛南段，区内气候温暖降水丰富，多为热带雨林。区内共布局森林生态站1个，为拟建设森林生态站。该区域面积较小，生物多样性维护是该地区主要生态功能类型。

(15)高原亚寒带半湿润地区(HIB)

该区域位于青藏高原，海拔高，气温低，降水量和蒸发量都较小，属于半湿润地区。主要森林类型为针叶林，是我国重要的林木区，是我国主要的林木区，对黄河上游有重要的水源涵养作用，也是重要的生物多样性保护优先区。区内包括洮河、白龙江中部林区，区内共布局森林生态站2个，均为拟建设森林生态站。生物多样性维护是该区域主要生态功能类型。

(16)高原亚寒带半干旱地区(HIC)

该区域太阳辐射强烈，夏季多雨，为高山峡谷地貌，以常绿阔叶林为基带，向上为针阔混交林、暗针叶林。包括藏西南和雅鲁藏布江河谷。区内共布局森林生态站4个，均为拟建设森林生态站。区内无生态功能区。

(17)高原亚寒带干旱地区(HID)

该区域海拔高，降水量稀少，森林稀少，只有阴坡有少量云杉和白桦林。区内包括昆仑山高原，区内共布局森林生态站2个，均为拟建设森林生态站。西北部有小面积防风固沙生态功能区。

(18)高原温带湿润/半湿润地区(HIIAB)

该区域高原面破碎，多为高山峡谷，夏季湿润多雨较为温暖，降水丰富，多为亚热带常绿阔叶林和落叶阔叶林，海拔较高地区有针阔混交林和针叶林。包括东喜马拉雅山区、横断山脉北部、四川盆地西缘和洮河、白龙江南部地区。区内布局森林生态站8个，其中已建设森林生态站2个，拟建设森林生态站6个。生物多样性维护是该地区主要生态功能类型。

(19)高原温带半干旱地区(HIIC)

该区域位于青藏高原南缘和东缘,区内降水较少,以针叶林为主。该区包括藏西南高原、洮河、白龙江北部林区、祁连山东段、东喜马拉雅北翼、雅鲁湖盆等地区。区内共布局森林生态站4个,其中已建设森林生态站2个,拟建设森林生态站2个。该地区主要生态功能类型包括生物多样性维护和水源涵养,水源涵养生态功能区主要在该区东部。

(20)高原温带干旱地区(HIID)

该区热量状况较好,但是降水稀少,生态环境脆弱,破坏后不易恢复。包括阿尔金山、昆仑山和祁连山西段。区内共有森林生态站5个,均为拟建设森林生态站。防风固沙、水源涵养和生物多样性维护是主要生态功能类型。

本规划设计城市森林生态站12个,其中已建设2个城市森林生态站,分别位于上海和长沙。中国行政区划根据其所处位置被划分为7个部分。东北地区虽然森林资源丰富,重工业发达,但只有黑龙江、吉林和辽宁3个省,西北地区由于气候干旱,灌木林较多,整体森林面积较小。因此,在东北和西北地区每个区域内分别布设一个城市森林生态站,其他5个地区(西南、华北、华东、华南和华中地区)范围较大且森林资源丰富,每个区域内分别在2个城市布设森林生态站。城市森林生态站选择的城市中,一般选择直辖市或省会城市。深圳距离香港最近,且为副省级城市,其他均为省会城市。

本章小结

台站是定期进行森林生态要素调查的平台,科学合理的台站布局是在一定尺度上进行全面森林生态要素调查的基础。本章对森林生态系统长期定位观测台站布局体系研究方法进行介绍。介绍台站布局的特点,提出台站布局体系的基本原则、方法和步骤。通过对比分析简单随机抽样、系统抽样和分层抽样3种典型抽样方法,根据森林生态系统长期定位观测台站布局原则,选择分层抽样完成台站布局区划;分析多种空间分析方法,选择空间叠置分析作为数据处理的基本方法;构建合并标准指数用以处理空间叠置分析后被切割斑块的问题;复杂区域均值模型用于对规划站点的合理性进行评估。

延伸阅读

1. 国家陆地生态系统定位观测研究站网[OL]. http://www.cnern.org/index.action.
2. 中国森林生态系统定位观测研究网络[OL]. www.cfern.org.

思 考 题

1. 定位观测研究网络对长期生态学研究有哪些作用?
2. 定位观测研究网络布局有哪些基本步骤?

第16章
森林生态系统模型模拟方法

[**本章提要**]本章对目前研究中应用较多的森林生态模型的内涵、原理和分类进行了概述，介绍森林生态系统的模型结构和组成，并对主流模型进行了实例分析。通过本章内容能够了解目前主要的森林生态系统模型的结构，掌握森林生态系统模型的原理和模拟分析方法。

  模型是人们对真实世界的抽象或简化，是人们认识和研究自然现象不可缺少的工具（代立民等，1994）。模型则指为了某个特定目的将原型的某一部分信息简缩提炼而构造的原型替代物（熊启才等，2005）。对于复杂的自然系统，往往需要通过建立数学模型来认识其本质和内在的规律。数学模型是描述实际问题数量规律的、由数学符号组成的、抽象的、简化的数学命题、数学公式或图表及算法（洪毅等，2004），是使用数学语言对实际现象的一个近似的刻画，使用数学语言精确地表达了对象的内在特征。数学模型通过数学上的演绎推理和分析求解，对现实对象的信息进行提炼、分析、归纳、翻译，深化对所研究的实际问题的认识，便于人们更深刻地认识所研究的对象（刘来福等，2009）。对于生态学而言，通常使用的数学模型是通过对于生物、物理、化学等过程而建立的解析模型和数学结构。数学结构包括各种数学方程、表格、图形等，其可以是单一的方程表达式，也可以是多组数学表达式。通过对多层亚模型的集成，再构建由多层亚模型的"集成的"整体系统模型。由于生态模型参数量大，计算过程繁琐，通常需要以计算机为辅助工具进行模拟。因此，数学模拟也被称为计算机模拟或计算机仿真。生态模型从本质上讲是通过建立复杂而又抽象的数学模型，使之能够采用计算机语言表达和贯穿，并通过计算机程序驱动而进行实验的一种研究方法（葛剑平，1996）。

  森林生态数学模型是指为了特定的研究目的，根据森林生态学内在规律，对森林生态学研究中的特定研究对象，做出一些必要的简化假设，运用适当的数学工具得到的一种数学结构。森林生态学模型依照科学的方法，从对研究对象的特征、关系以及规律等信息提炼出的原型替代品，通过这个替代品可以更好地对该对象进行研究。广义的森林生态学模型有文字模型、图表模型、物理模型、数学模型等多种类型；而狭义的森林生态学模型是指森林生态过程的数学模型。森林生态系统的复杂性靠简单文字、图表的定性描述已不能适应当前研究的需要，生态学提出的问题不仅是定性地描述发生了什么或者发生的情况，更应有定量指标说明发生的原因和过程，必须运用数学概念和方法解决森林生态系统中提出的定量问题(李景文,1994)。森林生态数学模型是从量的方面认识森林生态系统和进行理论思维的工具,为森林生态学研究提供了一种简洁精确的形式化计算机语言,并且能够对生态系统的结构、功能和行为进行推理和预测。

森林生态学中的模型方法是指通过生态学模型进行模拟分析的研究手段和途径。由于现在森林生态系统层面上的模型通常都是复杂的多层次模型,而计算机科学的发展使得模型模拟的性能大幅度提升,现在的森林生态学模型模拟研究几乎都是通过计算机来完成的,因此现在的森林生态模型模拟研究主要是指依据生态原理建立数学模型,并通过计算机辅助计算进行仿真与模拟的一种研究方法。

与其他研究方法相比模型模拟方法具有很多优点:第一,模型模拟方法实现了复杂系统的简单化。建立生态学模型目的在于复杂系统简单化提纯出系统最主要的成分及功能特征借助数学模型,通过模型模拟的行为和结局做出预言并与客观现实进行比较,不断加深对研究对象的认识和理解(李景文,1994)。第二,建立模型有助于缩短实验周期。很多森林生态学研究,如不同恢复模式下森林植被演替规律研究、重复干扰对森林生态系统物质循环的影响研究等需要很长的实验周期,而通过模型模拟的方法则可以缩短研究周期。第三,模型模拟可以实现中无法完成的研究。有些生态学问题无法用实际实验解决,如"长江上游过量采伐森林是否会导致长江变成第二个黄河?"这个问题无法用现实的实验进行研究,但可以通过模型模拟森林采伐强度或森林覆盖率与水土流失之间的定量关系以及长江达到黄河泥沙含量的可能性和速度等关系,从而得出预测结果采取相应措施(李景文,1994)。第四,模型模拟方法具有预测功能,依照模型可以模拟森林的未来变化。如森林生长模型可以模拟出森林未来的生长状况,而森林水文模型可以模拟预测出不同森林管理措施的生态水文过程与影响。

16.1　森林生态系统模型类型

森林生态学模型模拟研究方法的类型是以模型的种类进行划分的。经过多年的发展现在已经涌现出数量巨大的森林生态学模型,在实际研究中应该如何选取适当的模型是已经成为一个重要的问题。为便于在研究中能够快速选取所需的模型类型,需要掌握森林生态学模型类型的划分,掌握各类模型的主要特征,从而选择适合自己研究的模型类型。森林生态学模型既涉及森林生态学知识,也涉及数学知识,有时还涉及物理、化学、工程学等方面的内容。因此,森林生态学模型包含多种信息,同时在具体的建模过程中建模目的、建模原理、建模对象等都有差异。由于森林生态学多学科、多信息、多差异的特点使得森林生态学模型具有多种分类方法,其主要的分类形式有以下几种。

16.1.1　按照建模原理分类

依照建模原理,森林生态学模型可以分为经验模型、机理模型和混合模型 3 类。

(1)经验模型

经验模型也称为统计模型,以统计原理作为模型建立的依据,一般是通过对森林生态要素间或森林生态过程中各影响因素的测量为基础进行统计建模。经验模型往往需要大量的野外测量数据,用有关生态指标作为参数,解析模型的主要参数。利用经验模型，可以通过对易于测量的指标，来对森林动态与森林生态过程进行模拟计算。由于经验模型是依照过去观测数据建立的，因此，利用经验模型得到的信息只能代表过去，其适用于比较稳定的森林生态系统，而对于变化波动较大的森林生态系统，经验模型的模拟预测不确定性和误差都很大，其预测与模拟能力有限。因此，经验模型多用于短期的模拟预测。

(2)机理模型

机理模型又称为过程模型，是以森林生态学原理作为建模依据，通常是将一个复杂的生态过程分解成为多层次的多因素的子过程，并建立与子过程相关的亚模型，最后通过一定的程序将各亚模型组合形成一个模型系统。机理模型可以对复杂生态过程或生态机制进行模拟研究。例如，以生理生态为基础的森林生长和产量模型就是一种森林生态机理模型，该模型是以叶片水平 CO_2 同化过程为基础，通过研究和模拟森林能量利用的全过程来描述森林生长和产量，包括冠层结构和冠层辐射场的模拟、叶片水平的光合作用和呼吸作用及其与环境因子(光照、温度、水分、CO_2 浓度等)的关系、冠层水平的同化和呼吸模拟计算以及光合产物在林分中各生物组织层次上的分配等子过程的亚模型(张小全等，2002)。一般情况下，森林生态机理模型的模拟预测能力与适用范围要较经验模型高，可用于森林生态系统的长期模拟。但是由于森林生态系统机制复杂，目前还不能完全掌握其机理，对生态学原理了解还不够深入，这导致森林生态机理模型在对现实森林生态系统进行模拟时也存在较大的不确定性。而在运用其模拟时，通常需要获取大量的参数，但有些参数的获取困难较大，也限制了模型的有效使用和普及。

(3)混合模型

经验模型和机理模型并不是截然分开的，而是有着千丝万缕的联系，在不同尺度上可以相互转化。如机理模型的很多参数不易获得，其亚模型可能就采用经验模型。经验模型简单易用但模拟效果差预测不确定性高，机理模型模拟效果好预测能力强但其所需参数复杂而难以全部获取。两种模型的优缺点明显。有些学者强调在进行森林生态模型模拟时应将机理模型与经验模型所累积的知识相结合。为了能够综合发挥两种模型的特点，就产生了第 3 类森林生态学模型——混合模型。混合模型既提升了经验模型的模拟预测效果，又降低了机理模型参数的复杂程度，是将经验模型和机理模型融合形成的综合模型。混合模型的优势在于，经验模型可以简化参数，使模型或自模型的模拟简单易行，同时机理模型可以在更高层次对经验模型进行检验，使模型结构优化减少计算费用。由于混合模型融合了经验模型和机理模型的关键要素，因此，利用该模型既可对森林进行短期模拟，也可进行长期预测。

16.1.2 按照建模的数学方法和模型参数数量特征分类

在《生态模型法原理》一书中作者依照建模的数学方法和模型参数的数量特征将生态模型的分类方法总结为 9 类划分方法。这些划分方法普遍适用于生态学各研究领域，在森林生态学研究中也同样适用(表 16-1)。

①按照模型的用途可分为研究或科学模型和管理模型两大类。研究或科学模型是指为了开展生态科学研究所建立的模型；管理模型是指为指导生态系统管理所建立的模型。这两种类型虽然建立目的不同，但是由于在研究与管理紧密联系密不可分，所以这两种

模型是紧密联系在一起的，研究模型是管理模型的基础，管理模型是研究模型的应用。

②根据模型模拟结果是否确定可以将生态学模型分为确定性模型和随机模型。确定性模型是模拟结果确定的模型，而随机模型的模拟结果则是随机的，不具有确定性。在森林生态学模型模拟研究中早期的确定性模型较多，但近年来随机模型受到关注。

③根据表达式的差异可分为分室模型和矩阵模型。分室模型是将生态过程用微分方程表示出来模型；而矩阵模型是采用矩阵的形式进行表达的模型。

④根据建模关注的层次可分为简化模型与整体模型。简化模型是关注细节层次，认为系统是由细节组合而成的，所以简化模型是通过系统细节组合成整体系统的模型；整体模型关注的点是系统整体，而忽略细节，是利用一般的系统原则把系统的性质当作一个系统包含在模型中一类模型。

⑤根据系统变量与时间的关系可以将生态模型分为静态模型和动态模型两类。静态模型是指变量与时间无关的模型，通常为一组代数方程；动态模型是指变量与时间有关的一类模型，通常是微分方程或差分方程。

⑥根据参数变量是否与空间有关可以分为分布式参数模型和集中参数模型。分布式参数模型是指变量在时间和空间上变化的模型；集中参数模型是指变量在空间上是均匀的不存在变化的模型。

⑦根据对模拟对象内部机制的描述情况可以将模型分为因果关系模型或内部描述模型和黑箱模型两大类。因果关系模型或内部描述模型是指表征和描述系统内部的结构与状态及其与输入输出关系的模型；黑箱模型是指不描述系统的内部结构，仅表征系统的输入与输出，把系统内部当成一个"黑箱"进行处理的一类模型。通常在对内部结构了解有限的情况下会采取黑箱模型，但由于黑箱模型对内部结构了解不清晰，所以针对一种生态系统建立的黑箱模型很难推广至其他生态系统，而因果关系模型由于能够更好地反映生态过程和生态功能而比黑箱模型的应用范围更广。

⑧依据模型导数是否依赖时间将生态模型分为自控模型和非自控模型。自控模型是指导数不是明显地依赖于时间的模型；非自控模型是指导数依赖于时间的一类模型。

表 16-1　模型参数特征

模型类型	特　性	模型类型	特　性
研究模型	用作研究工具	动态模型	定义系统的变量是时间（或空间）的涵数
管理模型	用作管理工具	分布参数模型	把参数考虑为时间和空间的函数
确定性模型	预测值可以确切地算出	集中参数模型	在规定的空间或时间中参数视作为常数
随机性模型	预测值取决于概率分布	线性模型	连续使用一阶方程
分室模型	定义系统的变量用依赖于时间的微分方程来定量	非线性模型	一个或多个方程不是一阶的
矩阵模型	数学公式中使用矩阵	因果模型	根据因果关系，状态、输入和输出是相互有关的
简化模型	包括尽可能多的有关细节	黑箱模型	输入、干扰仅影响输出响应，不需要因果关系
整体模型	使用一般原则	自控模型	导数不明显依赖于自变量（时间）
静态模型	定义系统的变量与时间无关	非自控模型	导数明显依赖于自变量（时间）

16.1.3 按照森林生态模型的模拟尺度分类

参照葛剑平《森林生态学建模与仿真》一书中以森林生态尺度为基础的模型分类方法，根据森林生态模型研究尺度的不同可以划分为个体模型、种群模型、群落模型、生态系统模型、景观区域模型和全球模型。

（1）个体模型

个体模型也称森林生物生理生态模型，是指用来描述森林生物的生物生态规律的模型。此类模型主要用于研究气候、土壤、水分、干扰等对森林树木及其他森林生物个体生长和发育等生理过程的影响。

（2）种群模型

种群模型是指用来模拟森林生物种群结构、动态与功能的模型，可以细分为单种群模型、双种群模型、多种群模型等类型。其中单种群模型是其他类型种群模型的基础。单种群模型又具有几何级数增长、指数型增长、Logistic 模型、有收获的单种群模型、具时滞的单种群模型、离散时间的单种群模型、具时变环境的单种群模型等类型。双种群模型根据两个种群的关系还可分为竞争模型、互惠模型、捕食模型/寄生模型等类型（周东兴，2009）。

（3）群落模型

群落模型是指描述森林生物群落的一类模型。该模型主要用于森林群落动态、群落生态过程，群落生态功能等方面的模拟研究，如森林群落动态模型用于对不同环境条件下森林群落各物种的出生、死亡的研究；林分生长收获模型用于预测森林树木生物量及蓄积量的研究；群落物质循环模型用于森林群落水分平衡、凋落物分解、碳循环等方面的研究。

（4）景观区域模型

景观区域模型是指在区域内或景观尺度描述森林生态系统的模型。该类模型多用于对区域内森林景观格局、景观变换以及森林的空间异质性等方面的研究，是模拟预测森林潜在分布格局、森林潜在生物量、环境干扰对森林景观格局影响等内容的有效研究手段。

（5）全球模型

全球模型指用以描述全球森林生态系统与气候变化、土地利用类型变化等环境因素变动关系的模型。这类模型主要由生态系统对全球变化响应的相关研究发展而来，主要目的是预测气候变化等全球性环境要素的变化对全球森林生态系统结构动态及森林生态系统碳物质循环能量流动等生态过程和森林固碳释氧、涵养水源、固土保肥、净化大气、防风固沙等生态服务功能的影响。由于全球尺度模型的尺度太大，在建立全球模型时通常需要对一些细节进行简化，例如，在全球模型中会采用植物功能组或植被生命地带等对数量繁多的森林生物种类进行划分，以划分出的大组替换具体的生物分类学上的森林生物种类，达到简化的目的。

16.1.4 按照森林生态模型的模拟对象分类

森林生态模型都是对森林生态系统的结构、过程和功能进行模拟，这些模拟的对象就是模型的原型，也是森林生态学模型模拟研究关注的研究对象。森林生态学的研究是针对一定的研究对象展开的，因此，在进行模型模拟研究时很希望找到与研究对象有关的各种模型，而这就需要根据研究对象的不同进行分类，以便于研究者快速确定选择和发现与自己研究对象相关的一类模型。森林生态学的研究对象层次多、类型多，非常复杂多样，但总体上可以分为森林结构动态与森林服务功能两大类型，相应地依照研究对象的不同森林生态学模型也可以分为森林结构动态模型与森林服务功能模型两大类。

（1）森林生态系统结构动态模型

森林生态系统结构动态模型是指以研究森林生态系统结构动态变化为目的的模型。生态系统的结构非常复杂，一般认为一个完整的生态系统是由非生物环境、生产者、消费者和分解者四部分组成，可以划分为水文、土壤、气象、生物四大组成要素。对于陆地生态系统来讲，其生态系统的结构主要表现为植被的群落结构，对于森林生态系统来讲，其森林生态系统的结构主要表现木本植物的群落结构，尤其是对于人工林生态系统来说，森林生态系统的结构主要反映在森林乔木群落的结构。

（2）森林服务功能模型

森林服务功能模型是指以研究森林服务功能的物质量与价值量进行模型评估模拟的模型。森林生态服务功能模型是以森林生态系统服务功能为研究对象的一类模型。森林生态系统的服务功能很多都与具体的养分循环、能量流动、水文过程等相关，因此森林生态系统服务功能模型常常涉及这些生态过程的模型。森林生态系统结构动态模型与森林生态系统服务功能模型分别具有多种模型。

本书依照研究对象的分类方法，以典型模型为代表对森林生态系统结构动态模型和森林生态系统服务功能模型进行简要的介绍。

16.2　森林生态系统结构模型模拟研究方法

森林生态系统结构是分析和管理森林生态系统的一个重要因子。森林生态系统结构已成为确定野生物种生长所需要的特殊要求，通过它来解释林冠层下植被更新的空间异质性，表达调查植被更新方式和时间周期，预测小气候的变化以及树木的生长（MacArthur et al.，1961；Whittaker，1966；James et al.，1970；Bouchon，1979；Forsman et al.，1984；Spies et al.，1989；Runkle，1991；Long et al.，1992；Buongiorno et al.，1994；Chen et al.，1995）。时间跨度长、空间尺度大是森林生态系统的两个显著特征，这两个因素使得对森林生态系统结构进行准确、可靠、生动地描述、分析与模拟变得十分困难。本节对 3 种常见的森林生态系统结构模型（PrognAus 模型、FVS 模型、FORECAST 模型）的概况、构建原理和应用实例等进行分析，阐释模型的应用价值，以为以后的研究提供参考。

16.2.1　PrognAus 模型

维也纳的奥地利大学自然资源应用生命科学（BOKU）森林生长调查研究所开发出距离独立个体树木生长模型 PrognAus。联邦森林、自然灾害、景观研究和培训中心（BFW）从奥地利国家森林清查（ANFI）获得连续的模型参数化数据。

Monserud(1996)研究了许多与林木相关的模型(包括生长模型、收获模型等),并对这些模型进行了测试,他把许多这样的模型整合在一起,开发出了 PrognAus 模型(Monserud et al.,1996;Monserud et al.,1999),还与 Hasenauer 一起开发了一种树高生长量模型和一个树冠比模型(Hasenauer et al.,1996、1997)。Sonja et al.(2012)应用Prognaus 模型建立了树木生长的冠长和树高生长模型。

树木生长预测利用了:①Monserud et al.(1996)的基底面积增量模型的(系数来自Hasenauer,2000);②树冠比模型(Hasenauer et al.,1996);③高度增量模型(Nachtmann,2006)。这些模型是树大小变量(如胸径、树冠比、树高)、立地变量(如海拔、坡角、奥地利生长地区的虚变量等)和距离独立竞争变量(即较大树木的基底面积 BAL(Wykoff,1990)和树冠竞争因素 CCF(Krajicek et al.,1961)的函数。高度增量模型是基于 Mende et al.(2001)开发的 Evolon 模型,它有一个定点饱和值,方便进行长期生长模拟。

Monserud 和 Sterba 使用一个对数模型预测基底面积增量,它与胸径的对数具有同方差关系;PrognAus 通过树木大小、竞争和立地条件来预测 5 年以上基底面积增量的对数:

$$\ln(\Delta BA) = a + b_1\ln(DBH) + b_2DBH^2 + b_3\ln(CR) + c_1BAL + c_2CCF + s \times SITE \qquad (16\text{-}1)$$

式中　b_1,b_2,b_3,c_1,c_2,s——主要物种的特定系数。

树木大小是表示胸径和树冠比的测量值,直径的平方可以防止大胸径树木的无限增长(如果 b 是负的)。竞争仅限于在空间上独立的变量,因为它比较容易获取在空间上独立的数据。类似于 Prognosis,PrognAus 使用两个变量来表示竞争:较大树木基底面积的总和和树冠竞争因素。立地条件包括定性和定量数据,如海拔、坡向、坡度、土壤类别、植被类型(Monserud et al.,1996;王璞,2012)。

Hansenauer 和 Monserud 开发的树冠比模型非常重要,树冠比可以表示树势,还能用于更新树木的测量数据。树冠比与树势有关,是因为它与树冠长度密切相关。一些学者认为树冠长度可以用来衡量一棵树的光合潜力(Hasenauer et al.,1996)。树的增长可以归因于光合产物和树冠产生的激素,因此,树冠长度和树冠比反映一个树的生长潜力。Hasenauer 和 Monserud 还指出主观模拟树冠比的困难性,尤其不适用于树冠不对称的树木,因为这样的树木是很难找出树冠的基础部分。此外,获取高度的准确测量值往往非常困难(Hasenauer et al.,1997)。尽管模拟树冠比困难重重,PrognAus 采用逻辑斯蒂函数模拟树冠比,树冠比范围从 0(没有树冠)到 1(全冠)。树冠比取决于树木大小、竞争和立地:

$$CR = \frac{1}{1 + e^{-(a + b_1\frac{H}{D} + b_2HT + b_3DBH^2 + c_1BAL + c_2\ln(CCF) + d \times SITE)}} \qquad (16\text{-}2)$$

树木的大小由树高和胸径表示,树高/胸径是关于树的锥度的指标,树的锥度和树冠比与林分密度增长有关,因此,树木锥度越大,其树冠比越大。简单来说,竞争测量值受独立距离措施限制。与胸径增量模型类似,它使用了较大树木的基底面积 BAL(Wykoff,1990)和树冠竞争因素 CCF(Krajicek et al.,1961)。立地测量只反映标绘的地势(包括海拔、坡度、方位)。

在树冠比模型中,5 年树高增量预测基于这样一个假设:树高生长是树木大小、竞争和立地的函数：

$$\ln(\Delta HT) = a + b_1 \ln(DBH) + b_2 HT^2 + b_3 CR + c_1 CCF + c_2 BAL + d \times SITE \tag{16-3}$$

式中 a，b_1，b_2，b_3，c_1，c_2 和 d——主要物种的特定系数。

为了稳定方差，对树高增量的对数进行回归分析（Hasenauer et al.，1997）。

类似于 STEMS，PrognAus 的死亡率模型应用逻辑斯谛方程模拟每颗树的死亡率 P；因为输入数据要描述树木大小、树势和竞争，PROGNAUS 采用最大似然方法把数据代入一个非线性方程求得 P：

$$P = \frac{1}{1 + e^{b_0 + \frac{b_1}{DBH} + b_2 CR + b_3 BAL + b_4 DBH + b_5 DBH^2}} \tag{16-4}$$

式中 b_0，b_1，$\cdots$，b_5——主要物种的特定系数。

尽管有其他因素会影响树木的生存率和死亡率，Monserud et al.（1999）把独立因素最小化以避免过度参数化。死亡率在很大程度上取决于树木的大小（尤其是胸径），因为树木越大，竞争得到资源的机会就越大。这表示树木的死亡率随树木胸径的增长而降低。在林龄较高的森林中，最古老的树由于衰老而死亡。因此，对于那些大胸径的树木，树木的死亡率可能会随胸径的增长而降低。树木的大小可以被认为是对树木立地、年龄的响应，包含胸径的模型也会暗含立地和林龄的影响。BAL 在死亡率预测中非常重要，它反映树木之间的竞争。CR 是树势的重要参数。

PrognAus 模型包括了一些主要的模型，它主要用来模拟林木个体的生长，所需的数据主要包括反映树木大小、组成和立地条件的数据（表 16-2）。

表 16-2 PrognAus 模型所需参数

数据类型	指　　标
大小	胸径、冠幅比率
组成	每公顷大树的断面积、树冠竞争因素
立地	海拔、坡度、坡向、土壤深度、腐殖质厚度、土壤类型、土壤湿度、植被类型和生长空间

16.2.2　FVS 模型

FVS(Forest Vegetation Simulator)森林植被模拟系统的前身是 Prognosis 模型。1973 年 Stage 开发了 Prognosis 模型，其目的主要是为了管理位于美国北爱达荷州和西蒙大拿州的森林，1980 年 Prognosis 模型被美国林务局改版为 FVS 系统，并将其作为标准森林模拟系统应用于美国各级森林管理部门（Stage，1973；段劼，2010）。FVS 系统的构建基于许多单木与距离无关的生长模型，它是一个高度集成的森林生长分析系统（王璞，2012）。

现有 FVS 系统可根据地理区域的不同划分为 20 个模块（Variant）（表 16-3）。FVS 系统模块的划分除了根据大的地理区域外，还从景观水平考虑了较为特殊的地域系统的划分，如森林公园、湖区等（段劼，2010）。由于美国西部的地势地形较东部地区更为复杂，多数 FVS 模块均集中在西部区域。在研究森林生态系统的碳吸收和二氧化碳交换方面得到应用（Saúl et al.，2015），潜在的模型改进气候，营养元素和干旱方面的敏感性参数，可以描述几年期的碳吸收。何远洋（2014）模拟了不同密度长白落叶松人工林的自然生长过程，以及不同间伐强度下落叶松的生长过程，并认为到的抚育强度对于长白落叶松的经营是合理的。

表 16-3　FVS 模型模块简介

中文名	英文名	代码
南阿拉斯加与英属哥伦比亚海岸	Southeast Alaska and Coastal British Columbia	AK
蓝山	Blue Mountains	BM
加利福尼亚与南喀斯开山	Inland California and Southern Cascades(ICASCA)	CA
中爱达荷州	Central Idaho	CI
中落基山	Central Rockies	CR
美国中部地区	Central States	CS
东喀斯开山	East Cascades	EC
东蒙大拿州	Eastern Montana	EM
卡拉马斯山	Klamath Mountains	NC
库特奈县、肯宁苏林区、特里湖	Kootenai, Kaniksu, and Tally Lake(Koo Kan TL)	KT
五大湖区	Lake States	LS
东北部地区	Northeast	NE
北爱达荷州	Northern Idaho(Inland Empire)	NI
太平洋西北海岸	Pacific Northwest Coast	PN
南部地区	Southern	SN
俄勒冈州中南部、加利福尼亚州东北部	South Central Oregon and Northeast California(SORNEC)	SO
提顿国家公园	Tetons	TT
犹他州	Utah	UT
喀斯开山西部	Westside Cascades	WC
内华达州西部	Western Sierra Nevada	WS

FVS 系统是实现树木生长及经营模拟的主要组成部分，其核心模型由以下 7 部分组成：胸径—树高模型、树冠率模型、树冠宽模型（冠幅模型）、树冠竞争因子模型、胸径生长模型、树高生长模型和枯损率模型。各组成生长模型又按照树种和地理差异而包含有许多参数不同的子模型（段劼，2010）。

（1）胸径—树高模型

胸径是 FVS 系统运行中不可或缺的单木调查因子（段劼，2010；何远洋，2014；段劼，2007；刘平，2007；鲍亭方，2009）。胸径—树高模型主要有通过输入的胸径来预测树高值和预测起测胸径以下的小树胸径生长量两个作用。树高—胸径模型是 FVS 系统运行时首先要涉及的模型，也是系统中最基本的模型（段劼，2010）。

（2）树冠率模型

FVS 能够利用输入数据自动计算单木树冠率，模型根据模块和胸径不同而有所不同。计算树冠率的方法主要有两种，第一个方面是利用 prognosis 树冠率模型，建立树冠率与林分和断面积、胸径、树高和树冠竞争因子等单木因子的函数；第二个方面是使用威布尔函数（Dixon，1985）中的参数与林分密度指数等进行求算。FVS 中的树冠率模型有 3 个用途：①计算更新模块中幼苗的初始树冠率；②计算活立木树冠率的周期变化值；③计算输入数据中缺失的树冠率(活立木和死亡木)(段劼，2010)。

(3)树冠宽(冠幅)模型

树冠宽模型是 FVS 系统中的中间变量，用来计算树冠竞争因子，同时也用来计算树冠表面积，它是影响固碳过程及树冠辐射量、呼吸作用、光合作用等能量流动中的重要因子(段劼，2010)。树冠竞争因子(crown competition factor，CCF)是单位面积内开放木树冠面积所占的比(Krajicek et al.，1961)，是通常与胸径有关的林分密度指示值。理想状态下郁闭林分的 CCF 值为 100，说明单位面积内林分树冠面积等于林地面积。

(4)胸径生长模型

FVS 中胸径生长模型是按照大树和小树分开计算的，各模块各树种有多种大树小树临界判断方法，即各模块对大树小树的定义是不同的。FVS 中小树一般是指胸径在 1in、2in、3in、5in 以下的树木，换算为公制就是胸径在 2.54cm、5.08cm、7.6cm、12.7cm 以下的树木，有的模块规定大树小树的不同模拟方法时还结合了树高值。FVS 中大树和小树在模拟胸径和树高生长时顺序不同，大树先预测胸径生长，小树先预测树高生长。还需指出的是 FVS 并不是直接预测生长值，而是对生长量进行预测，在进行胸径预测时涉及周期生长量的问题，FVS 一般预测 5 年或 10 年的周期生长量，但是也会根据用户的不同要求自动修正其他周期生长量值。

(5)树高生长模型

FVS 系统中树高生长模型也分为大树和小树两种，其中大树树高生长模型与胸径生长模型类似；因为多数小树的胸径是根据其树高进行预测的，小树树高模型在预测小树生长过程中起到重要作用。大树、小树树高生长模型的获得一般有两种计算方法：一种是直接建立树高生长量和与其有关的自变量之间的方程；另一种是潜在生长量法。

(6)枯损率模型

在 FVS 中一般计算林木枯损率的方法一般有两种，这两种方法与林分密度指数(stand density index，SDI)及林分最大密度指数(maximum SDI)有关。

16.2.3 FORECAST 模型

FORECAST 由加拿大哥伦比亚大学森林生态系统预测研究组开发。它是面向森林生态系统管理和林分生长的动态模型。该模型可比较在不同的营林和采伐以及森林生态系统面对自然干扰事件(如火灾、风折、病虫害等)情况下，森林生态系统的生产力、生物量以及结构动态的变化。作为一个生态系统水平的模型，它可以用来较好地预测森林生态系统植被结构的复杂程度(多物种和不同的生命周期)，以及植物群落的结构(复层林、多林龄)，种群数量以及生态系统的进程。该模型已经在预测林木生长和结构方面得到了大量的验证(张亚楠，2012；Ewan et al.，2016)，主要应用于英国哥伦比亚省的沿海西部铁杉林和沿海的道格拉斯冷杉林以及混交林。

FORECAST 是建立在整个森林生态系统养分循环与物质生产规律基础上的模型(孙志虎，2005；接程月等，2009；接程月，2011；王伟峰，2011；张亚楠，2012)。该模型使用经验和机理相结合的方法，模型使用简单的群落组成、养分循环、光合竞争等来预测森林生态系统的生长和动态演变。森林生态系统的生产力由该系统的叶量和光合效率情况决定。对于某一个特定的树种来说，光合效率的大小取决于 2 个因素——光照条件和叶片中的氮素含量。氮素含量的高低则由系统养分循环状况的好坏来决定，其中养分循环包括植物的吸收、在植物体内的运输和转化、凋落物分解返回到土壤表面以及营养元素的矿化和固定过程。叶片中的氮素含量是一个综合性指标，能够反映系统的物质生产、养分循环以及环境状况。FORECAST 模型的驱动机制就是叶氮同化率（FNE），它由输入数据计算获取。叶氮同化率是指单位时间内叶片中单位质量的氮素所同化产生的干物质量。这与氮生产力的概念相似（叶氮生产量/叶氮质量），即：

$$E_{fn} = \frac{P_t}{N_f} \tag{16-5}$$

$$P_t = \Delta B_t + E_t + M_t \tag{16-6}$$

$$N_f = B_f \times N_c \tag{16-7}$$

式中　ΔB_t（ΔBiomass）——单位时间内生物量的增量；

　　　　E_t——单位时间内的凋落量；

　　　　M_t——单位时间内的枯损量或自然稀疏量；

　　　　P_t——单位时间内净初级生产总量；

　　　　N_f——叶片中氮的质量；

　　　　B_f——系统的叶量；

　　　　N_c——叶片中氮的浓度。

但是由于实际的林分中林冠下部的叶片受到上部叶片的遮蔽作用，导致其光合有效效率下降。因此，在具体应用时要根据实际需要对其进行修正。修正后的叶氮同化率称为遮阴纠正叶氮同化率（E_{scfn}）。假设林冠层为"不透光层"来表示上层叶片对下层叶片的遮蔽作用。即：

$$E_{scfn} = \frac{P_t}{N} \tag{16-8}$$

$$N_{scf} = \sum_{i=1}^{n} (N_{fi} \times C_i) \tag{16-9}$$

式中　n——林冠层以 25cm 为一层所划分出的总层数；

　　　　N_{fi}——在林冠部第 i 个 25cm 高度叶层的叶氮量；

　　　　C_i——在林冠层第 i 个 25cm 高度叶层的光合作用光饱和曲线值（接程月等，2009；接程月，2011；张亚楠，2012；王伟峰，2011；唐明星，2000；郭起荣，2000；孙志虎，2005；田晓，2011；丁应祥，2000）。

①计算每年的净初级生产力。

$$ET_0 = 0.0013 \times 0.0408 \times RA \times (Tavg + 17) \times (TD - 0.0123P)^{0.76} \tag{16-10}$$

②计算和 NPP 有关的叶片中氮素含量。

③评估叶片中氮素的有效性。

④模拟叶片的自我遮蔽性。

⑤评估遮蔽叶片中氮素的含量。

⑥评估遮蔽叶片中氮素的有效性。

系统所需的生物量和立地自疏率的数据往往通过传统树高和生产力模型中的树高、胸径和林分密度产生，同时还需要结合物种的组成生物量异速生长公式获得。模型还需要不同数量树叶的光合响应数据以及部分未成林的植被数据。为了预测养分循环还需要不同层次枯落物的分解率和土壤有机质数据。

①土壤数据：枯落物分解率、有机质含量、腐殖质组成、土壤养分交换能力、养分的输入率、不同形态的氮含量以及部分可选数据（如磷的累计率）。所需的这些土壤数据用来评估生态系统立地地理化学特性、生物地球化学循环、土壤有机质含量的发展趋势。

②林木数据：生物量的组成（叶、树干、枝条、根系等）、树高、密度、胸径、光合作用的相应、林木内部养分需求和循环。

③植被数据：大部分与林木数据相类似，只是它反映的是生态系统尺度的数据。植被数据对单木的相关数据要求较少。

16.3　森林生态系统服务功能模型模拟研究方法

16.3.1　CENTURY 模型

CENTURY 模型是作为美国国家科学基金会生态系统研究计划"半干旱农业生态系统中有机质与营养物质的循环"（DEB-7911988）和"大草原农业生态系统中有机 C、N、S 和 P 的形成与流失"（BSR-9105281，BSR-8406628）的一个科研项目发展而来的。最初版本由 Parton 等学者于 1983 年构建，1991 年 4 月发布了 3.0 版本，CENTURY 4.0 版本得到广泛应用，在其基础上改进了植被光合、外部氮固定、水量平衡等子模块，发展为 CENTURY 4.5，后又增加了土壤侵蚀和沉积效应发展为 5.0 版本。CENTURY 5.0 版本由常用的以月为步长的 CENTURY 5 和以日为步长的 DayCent 5 构成，两者算法大部分相同。DayCent 5 包括土壤温度子模型、土壤水分子模型、痕量气体（NO_x）子模型和维持呼吸子模型，并且需要输入每日气候数据和更多的站点参数。

16.3.1.1　CENTURY 模型分类

CENTURY 模型在结构上分为土壤有机质子模型（soil organic matter submodel）、土壤水分子模型（soil water submodel）、养分子模型（nitrogen submodel、phosphorus submodel、sulfur submodel）和植物生产量子模型（plant production submodel）。

（1）土壤有机质子模型

土壤有机质子模型是 CENTURY 模型最重要的多元动力子模型，以分解机制（受降水量、温度、土壤质地和木质素含量影响）来模拟土壤有机质（SOM）动态。全球土壤有机质网络（SOMNET）曾对 9 个最先进的模型进行了综合评价，发现 CENTURY 模型适用性最广、模拟结果最优，是最具特色的模型（Smith et al.，1997；蔡炳贵等，2003），因此为许多土壤有机质模型所借鉴。

在土壤有机质子模型中，依据植物残体木质素含量与 N 素含量比值的不同，把地表和地下的有机碳分解成易分解的代谢性碳库（metabolic pool）与不易分解的结构性碳库（structural pool），且全部木质素均进入结构性碳库。然后，依据不同的潜在地表、地下有机碳分解速率及地表微生物分解状况，分别进入土壤有机碳活性库(active pool)、慢性库(slow pool)和惰性库(passive pool)。土壤质地是影响有机质分解的因子之一，土壤粉粒和黏粒的含量影响活性碳库的周转(砂土中周转率高)以及从活性碳库至慢性碳库的效率(黏土中固定效率高)。

(2)养分(N、P、S)子模型

养分子模型与土壤有机质子模型有相似的结构。N子模型和C子模型的结构基本相同(黄钰，2011)，但其还包括地表植物体内的挥发性N库和土壤植物根系的共生固N库，以及有机N的矿化过程、硝化过程和反硝化过程；P子模型的结构与N子模型类似，主要区别在于其除了3个有机P库外还包括5个矿质P室(黄钰，2011)，即不稳定(lable)P、吸附(sorbed)P、强吸附(strongly sorbed)P、母质(parent)P和吸留(occluded)P；S子模型的结构与P子模型类似，唯一的不同在于其没有吸留室和吸收室。

(3)土壤水分子模型

CENTURY模型的核心部分是一个简化的水分平衡模型。每月的降水扣除林冠截留和裸地蒸发损失后，由0~15cm土壤层开始超过田间持水量的部分依次渗入15~30cm、30~45cm、45~60cm、60~90cm土壤层，当水分渗入土壤中后才发生蒸腾失水，蒸腾失水的总量不超过潜在蒸散速率。

(4)植物生产量子模型

植物生产量子模型包括森林、草地、农田和热带稀树草原子模型，且均假定月最大植物生产量受湿度和温度控制，森林或草地/农田系统也受营养有效性(如N和P的添加)限制。

在森林子模型中使用了两种不同的碳分配方式，这两种方式分别对幼年阶段和成熟阶段的落叶林和常绿林生长进行了模拟，模拟过程中考虑火或其他方式规模较大的干扰对森林生产量造成的影响。草地/农田子模型可以模拟不同草本和农作物的植物生产量，各种干扰行为(如收割、放牧、农耕等)对地上生物量的直接影响。森林生产量子模型将树木分成叶、细根、细枝、主干和粗根5个部分，碳和其他营养物质按照固定的分配方式进行分配，如图16-1所示。

16.3.1.2 模型运行参数及数据需求

研究者运行模型时，可以依据研究情况选择模拟C和N的动态、C、N和P的动态或者C、N、P和S的动态。CENTURY模型界面(century model interface，CMI)是专为CENTURY模型使用者提供的一个便利工具，建模语言为ANSI/ISO标准C++，可以设计与运行CENTURY模拟过程并直观显示模拟结果。目前CMI仅适用于CENTURY 5.0版本。模型运行的主要步骤如下：①建立一个存储模拟文档的文件夹或目录；②建立一个站点参数集以定义站点的物理性质与有机质初始值；③建立一个管理方案以定义种植、收获、火烧以及在模拟年份期间影响站点的其他事件；④有时也需要建立气候数据集或^{14}C数据集；⑤若有必要，修正默认模型参数值；⑥指定输出文件名；⑦运行模型，验证输出结果至模拟完成。

16.3.2 IBIS模型

由美国威斯康辛大学Foley等研究建立的IBIS模型是面向生物圈和区域尺度的景观

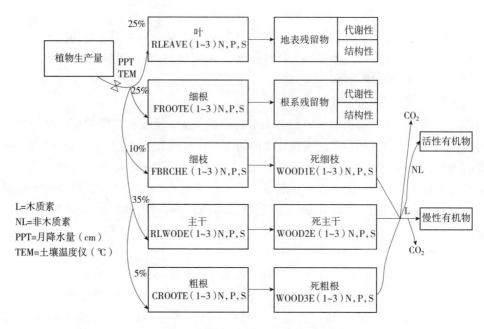

图 16-1　森林生产量子模型示意图

过程模型，模型涉及水分平衡、物候、碳氮循环、植被动态等过程，该模型的建立目的是强调生物圈大尺度上各个变成过程的相互影响，以及土地利用、气候和大气中 CO_2 的变化对生态系统结构和功能的影响（刘曦，2011；王海波，2014）。IBIS 模型的建立说明一定范围内生物物理、生理及生态过程可以用一个单一的、物理上一致的模型来表示（刘曦，2011）。这个模型要达到的目标有如下几项：①将陆地表面过程、陆地碳平衡过程和植被动态过程的三者结合起来使陆地生物圈的描述更加综合；②为全球尺度上的植被覆盖动态模拟提供一个框架；③提供与包括 AGCM 所在内的大气模型在物理上一致的陆地生物圈的动态表示。IBIS 模型更加精确地反映了全球碳循环这个非常复杂的生态过程，全球碳循环受到生物物理学、生物地球化学和植被动态等不同尺度的自然过程的影响，这些过程同时也是全球碳循环的研究方向（刘曦，2011）。

16.3.2.1　模型构建原理

　　IBIS 模型集成了陆地生态系统多方面的过程，主要包括以下几个模块：①陆地表面过程模块，使用了 2 层植被和 6 层土壤的体系模拟表面能量、水、CO_2 及动力平衡；②植被冠层生理过程模块，主要模拟冠层光合作用及传输；③植被物候模块，描述模拟植物在不同季节条件下的落叶表现；④碳平衡模块，集合了总光合、维持呼吸以及生长呼吸得到 9 个植物功能型年碳平衡；⑤植被动态模块，在对每个类型植物进行年净初级生产力模拟的同时，要对这些植物的碳分配、生物的增加和减少以及时间尺度上植被的变化进行模拟。

　　（1）陆地表面过程模块

　　基于 LSX 陆地表面模型对陆地表面过程的模拟，包括模拟地表植被层与大气层间的能量、水蒸气、CO_2 以及动力发生交换。总蒸散发量由土壤表面的蒸发、冠层的蒸散发以及植被冠层截留水的蒸发三者相加得到。土壤模拟采用了理查德方程，建立土壤水通量的垂直梯度函数；植被冠层生理过程与植物的光合作用的气孔导度息息相关。

(2)植被物候模块

在对各植被类型的叶片行为进行模拟描述时，要根据气候条件，以步长为日进行模拟，在至少存在一个不利季节的气候条件下，植被有一个叶片行为(落叶乔木和草本植物)和叶片生理活动(常绿乔木)的年周期，气候的触发器可引发或打破休眠。

(3)植被动态模块

某植物功能型的组合一般是某一模拟样点的植被，以植物的外部形态、叶片的凋落和植物的生理特性(C_3或C_4植物)等因子来划分。这些因子的相互竞争受植物本身获得的共有资源(如水热资源)影响，像乔木位于林分上部，冠层叶片可以最先获得光照资源，并对冠层较低的灌草植物有遮挡阳光的影响，使其不具备丰富的光照资源，但是灌草层植被会优先吸收土壤中下渗的水分加以利用。乔木之间功能型的竞争主要体现在年碳平衡的差异上。各乔木功能型之间的竞争是通过年碳平衡的差异来体现。此模型将每种功能型的各个因子均进行了模拟，最终模拟结果植被的动态变化过程受植物的净初级生产力、碳分配、生物量增加、死亡等过程影响(刘曦，2011)。

(4)碳平衡模块

碳在林分中大部分储存在土壤表面和地被枯落物中，主要来源是落叶、木质残体以及死亡的细根等地被物和土壤有机质，这些物质分为可分解的(DPM)、结构性的(SPM)、木质化的(RPM)，每一部分的碳氮比都相对固定。

16.3.2.2 模型运行参数及数据需求

(1)初始化

①初始化物理常数：包括设置常见的物理常数、初始化天气发生器变量、初始化冠层大气条件、CO_2浓度、气孔导度、土壤生物地球化学变量、物候标志、冠层对水和雪的截留比例等。

②初始化雪模块：包括初始化雪密度、热力学导度、雪覆盖比例等。

③初始化土壤模块：包括初始化土壤质地、孔隙度、田间持水力、萎蔫点、饱和水力学导度等。

④初始化植被参数：这些参数有比叶面积、设置自然植被的碳分配系数、初始化水分胁迫因子、大气温度、冠层光合速率、年枯落物量、确定各样点的植被功能型数量、初始化各样点植被类型及其叶面积指数等(郭丽娟，2013；刘曦，2011)。

(2)每日气候条件模拟

主要是应用 Richardson 天气发生器从月平均气候参数产生逐日天气条件：①确定本日是否降雨；②确定降雨量；③估计当日温度指标；④估计当日云量；⑤估计当日地表大气压、相对湿度、平均风速等指标。

(3)每日植被覆盖特征模拟

①植被物候模拟；②各功能型 *LAI* 计算，从而得到各冠层植被 *LAI*；③各冠层高度计算。

(4)土壤生物地球化学循环模拟

①土壤碳库各组分的积累与分解；②枯落物库里总氮量(地上与地下)；③土壤 1m 深处总的氮量；④循环末期土壤碳总量计算，等于土壤中碳总量+枯落物碳量；⑤计算

微生物分解导致的 CO_2 日通量，等于初始碳量+输入碳量−末期碳量−淋失碳量。

（5）地表过程模拟

①设置土壤物理特性，如土壤质地、热力学导度、潜热值等；②计算由截留水导致的冠层变湿部分；③太阳辐射及土壤、雪的反射率计算，双流方法模拟太阳辐射传输；分别计算可见光和近红外光的直接和扩散辐射；④计算到达各冠层的辐射通量，计算各冠层不同组分对红外辐射的吸收和反射的通量；⑤冠层水分截留模拟；⑥重新计算由截留水导致的冠层变湿部分；⑦计算感热与水分通量系数，如计算风速与空气动力转换系数，土壤水分胁迫参数，冠层光合速率与导度等；⑧模拟由蒸发导致的水分截留；⑨为土壤和雪模块设置表面热通量参数；⑩运行雪模拟模块，分为 3 层，采用物理学公式进行雪温，雪面积和深度的计算；运行土壤模拟模块；⑪利用土壤多层公式去模拟土壤顶层热量和水分的日和季节变化，描述每一时间步长各土层温度、容积含水量和含冰量，土壤水分随时间变化的速率采用 Richard 方程，根据 Darcy 定律描述水分的垂直通量（郭丽娟，2013）。

16.3.3 BIOME-BGC 模型

生物地理模型又称平衡的植被模型，如 Holdridge 模型、Box 模型、BIOME1 模型及 MAPSS 模型等。它们是用来模拟陆地生态系统类型潜在的自然分布状况，是用于描述气候和自然植被分布之间关系的非机理性模型（毛嘉富，2006）。生物地理模型应用植物功能类型的概念把植物分为乔木生活型、灌木生活型和草本生活型，C_3 和 C_4 光合类型，以及针叶和阔叶及常绿和落叶生理类型，以植物对环境的生态生理适应性和资源竞争能力为基础，模拟植被的分布与组成（苏宏新等，2002；苏宏新，2005；赵东升等，2006；郭亚奇，2012）。BGMs 主要是用于研究因气候变化而引起的生物分布的变迁。Mao et al.（2016）基于 BIOME-BGC 模型在 2011—2013 年，标定和使用在毛竹人工林现场采集的涡度协方差测量数据的验证。由于这些发展和校准，该模型的性能有大幅度的提高，关于测量和模拟的通量——总初级生产力、总生态系统呼吸、净生态系统交换相对误差分别下降了 42.23%、103.02% 和 18.67%。

BIOME-BGC 模型由蒙大拿大学陆地动态数值模拟小组研发，是模拟全球生态系统不同尺度植被、凋落物、土壤中水、碳、氮储量和通量的生物地球化学模型（张文海等，2012）。该模型模拟中需要 3 类参数：样地参数、气象资料、生理生态参数，在此模型中，植被分为 6 种：常绿阔叶林、常绿针叶林、落叶阔叶林、灌木林、C_3 草地和 C_4 草地，模型为每个类型的植被建立了对应的文件，每个文件包含 42 个参数（董文娟等，2005；张文海等，2012）。碳、水和营养物质循环的模拟是 BIOME-BGC 模型的重点。

BIOME-BGC 包括两部分：每日子过程模块和每年子过程模块。在每日子过程模块中，需要输入研究区数据和气象数据，主要是模拟碳和水的流动。所有的水来自降雨或降雪，降雨首先被树冠截留，表现为树冠蒸发；若降雨量大于树冠截流能力，则渗入土壤，表现为土壤蒸发；当超过最大土壤持水量时，形成出流（outflow），在出流的过程中，也是游离态氮损失的过程。降雪过程不考虑树冠截留，降雪直接渗入土壤，超过最大土壤持水量时，形成出流；另一个水文过程是树冠蒸腾。碳的模拟主要考虑光合作用、呼吸作用（叶、茎、根）、土壤和凋落物的呼吸作用。

每年子模块中包括游离态碳的存储和分配。碳的分配包括碳在叶、茎、粗根和细根中的分配，还包括代谢过程。每年子模块的另一个组成部分是游离态氮的分配和损失，游离态氮主要分配于土壤和叶/根凋落物中，氮的损失主要来自凋落物的分解和水的淋溶。该模型将参数分为代谢、死亡、分配、植物体中各成分所占比例、碳氮比(C/N)、叶形态、叶片传导速率和限制因子、树冠对水的截取和光的逃逸，使 BIOME-BGC 能够模拟反映各个尺度上生物群的状态，过程如图 16-2 所示。

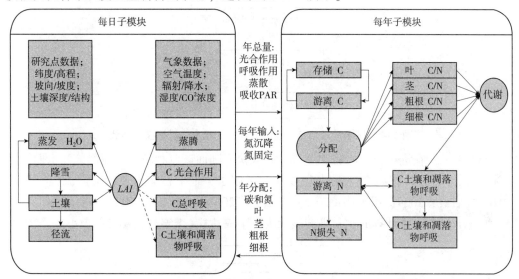

图 16-2　BIOME-BGC 结构示意图

16.3.4　SWAT 模型

在国外发展较为成熟的水文模型如 TOPMODEL、SWAT、VIC、HEC-1 和 HMS 等，在国内的有关流域进行应用并取得了较好的模拟结果。分布式水文模型是当前水文学研究的重要工具与研究热点。目前，多数分布式水文模型都是建立在 DEM 栅格基础之上，依托 DEM 的栅格结构来提取模型所需的下垫面信息以及设计模型的计算结构(图 16-3)(李海光，2011；马良，2012；李小冰，2010)。

16.3.4.1　SWAT 模型模拟

SWAT(soil and water assessment tool)模型的特点是物理机制较强，可以进行长时段的水文模拟的流域分布式水文模型(裴英俊，2014)，对于模拟土地利用条件、管理措施不同的复杂流域径流产沙和化学物质长期动态变化是有很好的模拟效果(张丽，2016；Maite et al.，2015)，该模型由美国农业部农业研究中心(USDA-ARS)研究开发，SWAT 模型能够较好的对复杂流域中物理过程进行模拟，模拟需要 8 类数据，分别为水文(hydrology)、气象(weather)、泥沙(sediment)、土壤温度(soil temperature)、作物生长(crop growth)、养分(nutrition)、农药/杀虫剂(pesticides)和农业管理(agriculture management)。在进行模拟时能够考虑地表径流、入渗、侧流、地下水流、回流、融雪径流、土壤温度、土壤湿度、蒸散发、产沙、输沙、作物生长、养分流失(氮、磷)、流域水质、农药/杀虫剂等多种过程以及多种农业管理措施(耕作、灌溉、施肥、收割、用水调度等)等多因子对模拟结果的影响(李滨勇，2007)。

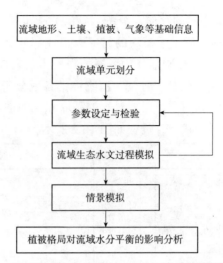

图 16-3   基于地理信息系统的分布式流域水文模型技术路线

SWAT 模型在进行模拟时将流域分成两大块，陆面产流和坡面汇流部分和水面河道汇流部分，具体包括地表径流、蒸散发量、土壤水、地下径流以及河道汇流（蒋观韬，2016；杨启红，2009；霍永伟，2005；李宏亮，2007；裴英俊，2014）（图 16-4）。

SWAT 模型水文计算的水量平衡表示为一下表达式（李宏亮，2007；李小冰，2010；

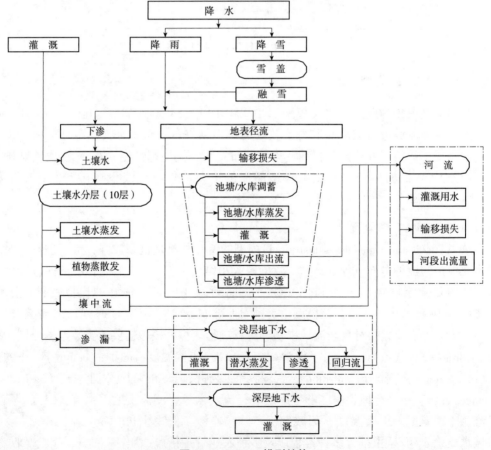

图 16-4   SWAT 模型结构

邹悦，2012；刘珮勋等，2018；裴英俊，2014；乔丽盼·木太力甫，2018）：

$$SW_t = SW_0 + \sum_{i=1}^{t} (R_{day} - Q_{surf} - E_a - W_{seep} - Q_{gw}) \quad (16-11)$$

式中　SW_t——最终的土壤含水量，mm；

　　　SW_0——土壤初始含水量，mm；

　　　t——时间步长，d；

　　　R_{day}——第 i 天的降水量，mm；

　　　Q_{surf}——第 i 天的地表径流，mm；

　　　E_a——第 i 天的蒸发量，mm；

　　　W_{seep}——第 i 天存在于土壤剖面底层的渗透量和侧流量，mm；

　　　Q_{gw}——第 i 天的地下水含量，mm。

（1）地表径流

SWAT 模型在对每个模拟单元的地表径流两和洪峰流量进行模拟时，使用 SCS 曲线方法或 Green & Ampt 方法来计算地表径流量，使用推理模型计算洪峰流量，这个推理模型是关于模拟期间降水量、地表径流量和子流域汇流时间的相关函数（霍永伟，2005；李滨勇，2007；杨启红，2009）。

其中 SCS 模型的产流计算公式为：

$$Q_{surf} = \frac{(R_{day} - I_a)^2}{R_{day} - I_a + S} \quad (16-12)$$

式中　Q_{surf}——地表径流量，mm；

　　　R_{day}——降水量，mm；

　　　I_a——初损，mm；

　　　S——流域当时的可能滞留量，mm。

S 定义为：

$$S = 25.4 \times \left(\frac{1000}{CN} - 10 \right) \quad (16-13)$$

计算 I_a 常用的计算公式为 $I_a = 0.2S$。以此推导，在引入 CN 值后产流计算公式变为（霍永伟，2005；李宏亮，2007；杨启红，2009；张晓丽，2010；裴英俊，2014；刘梅，2015）：

$$Q_{surf} = \frac{(R_{day} - 0.2S)^2}{R_{day} + 0.8S} \quad (16-14)$$

SWAT 模型对 SCS 模型的 CN 值的土壤水分校正和坡度校正，这样是为了将空间异质性表现出来。CN 值在 SCS 模型中根据降水量的大小分成干旱、正常和湿润三个等级，不同时期的 CN 值计算方式不同，具体如下：

$$CN_1 = CN_2 - \frac{20 \times (100 - CN_2)}{100 - CN_2 + \exp[2.533 - 0.00636 \times (100 - CN_2)]} \quad (16-15)$$

$$CN_3 = CN_2 \times \exp[0.00673 \times (100 - CN_2)] \quad (16-16)$$

式中　CN_1，CN_2，CN_3——分别为干旱、正常和湿润等级的 CN 值。

SCS 模型计算 CN 值时默认坡度为 5%，为消除坡度的影响，可以对计算方法进行坡度修正：

$$CN_{2s} = \frac{CN_3 - CN_2}{3} \times [1 - 2 \times \exp(-13.86 \times SLP)] + CN_2 \tag{16-17}$$

式中　CN_{2s}——经坡度修正后的正常土壤水分条件下的 CN_2 值;

　　　SLP——子流域平均坡度, m/m。

(2) 蒸散发量

模型对蒸散发的模拟时模拟地表水转成为水蒸汽的过程, 对蒸散发量的模拟结果是否准确直接影响水资源的量是否准确, 同时直接影响整个模拟过程。在进行模拟时, SWAT 模型是以植被冠层截留蒸发、最大蒸腾量、最大升华量、实际升华量和实际土壤蒸发量为顺序计算的, 模型自动分开植物和土壤的蒸散发过程。

(3) 土壤水

壤中流的模拟预测使用动态存储模型(kinematic storage model)。模型考虑到水力传导度、坡度和土壤含水量的时空变化。最终壤中流 Q_{lat} 的计算公式为:

$$Q_{lat} = 0.024 \times \frac{2 \times SW_{ly,excess} \times K_{sat} \times slp}{\phi_d \times L_{hill}} \tag{16-18}$$

式中　$SW_{ly,excess}$——土壤饱和区内可流出的水量, mm;

　　　K_{sat}——土壤饱和导水率, mm/hr;

　　　slp——流域平均坡度, m/m;

　　　ϕ_d——土壤可出流孔隙率, mm/mm;

　　　L_{hill}——山坡坡长, m。

(4) 地下径流

SWAT 模型将地下水分为两层: 浅层地下水和深层地下水。浅层地下径流汇入流域内河流, 深层地下径流汇入流域外河流。

① 浅层地下水水量方程为:

$$aq_{sh,j} = aq_{sh,j-1} + w_{rchrg} - Q_{gw} - w_{revap} - w_{deep} - w_{pump,sh} \tag{16-19}$$

式中　$aq_{sh,j}$——第 i 天在浅蓄水层中的储水量, mm;

　　　$aq_{sh,j-1}$——第 $i-1$ 天在浅蓄水层中的储水量, mm;

　　　w_{rchrg}——第 $i-1$ 天进入浅蓄水层中的储水量, mm;

　　　Q_{gw}——第 i 天进入河道的基流, mm;

　　　w_{revap}——第 i 天由于土壤缺水而进入土壤带的水量, mm;

　　　w_{deep}——第 i 天从浅蓄水层进入深蓄水层的水量, mm;

　　　$w_{pump,sh}$——第 i 天浅蓄水层中被上层吸收的水量, mm。

② 深层地下水水量平衡方程式为:

$$aq_{dp,i} = aq_{dp,i-1} + w_{deep} - w_{pump,dp} \tag{16-20}$$

式中　$aq_{dp,i}$——第 i 天在深蓄水层中的储水量, mm;

　　　$aq_{dp,i-1}$——第 $i-1$ 天在深蓄水层中的储水量, mm;

　　　w_{deep}——第 i 天从浅蓄水层进入深蓄水层的水量, mm;

　　　$w_{pump,dp}$——第 i 天深蓄水层中被上层吸收的水量, mm。

(5) 河道汇流

SWAT 模型中流域内有两种河道: 主河道(main channel/reach)和支流河道(tributary

channels)，地下水不补给地下水，根据支流河道的特性决定子流域汇流时间。河道水流演算采用变动存储系数模型(kinematics storage model)或Muskingum方法。

16.3.4.2 模型运行参数及数据需求

SWAT模型运行过程中有两种视图方式：Watershed View和SWAT View。Watershed View处理完成之后才能运行SWAT View模块。Watershed View主要应用在输入过程，处理初始输入文件，使其成为系统可以应用的基础数据，因此被称为输入模块。SWAT View主要应用在模拟结果输出，是将模拟的结果和模拟过程对原始数据修正的结果集合起来输出，因此被称为输出模块。

SWAT模型的运行流程主要为：①划分子流域描述整个流域；②确定水文相应单元描述土地利用特性；③描述气象因素；④构建数据库及数据库的调整；⑤模型运行。具体的流程如图16-5所示。

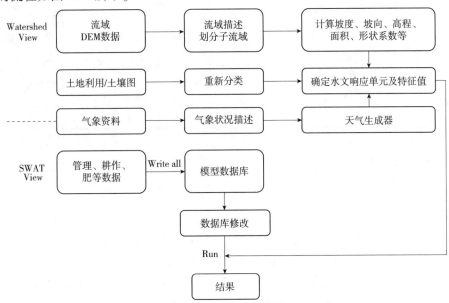

图16-5 SWAT模型运行流程图

SWAT模型需要输入的数据是有下垫面的DEM数据，GRID或SHAPE格式的土地利用及土壤数据，表格格式的气象站点及水文站点位置及各站点实际观测值。为了形成模型的"天气生成器"需要使用者输入流域多年平均气象数据，若气象资料不全，SWAT模型会提前依据存在的数据进行模拟得到逐日气象资料(表16-4)。

表16-4 SWAT模型数据需求

数　　据	格　式	用　　途	应用模块
DEM数据	GRID或 SHAPE	流域描述，划分子流域，确定子流域坡度、坡长、主河道长度等。	地表径流、壤中流
土地利用图		确定水文响应单元，通过属性的输入构成土地及土壤数据库，计算Curve number值	
土壤图			

（续）

数 据		格 式	用 途	应用模块
气象数据	逐日降水量	dBase 表或 .txt 文件	计算地表径流	地表径流
	逐日最高最低气温、太阳辐射、风速和相对湿度		用于 Pennman 公式	蒸散发
	多年逐月降水量、降水量的标准偏差、平均降水天数、月内干日日数、湿日日数、降水的偏度系数、风速、太阳辐射、最高气温、最低气温、最高气温的标准偏差、最低气温的标准偏差、露点温度以及最大半小时降水量	dBase 表或输入到天气生成器库	模拟生成气象资料	生成天气生成器
土壤性质	土壤饱和导水率	位于土壤数据库	计算壤中流、地下水	壤中流、地下水
	有效持水量			
	蓄水层补给迟滞时间		计算地下水	地下水
	基流衰退系数			
	实测径流		对模拟结果进行检验	

注：引自裴英俊，2014。

16.3.5 MIKE SHE 模型

16.3.5.1 模型概况

20 世纪 90 年代初期，丹麦水利研究所（Danish Hydraulic Institute，DHI）在 SHE 模型的基础上改进研发的，比原来的模型更综合、更精确，可以应用到宽广的尺度范围，从一个小的土壤剖面到大的流域范围都能够应用。但是介于空间异质性的问题，此模型比较适用于小流域范围内模拟水循环过程，为了提高精度，一般状况下，MIKE SHE 模型会把研究流域离散成若干网格，具体离散网格的大小要根据实际情况和模拟结果需要的精度进行确定。模型的校准和验证结果表明，径流和地下水位的深度是模型的敏感输入参数，特别是排水深度、土壤水力特性、植物生根深度和表面粗糙度（Dai et al.，2010）。此外，用于分布式模型校准和验证的双重标准被证明是优于单一的标准。

MIKE SHE 模型研发出来后广泛应用于与地表水、地下水以及它们之间的动态交互作用有关的水资源和环境问题（马全，2014）。模型的典型应用范围包括：①流域规划；②水供给与分配；③灌溉和排水（包括灌溉区水流和盐分输移的过程模拟等）；④污水排放点的水污染；⑤农业生产（包括农用化学品和肥料与地下水）；⑥土壤和水资源管理；⑦土地利用变化的影响；⑧潜在蒸散发估算；⑨生态评价（包括与湿地有关的生态评价）；⑩人类活动对洪水的影响，工程建设对地下水位的影响等。

16.3.5.2 模型构建原理

MIKE SHE 最基本的模块是 MIKE SHE WM，这个模块是针对地下水地表水系统模拟的，它本身是一个模块化的结构，几个模块共同构成一个水文过程的模拟，每一个模块也能够模拟一个水文过程，在实际应用当中，使用者需要根据实际情况来设计模块的组成方式。另外，MIKE SHE 还增加了几个用于水质、土壤侵蚀和灌溉研究的模块：①MIKE SHE SE(土壤侵蚀模块)；②MIKE SHE IR(灌溉模块)；③MIKE SHE NET(水供给与分配模块)；④MIKE SHE SWMM(城市污水处理系统模块)；⑤MIKE SHE STORM(城市洪水测报系统模块)；⑥MIKE SHE AD(溶解质的平移和扩散模块)；⑦MIKE SHE CN(作物生长和根系区氮的运移过程模块)。

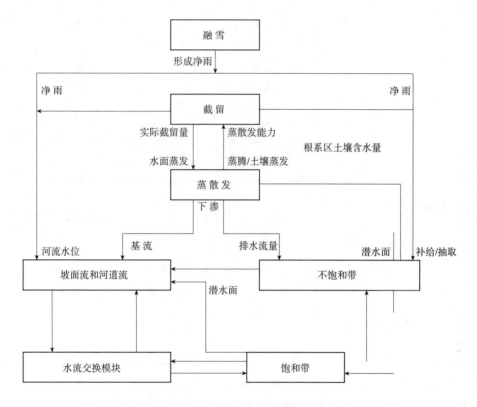

图 16-6 MIKE SHE 模块结构

MIKE SHE WM 是一个模块化的结构(图16-6)，整个模块包含六个水文过程，分别为：①截留/蒸发(ET)；②坡面流和河道流(OC)；③不饱和带(UZ)；④饱和带(SZ)；⑤融雪(SM)；⑥含水层和河道的水量交换(EX)。这 6 个模块之间相互独立运行，但是对于整个模拟过程又互有影响，在实际运用中，也可以把它们相互分离，不考虑它们之间的相互作用。

16.3.5.3 模型运行参数及数据需求

MIKE SHE 模型需要建立一个模型，然后确定模型将要模拟的地点(通常包括确定一个基本的模拟区域背景图)、选择流程(包括数值方法的详细信息)及建立模型参数、定义模型的域和栅格、地形，加入降水、地表水、坡面流、不饱和流、地下水等。模型运行需要图形数据、时间序列数据及其他相关参数。数据类型及要求见表16-5。

表 16-5　MIKE SHE 模型数据及参数

数据类型		格式	属　性
图形数据	Doman	矢量 strp	模型模拟的作用域
	地表有效糙率图		不同立地条件下坡面的有效糙率值(倒数)
	土地利用		不同土层深度的土壤物理特性：土壤水分特征曲线 VanGenuchten 公式及其参数，饱和含水量、饱和导水率、田间持水量、凋萎系数等
	水系、沟道		河道横断面定义、边界条件、初始条件、水动力参数(河床糙率、河床与蓄水层渗透系数)等
	植被分布	栅格 grd	植被的叶面积指数 LAI、根深 RD 的时间序列数据，以及各计算公式参数(C_1、C_2、C_3、C_{int}；AROOT 等)
	地形图		DEM，水平上栅格大小，10m×10m、30m×30m、50m×50m
时间序列数据	降雨数据		全年降雨模拟、场降雨模拟分别用经过处理的 1h、2h 降雨量，5min、10min 雨强数据
	潜在蒸发散、叶面积指数、根深变化		全年轻流模拟需用的潜在蒸发散根据气候数据由水面蒸发数据及经验公式换算得到公式估算，场降雨模拟潜在蒸发散为一定值；叶面积指数、根深逐日数据通过一定时段的定点观测数据经空间插值得到
其他参数			坡雨漫流的参数条件：曼宁系数(倒数)地表最大储水深(产流临界水深)等

16.3.6　InVEST 模型

目前国外常用的动态评估模型主要有 MIMES(multiscale integrated earth systems model)模型和 InVEST(integrated valuation of ecosystem services and tradeoffs)模型(张振明，2011)。美国著名教授 Robert Costanza 及其科研团队开发研制了 MIMES 模型，用来模拟不同尺度不同生态系统的生态服务功能与价值(Burkhard et al.，2009)。InVEST 软件是由美国斯坦福大学、世界自然基金会(WWF)和大自然保护协会(TNC)联合开发的，旨在通过模拟预测生态系统服务功能物质量和价值量在不同土地利用情景下的变化，为决策者权衡人类活动的效益和影响提供科学依据，主要用于生态系统服务功能评估。

InVEST(integrate valuation of ecosystem services and tradeoffs)模型是美国斯坦福大学、世界自然基金会和大自然保护协会联合在 2007 年研发的，研发目的是为了使开发工具更好地容纳于自然体系当中，重点研究自然资源能发挥的生态系统服务功能。InVEST 模型在进行生态系统服务功能模拟量化时简单快速更准确，能够更好的应用于政府决策当中。

2008 年 10 月发布的 InVEST 1.0 Beta 版软件界面由非水模型和水模型两大部分组成。其中，非水模型包括生物多样性保护、传粉、木材收获、碳汇等模块；水模型包括流域产水、水源涵养、减洪、水质、减少泥沙淤积、土壤保持、灌溉、水电站等模块。尽管该模型可以模拟众多生态服务功能，但是使用起来相对简单，可以在计算机上通过输入必要数据，软件会自行进行计算并将结果输出。在进行模拟评估时将服务功能分为三个层次：第一层是生态服务功能产出（物质量）；第二层是价值评估（价值量）；第三层是各种相关的复杂模型进行综合应用（周彬，2011）。

本章小结

在对全球化研究过程中快速发展起来的模型模拟研究方法已经作为一种有效手段深入到森林生态学研究的各个领域，成为一种具备独特优势的广泛应用的研究方法。森林生态系统模型具有多种分类方法，根据研究对象可划分为森林生态系统结构动态模型和森林生态系统服务功能模型两大类。而每类中又有多种模型可供选择，例如，森林生态系统结构动态模型包括 PrognAus 模型、FVS 模型、FORECAST 模型等，而森林生态系统物质循环包括 CENTURY 模型、IBIS 模型模拟、BIOME-BGC 模型等，森林分布式水文模型有 SWAT 模型、MIKESHE 模型等。在实际研究中应该根据研究的需要与模型的特点进行选择。

延伸阅读

1. 余新晓，张振明，2020. 森林生态系统结构与功能模型[M]. 北京：科学出版社.
2. 扬戈逊，班道雷切，2010. 生态模型基础[M]. 3 版. 何文珊，陆健健，张修峰，译. 北京：高等教育出版社.

思 考 题

1. 在森林生态学研究中，模型模拟有哪些优势和不足？
2. 采用模型模拟研究结果不理想时，应该从哪些方面寻找原因？

第17章
森林生态系统地统计学研究方法

[本章提要] 本章主要对地统计学的发展历程、学科特点进行了概述，从前提假设、区域化变量、变异函数3个方面介绍了地统计学的理论体系，对普通克里格法、指示克里格法、泛克里格法、协同克里格法、回归克里格法5种地统计学方法在森林生态学研究中应用方法进行了分析。通过本章学习可以掌握地统计学的基本概念和理论体系，了解地统计学主要方法以及如何将其应用到森林生态系统的研究中。

地统计学（Geostatistics），即地质统计学，是以具有空间分布特点的区域化变量理论为基础，以变异函数为主要工具，研究那些在空间分布上既有随机性又有结构性或空间相关性和依赖性的自然科学现象的学科（Webster，1985；王仁铎等，1987；Issaks et al.，1989；侯景儒等，1993）。地统计学技术已成为生态学数据空间建模的通用技术，为生态学研究提供了很多便利（Freeman et al.，2007）。目前，在森林生态系统研究中，地统计学主要用于森林土壤空间异质性、森林物种空间分布、森林干扰、树木生长的空间变异性以及种子库空间格局等方面。

地统计学主要应用于森林生态空间异质性方面的研究。空间异质性（spatial heterogeneity，SH）是研究不同尺度森林生态学系统功能和过程的重要理论问题。当测定系统属性的复杂性和变异性而不考虑功能作用，仅考虑结构特征时，空间异质性称为结构异质性（structure herterogeneity）；相对应，如果测定的系统复杂性和变异性与森林生态学功能和过程有关时，称为功能异质性（functional herterogeneity）。空间异质性是森林生态系统中呈现空间景观格局的主要原因，通过变异函数的空间异质性特征和空间异质性比较，特别是将空间异质性分解成两个定量部分，确定空间异质性程度、空间异质性尺度以及空间变量之间的统计检验，均可研究森林生态系统景观格局的分布特征。Forman（1987）认为空间异质性是限制干扰传播的主要因素，并影响系统内的生物多样性和群落动态。然而，空间异质性的定量分析，由于缺乏有效的方法，在某种程度上存在较多的问题，特别是空间异质性与森林生态系统过程机理相关模型的耦合仍是研究的热点。目前，可以根据有关空间异质性的程度和变化的定量信息研究森林生态系统的复杂过程及反馈机制。

变异函数是以区域化变量理论为基础分析自然现象空间变异和空间相关的统计学。目前变异函数分析应用于森林生态学研究中是行之有效的描述空间数据的方法。因此，对空间特征重点探讨如何使用变异函数将空间异质性分解，确定空间异质性程度，探测空间异质性变化的尺度。空间比较方面重点讨论用标准化变异函数(standardized semivarogam)比较同一地点上两个不同变量间的空间异质性，以及同一地点上两个不同变量间变异函数参数的统计检验。

地统计学的很多方法都源于克里格模型。这些针对不同情况演化形成的克里格模型，不仅能够创建预测表面和误差表面，还能够根据需要生成概率图和分位数图(张治国，2007)。从20世纪80年代开始，克里格方法已经被频繁应用于林学(Samra et al.，1989)，生态学(Seilkop et al.，1987；Lefohn et al.，1988；Fortin et al.，1989b)和气象学。随着地统计学在学科中的应用，针对不同的情况出现了各种克里格方法，如普通克里格、指示克里格、泛克里格、回归克里格等，但是当采样点数目足够多的时候，各种克里格方法效果比较相近。许多研究证明通过插值进行空间结构的研究是非常有效的(Leenaers et al.，1990；Sadler et al.，1998)。

17. 1　地统计学基础理论

地统计学的发展经历了萌芽(1911—1939年)、孕育(1940—1963年)、初期发展(1964—1975年)和快速发展(1975年以来)4个阶段。

地统计学由经典统计学发展而来。地统计学与经典统计学的共同之处在于：它们都是在大量采样的基础上，通过对样本属性值的频率分布或均值、方差关系及其相应规则的分析，确定其空间分布格局与相关关系。地统计学区别于经典统计学的最大特点是：地统计学既考虑到样本值的大小，又重视样本空间位置及样本间的距离，地统计学所研究的变量，在空间或时间上不一定是完全随机或完全独立的，对于样本数据资料，除计算变量的均值、方差等统计量以外，还需要计算变量的空间变异结构。由于样本不一定独立，样本在空间(或时间)上可能相互依赖，因此，应分析样本的空间(或时间)位置是否含有必要的信息，即需要揭示变量的空间(或时间)连续性。这种空间连续性是许多自然现象的重要特性，地统计学提供了描述这种空间连续性的理论，并且将经典回归方法和空间连续性结合起来，弥补了经典统计学忽略空间方位的缺陷(表17-1)。

地统计分析的基础理论包括前提假设、区域化变量、变异分析和空间插值。

表 17-1　地统计学与经典统计学异同

因素	地统计学	经典统计学
变量	区域化变量(有随机性、结构性)	纯随机变量
重复	不可进行重复试验	可以无限次重复或进行大量重复观测试验
抽样	不一定保持独立，具有某种程度的空间相关性	抽样独立进行，要求样本间互相独立
主要研究方向	除了考虑样本的数字特征外，主要研究区域变化量的空间分布特征	以频率分布图为基础，研究样本的各种数字特征

17. 1. 1　前提假设

(1)随机过程

与经典统计学相同,地统计学也是在大量样本的基础上,通过分析样本间的规律,探索其分布规律并进行预测。地统计学认为研究区域中的所有样本值都是随机过程的结果,即所有样本值都不是相互独立的,它们遵循一定的内在规律。因此,地统计学就是要揭示这种内在规律并进行预测。

(2)正态分布

在统计学分析中,假设大量样本是服从正态分布的,地统计学也不例外。在获得数据后首先应对数据进行分析,若不符合正态分布的假设,应将数据变换为符合正态分布的形式,并尽量选取可逆的变换形式。

(3)平稳性

对于统计学而言,重复的观点是其理论基础。统计学认为,从大量重复的观察中可以进行预测和估计,并可以了解估计的变化性和不确定性。对于大部分的空间数据而言,平稳性的假设是合理的。这其中包括两种平稳性:一种是均值平稳,即假设均值是不变的并且与位置无关;另一种是与协方差函数有关的二阶平稳和与半变异函数有关的内蕴平稳。二阶平稳是假设具有相同的距离和方向的任意两点的协方差是相同的,协方差只与这两点的值相关而与它们的位置无关。内蕴平稳假设是指具有相同距离和方向的任意两点的方差(即变异函数)是相同的。二阶平稳和内蕴平稳都是为了获得基本重复规律而作的基本假设,通过协方差函数和变异函数可以进行预测和估计预测结果的不确定性。

17. 1. 2　区域化变量

Matheron(1963)将区域化变量定义为:以空间点 x 的三个直角坐标(x_u, x_v, x_w)的随机场 $Z(x_u, x_v, x_w) = Z(x)$,称为区域化变量或区域化随机变量。当一个变量呈现一定的空间分布时,称之为区域化变量(regionalized variable),它反映了区域内的某种特征或现象。区域化变量就是指与空间位置和分布相关的变量(Hohn, 1988;Pannatier, 1995),地统计学就是要研究这个函数的行为特征。

区域化变量与一般的随机变量不同之处在于,一般的随机变量取值符合一定的概率分布,而区域化变量根据区域内位置的不同而取不同的值;而当区域化变量在区域内确定位置取值时,表现为一般的随机变量。也就是说,它是与位置有关的随机变量。换句话说,区域化随机变量是普通随机变量在域内确定位置上的特定取值,它是随机变量与位置有关的随机函数。在实际分析中,常采用抽样的方式获得区域化变量在某个区域内的值,即此时区域化变量表现为空间点函数。在实际应用中,区域化变量通常并不等同于简单的确定性过程,因而常将其置于概率论的框架意义上来研究。在概率模型中,区域化变量 $z(x)$ 被认为是随机函数 $Z(x)$(空间域 D 内所有点 x 处建立的无限的随机变量组的具体实现),这样只需对随机函数 $Z(x)$ 而不是某一特定的区域化变量的特征进行研究即可。

区域化变量的结构性和随机性往往是数学或统计学意义上的特性。除此之外,对于研究某一具体变量时，区域化变量还具有空间局限性（即这种结构性表现为一定范围内）、不同程度的连续性和不同程度的各向异性（即各个方向表现出的自相关性有所区别）、可迁性等特征。

（1）局限性

空间局限性是指区域化变量被限制在一定的空间范围内。如景观中某一种群的斑块（patch），群落中某一林分类型，树木种子的散布范围等，这一空间范围称为区域化变量的几何域。在几何域或空间范围内，变量的属性最为明显。在几何域或空间范围之外，变量的属性表现不明显或表现为零。在景观生态学中空间格局特性表现为景观的空间异质性。区域化变量一般是按几何承载来定义的，承载变了就会得到不同的区域化变量。

（2）连续性和各向异性

不同程度的连续性是指不同的区域化变量具有不同程度的连续性，这种连续性是通过相邻样点之间的变异函数来描述的。例如，土壤厚度这个变量就具有较强的连续性，而土壤中某种元素的含量往往只有平均意义下的连续性。在某些特殊意义或情况下，连这种平均意义下的连续性也不存在（Webster，1985；Trangmar et al.，1985）。又如，森林土壤中有效氮的含量即使在两个非常靠近的样点上也可能有很大的差异，表现出不连续，这种现象称为"块金效应"。Rossi et al.（1992）、DutilleuI et al.（1993）认为生态学中的区域化变量，各向同性是相对的，而各向异性则是绝对的（王政权，1999）。

（3）可迁性

区域化变量在一定范围内具有明显的空间相关，但超过这一范围后，相关关系变得很弱甚至消失，这一性质称为可迁性。

17. 1. 3　变异函数及结构分析

17. 1. 3. 1　变异函数概述

变异函数揭示了在整个尺度上的空间变异格局（Palmer，1988）。但是要说明的是变异函数在最大间隔距离 1/2 之内才有意义（Journel et al.，1978；Webster 1985；Rossi et al.，1991）。

当变异函数 $\gamma(h)$ 随着间隔距离 h 的增大，从非零值达到一个相对稳定的常数时，该常数称为基台值 C_0+C，当间隔距离 $h=0$ 时，$\gamma(0)=C_0$，该值称为块金值（nugget variance）。基台值是系统或系统属性中最大的变异，变异函数 $\gamma(h)$ 达基台值时的间隔距离 α 称为变程。变程表示在 $h \geqslant \alpha$ 以后，区域变化量 $Z(x)$ 空间相关性消失。块金值表示区域化变量在小于抽样尺度时非连续变异，由区域化变量的属性或测量误差决定。

第 4 个参数分形维数 D，用于表示变异函数的特性（Burrough 1983，1986；Palmer，1988）由变异函数 $\gamma(h)$ 和间隔距离 h 之间的关系确定，$2\gamma(h)=h^{(4-2D)}$ 分形维数 D 为双对数直线回归方程中的斜率，是一个无量纲数。分形维数 D 值的大小，表示变异函数曲线的曲率，可以作为随机变量的量度。要说明的是，这里的 D 值是一个随机分形维数，由于它并不是测定系统中同一属性，因而与 Krummel et al.（1987）使用的形状分形维数有本质的不同。

（1）各向异性（anisotropy）

对区域化变量，变异函数 $\gamma(h)$ 不仅与间隔距离 h 有关，而且也与方向有关（Journel et al.，1978；Webster，1985；Cressie，1991）。当一个变异函数是由某一个特殊方向构造时，称为各向异性变异函数（anisotropic semivariogram），表示为 $\gamma(h,\theta)$，此时 $\gamma(h)$ 表示各向同性的变异函数（isotropic semivariogram）。其中，各向异性分为两种（Journel et al.，1978）：几何异向性（geometric semivariogram）和带状异向性（zonal semiiariogram）。可以采用各向异性比 $K(h)$ 描述景观中各向异性结构的特点，即：

$$K(h)=\gamma(h,\theta_1)/\gamma(h,\theta_2)。 \tag{17-1}$$

式中　$K(h)$——为各向异性比；

　　$\gamma(h,\theta_1)$，$\gamma(h,\theta_2)$——两个方向 θ_1 和 θ_2 上的变异函数。

如果 $K(h)$ 等于或接近 1，则空间异质性为各向同性的，否则称为各向异性的。在克里格法中，各向异性应该通过变异函数模型，通过坐标系顺时针旋转，确定主轴的各向异性和线性转换旋转坐标进行校正（Goovaerts，1997）。当各向异性空间转变为各向同性，克里格法可用于进行预测，最终转换坐标系使之成为实际值。

（2）空间异质性分解

假设具有随机性和结构性的区域化变量为 Z，在点 x 处的观测值 $Z(x)$ 可表示为：

$$Z(x)=\mu+\varepsilon'(x)+\varepsilon' \tag{17-2}$$

式中　μ——Z 的平均数；

　　$\varepsilon'(x)$——空间相关误差。

该公式表示变量的空间结构，$\varepsilon'(x)$ 和 ε' 为变异之和。

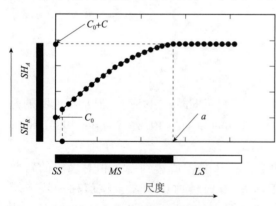

图 17-1　空间异质性定量分解

注：SS 表示小尺度；MS 表示中尺度；LS 表示大尺度。

变量 Z 的空间异质性可分为两部分，即 $SH(Z)=SH_A$（自相关部分）$+SH_R$（随机部分）。其中 SH_A 为 $\varepsilon'(x)$ 的自相关变异，SH_R 表示 ε' 随机变异。SH_A 和 SH_R 可通过变异函数分解而定量化（图 17-1）。由空间自相关部分引起空间异质性 SH_A 在尺度上对应于 MS，具有随机性，但其在空间相关并随尺度变化。随机部分引起的空间异质性 SH_R 出现在 SS 上，可认为是小于分辨率尺度上变异总和，可由块金方差表示。由此可见，空间异质性定量分解及分析有助于我们了解系统或系统属性的空间变异。

（3）空间异质性程度

基台值、块金值、各向异性比和分形维数可用来描述空间异质性程度。其中基台值表示系统属性或区域化变量最大变异，其值越大，表示总的空间异质性程度越高。但由于基台值受自身因素和测量单位的影响较大，在不同的区域化变量相比较时效果较差。块金值表示随机部分的空间异质性。块金方差值越大，小尺度上的过程越重要。

但块金值也不可用于不同区域化变量之间的比较，但是块金值与基台值之比越高，随机部分引起的空间异质性程度 SH_R 较高，如果比值接近于 1，则景观中某变量在整个尺度上具有恒定变异。在景观中，地形、水分等因子在不同的方向上控制着不同的变异性，影响景观的结构，导致的空间异质性的各向异性。各向异性越高，相应的空间异质性程度也就越高。分形维数表示变异函数曲线的曲率。因此，分形维数越大，空间自相关性引起的空间异质性越高。

（4）空间异质性尺度及空间异质性比

由于生态系统是多尺度存在的，因此尺度是空间异质性分析的重要要素。在不同尺度上，同一景观同一变量的自相关程度相差极大。自相关部分引起的空间异质性程度随尺度发生变化。变异函数的曲线形状也有助于理解生态学过程，其曲线斜率的急剧变化表明所研究的区域化变量在不同尺度上受几个重要过程控制，斜率平缓时，表明在整个所有尺度上几个过程同等重要。各向异性比也可作为一个参数，用于描述几个过程中主要过程的变化。如果两个空间自相关变量的变异函数参数不存在统计差异，可认为这两个空间变量是相同的。在同一变量在不同地点或时间上测定的比较的情况下，可直接通过编译函数及各向异性比较；加入是不同变量之间的比较，需要根据标准化变异函数进行。

（5）参数统计检验

检验基台值是检验系统中某变量总的空间异质性最大程度，检验块金值则是检验由随机部分引起空间异质性程度，检验块金值与基台值之比则是检验由随机部分引起的空间异质性相对重要程度（Gallucci et al.，1979，1980）。描述和识别格局的空间结构用于空间局部最优化插值，即克里格插值。通过不同方向上的变异函数图，可以确定区域化变量的各向异性（包括有无各向异性以及各向异性的类型等），对于掌握区域化变量的空间结构特征，反映其各向异性是很有必要的。

17.1.3.2 变异函数的理论模型

在实际研究中，要全面了解空间变异特征，还需借助于推断将离散的试验变异函数配以相应的理论模型，这些理论模型将直接参与克里格计算或其他地质统计学研究。变异函数的理论模型可分为有基台值和无基台值模型两大类。其中，有基台值型包括球状模型、指数函数模型、高斯模型；无基台值模型包括幂函数模型、对数模型、纯块金效应模型、空间效应模型等。在实际工作中，最常用的理论模型是球状模型、高斯模型及指数模型。除了上述 3 个常用模型外，ArcGIS 中还有更多的模型可供选择，如四球模型、五球模型、孔穴效应模型、K-贝塞尔模型、J-贝塞尔模型等。

17.1.3.3 变异函数的理论模型的最优组合

为了得到理想的理论变异函数参数，通常需要经过多次拟合实验，反复校正参数，直至获得较好的变异函数参数。由于模型的选择对插值结果的影响较大，选择恰当的模型及参数是保证插值结果能够客观地反映研究对象空间分布的前提。地质统计学中的变异函数最优拟合主要是曲线拟合，拟合过程主要有 3 个步骤，即确定曲线类型，参数最优估计，最优曲线的确定。表 17-2 是常见变异函数理论模型的线性变换结果。

表 17-2　常见理论变异函数的线性变换

理论模型	变　换	变换后线性模型
球状模型	$\gamma(h)=y \quad C_0=B_0$	$y=b_0+b_1x_1+b_2x_2$
高斯模型	$h=X_1 \quad \dfrac{3c}{2a}=b_1$ $h^3=x_2 \quad \dfrac{-c}{2a^3}=b_2$	$y=b_0+b_1x_1$
指数模型	$\gamma(h)=y \quad e^{-\frac{h}{a}}=x_1$ $c_0+c=b_0 \quad -c=b_1$	$y=b_0+b_1x_1$

17.1.3.4　变异函数的理论模型检验

应用地统计学模型进行预测的时候，在预测值和真实值之间，会有一定的差异。因此对模型结果进行验证和检查是非常重要的。另外，可使用交叉验证的方法验证模型拟合训练数据，验证随机样本外的数据，评估克里格空间估计方法。有许多方法可对预测值进行评估，每一种方法都有自己的优势和劣势。初步选定一个变异函数理论模型及其参数值后，在数据系列中去除一个测量值，用其他的测量值对其进行估计；重复上述步骤得到估计域内全部点的估计值，通过估计值与测量值的误差计算，判断模型的好坏；如需要可适当调整参数值和另选模型然后重复上述各步，直到结果满意为止。

可用来判断变异函数模型好坏的统计量有平均预测误差、均方根误差及标准化均方根误差。平均预测误差应接近 0，但是该数值的大小取决于数据规模，因此采用标准平均值预测误差进行衡量，该值越接近于 0 越好；平均标准误差接近于均方根预测误差，则可以正确评价预测的不确定性，如果平均误差大于均方根误差，则高估了预测的不确定性，如果平均误差小于均方根误差，则低估了预测的不确定性；标准化均方根误差应接近 1，如果大于 1，则低估了预测的不确定性，如果小于 1，则高估了预测的不确定性。

17.1.3.5　空间局部插值

空间插值是指通过已知的数据点或已知的已划为各个相对小一些的区域内的数据点，计算出相关的其他未知点或相关区域内所有点的方法（朱求安等，2004）。地统计分析的核心就是通过对采样数据的分析、对采样区地理特征的认识选择合适的空间内插方法创建表面。通过插值，可以估计某一点缺失的观测数据，以提高数据密度；可以使数据网格化，把非规则分布的空间数据内插为规则分布的空间数据。空间插值方法很多，依据不同的标准，有多种不同的分类方法。依据已知点和已知分区数据的不同，可将空间数据插值分为点的内插和区域的内插；依据空间插值的基本假设和数学本质将空间内插分类为几何方法、统计方法、空间统计方法、函数方法、随机模拟方法、物理模型模拟方法和综合方法。空间插值包括确定性插值和地统计插值两大部分。确定性插值方法以研究区域内部的相似性（如反距离加权插值法）或者以平滑度为基础（如径向基函数插值法）由已知样点来创建表面。地统计插值方法利用的则是已知样点的统计特性。地统计插值方法不但能够量化已知点之间的空间自相关性，而且能够解释说明采样点在预测区范围内的空间分布情况。其中，确定性插值包括全局性插值和局部性插值：全局性插值是指全局多项式插值；局部性插值包括反距离加权插值、径向基插值、局部多项式插值。地统计插值包括普通克里格插值(OK)、简单克里格插值(SK)、泛克里格插值(UK)、概率克里格插值(PK)、析取克里格插值(DK)、协同克里格插值(CK)等。

空间局部插值就是指克里格插值，是根据随机场中待测值邻居位置的观测值对待测值进行插值的一组地统计技术。克里格方法就是建立在变异函数理论和结构分析基础之上，在有限区域内对区域化变量进行无偏最优估计的一种方法，是地统计学主要内容之一。南非矿产工程师 Krige 1951 在寻找金矿时首次运用这种方法，法国著名统计学家 Matheron 随后将该方法理论化、系统化，并命名为 Kriging，即克里格方法。

克里格方法的适用范围为区域化变量存在空间相关性，即如果变异函数和结构分析的结果表明区域化变量存在空间相关性，则可以利用克里格方法进行内插或外推。其实质是利用区域化变量的原始数据和变异函数的结构特点，对未知样点进行线性无偏、最优估计。无偏是指偏差的数学期望为0，最优是指估计值与实际值之差的平方和最小。也就是说，克里格方法是根据未知样点有限邻域内的若干已知样本点数据，在考虑了样本点的形状、大小和空间方位，与未知样点的相互空间位置关系，以及变异函数提供的结构信息之后对未知样点进行的一种线性无偏最优估计。

最近几年来，克里格技术的理论和应用得到了前所未有的蓬勃发展，克里格插值法已成功应用于采矿、林业、农业、水文、环境保护、地质、石油勘探等领域，并且范围还在不断扩展(Samonila et al., 2016；袁知洋，2015)利用克里格法得到要素的合理空间分布，显示出了比其他方法更好的效果。

17.2 地统计插值方法

(1)普通克里格法

普通克里格法是属于线性平稳的地统计学范畴，其区域化数学变量是位置的，插值过程类似于加权滑动平均，权重值的确定来自于空间数据分析结果。普通克里格法是对区域化变量的线性估计，它是以数据的正态分布为前提，认为区域化变量的期望值Z是未知的(汤国安等，2006)。如果区域化变量满足二阶平稳或本征假设，对点或块段的估计可直接采用普通克里格法。(汪政权，1999；李笑吟，2006；刘鑫，2007)该方法的差值过程类似加权滑动平均，通过空间数据分析确定权重值。

作为地统计学的基础方法，普通克里格法在森林生态学中应用非常广泛，以在土壤中的应用最多。地统计学对土壤空间变异性的研究目前主要集中在农业(Liu et al., 2006)和草地(Schloeder et al., 2001；Cerri et al., 2004)方面开展。主要被用于土壤和水文方面的研究，从20世纪开始用于林学(Samra et al., 1989；蒲婷婷，2016)和生态学(Seilkop et al., 1987；Lefohn et al., 1988；Fortin et al., 1989a；王璐，2016)方面。目前通过普通克里格法在森林方面的研究主要集中在温带森林土壤方面(Kirwan et al., 2005；Bengtson et al., 2007)。在热带雨林的土壤研究中，地统计学分析用于确定尺度的空间相关性(Wang et al., 2002；Okae-Anti et al., 2006；Skudnik et al., 2016)。变异函数主要被用于描述空间数据结构。块金值和基台值的比率(N/S)用于描述短变程空间结构的变化。N/S 为 0.3 表示30%的变量是随机的。Cambardella et al. (1999)将 N/S 比率划分为 3 类(>0.6，0.3~0.6 和<0.3)来划分空间结构。Kravchenko et al. (1999)和

Kravchenko(2003)发现土壤属性的 N/S<0.1，通过普通克里格进行插值比土壤属性的 N/S>0.1 要准确。

(2)指示克里格法

在很多情况下，我们不需要了解一个地区的具体属性值，只需要了解该属性值是否超过某一阈值的概率分布，根据上述数据特点，指示克里格法既在这种情况下，可以将数据转换为(0，1)值进行分析，这时我们就可以选择指示克里格法(董大伟，2011)。指示克里格法是一种非线性克里格法，对于转换处理后的指示变量，其实验半变异函数的计算与拟合与普通克里格法相似(于洋，2016)。通过普通克里格法即可获得位置的知识化估计值，对其采用的模型及参数的不确定性评价等方面也可以采用普通克里格交叉验证的方法(Silva et al.，2016；Jang et al.，2016)。该方法不要求数据服从正态分布，允许数据中存在特异值。

(3)泛克里格法

泛克里格方法主要用于存在主导趋势的数据，通过一个确定的函数或者多项式对趋势进行拟合完成。Huesca et al.(2009)通过泛克里格法对森林气象站的温度和相对湿度进行插值，作为评估季节性林火的数据基础。后来泛克里格方法迅速发展，在土地利用(Young et al.，2016)和土壤侵蚀与地貌形态中逐渐得到应用。

普通克里格法要求区域化变量 $Z(x)$ 是二阶平稳或内蕴的，至少是准二阶平稳或内蕴的。而实际上，很多区域化变量 $Z(x)$ 在估计邻域内是非平稳的，即 $E[Z(x)]=m(x)$，$m(x)$ 称为漂移。在这种情况下，使用泛克里格进行估计。所谓泛克里格法，就是一种在漂移的形式 $E[Z(x)]=m(x)$ 和非平稳随机函数 $Z(x)$ 的协方差 $C(h)$ 或变异函数 $\gamma(h)$ 为已知的条件下，考虑到有漂移的无偏线性估计量的克里格方法(蒋小伟等，2008)。泛克里格法属于线性非平稳地统计学。

是否平稳是相对的而非绝对的。在小尺度下，数值变化明显；在大尺度下，变化不明显。实际工作中存在以下情况：①从整体看研究的区域化变量漂移存在，小的局部范围内，可以认为是平稳的，可使用普通克里格；②整体看区域化变量是平稳的，但是小的局部范围内漂移存在，使用泛克里格。

(4)协同克里格法

协同克里格作为一种常用的地统计学模型，加入第二种信息属性不易获得，可以根据相关性通过一种信息获得第二种信息属性。根据不同的属性，提出各种协同克里格的组合方案(Goovaerts，1997)。从森林应用方面，使用地统计学方法，利用遥感数据已经进行了一些研究，并在研究空间降雨分配、气象和土壤质量方面得到应用(程柏涵，2016；Park et al.，2016；刘素真，2016)。Tucker(1979)和 Sellers(1987)利用协同克里格法和随机模拟方法通过合成遥感数据集进行森林资源管理。

协同克里格法是一种扩展的克里格法，是评估一种或多种变量数据，不仅包括空间相关性，也包括变量的自相关性的方法。协同克里格法是一种非常灵活但是严格的统计方法，空间点包括主要属性和辅助属性。根据样本之间主要变量和辅助变量之间的关系，协同克里格有以下几种方法：

①利用辅助变量预测主要变量到致密网格位置，该种方法称为异位协同克里格法(Wackernagel，1994)。

②同位素克里格法。要求测试所有样点位置的目标变量和协变量数据。

两者的一个变化是广义的协同克里格(Braswell et al.，1997)包括涉及的所有相关变量的预测更加密集的地方。

在完整的情况下，协变量和主变量不共享任何位置。一个更普遍的搭配是应用遥感数据协同克里格法，尽管主变量只在几个主要地点，协变量可以在所有位置进行插补。虽然协同克里格法与泛克里格相比并没有更新的概念，但是却可以使用更多的变量(Gilbert et al.，1997)。

(5)回归克里格法

回归克里格法是一个结合了简单或者多元线性回归模型(或者变种的广义线性模型GLM和回归树)的克里格法(Gilbert et al.，1997；Myneni et al.，1997)。在进行回归克里格的过程中，将克里格法的不确定性即回归残差(如模型的不确定性)引入克里格系统，来预测主要变量。

回归克里格法是由Odeh等(1994)首次提出的，并于1995年总结了3个回归克里格法的概念模型。回归克里格是一种广泛使用的结合了对辅助信息的回归分析和普通克里格的混合分割方法。如果基础变量和第二变量之间有明显相关性，则使用回归克里格比其他普通克里格法更加准确(Goovaerts，1999；Hengl et al.，2004；Knotters et al.，1995；McBratney et al.，2000；Odeh et al.，2000；Triantafilis et al.，2001；Scolforo et al.，2016)。虽然认为回归克里格可以从国家尺度研究土壤属性(梁贵，2015)，但是目前主要应用在区域尺度上。鉴于目前辅助数据的可用性和广泛的空间覆盖率显著增加(Pebesma，2006)，通过回归克里格进行国家尺度上土壤属性的研究会越来越多。

本章小结

地统计学是以具有空间分布特点的区域化变量理论为基础，以变异函数为主要工具，研究那些在空间分布上既有随机性又有结构性或空间相关性和依赖性的自然科学现象的科学。与经典统计学及地理信息科学等相关学科相比，地统计学有自己的学科特点，首先地统计学提供了描述空间连续性的理论，并且将经典回归方法和空间连续性结合起来，弥补了经典统计学忽略空间方位的缺陷；其次地统计学以数学操作为主，即通过变异函数分析进行空间自相关分析、空间插值的计算，分析空间结构特征以及建立空间模拟模型，具有较强的空间分析能力，但在空间数据管理功能方面表现不足。地统计分析的核心就是通过对采样数据的分析、对采样区地理特征的认识选择合适的空间内插方法创建表面。各种克里格方法理论基础不同，在森林生态学研究中都有其适用的范围。不同克里格方法存在区别，首先不同克里格方法的区别体现在适用空间数据分布上；其次不同克里格方法的区别体现在变量类型上；最后不同方法需要的数据集和实现目的也存在区别。在研究中应注意这些区别，根据研究的实际需要采取相应的克里格方法。

延伸阅读

1. 刘爱利，王培法，丁园圆，2018. 地统计学概论[M]. 北京：科学出版社.
2. 王政权，1999. 地统计学及在生态学中的应用[M]. 北京：科学出版社.

思 考 题

1. 地统计学和传统统计学有哪些区别？
2. 如何选择克里格方法？

第**18**章
森林生态系统健康研究方法

[**本章提要**] 健康的森林是一个国家和民族实现社会经济可持续发展的重要基础，是提高人民生活质量和改善生活环境的重要保证。森林健康是一种状态，如何对森林生态系统健康进行监测、评估和预警是森林生态系统健康研究的关键科学问题。本章对森林生态系统健康的监测、评价和预警研究方法进行了介绍。

18.1 森林生态系统健康监测

森林生态系统健康监测是指在一定时间和空间范围内，利用各种信息采集、处理和分析技术，对森林生态系统进行系统观察、测定、分析和评价，以全面展现监测期间森林资源和生态变化情况，综合揭示各种因素的相互关系和内在变化规律，为林业和生态建设，以及国家宏观决策和社会公众及时提供全面、准确的信息。

18.1.1 森林生态系统健康监测发展现状

开展森林健康监测(forest health monitoring，FHM)工作比较早，且发展比较完善的国家包括美国、德国、中国、澳大利亚、加拿大和瑞士等。这些国家的森林健康监测工作代表了森林健康监测方法的发展水平。

(1)美国森林健康监测

20世纪60~70年代，森林植物病虫害的综合防治成为研究的重点。70年代末至80年代初，提出了病虫害综合治理(integrated pest management)的概念；80年代末，制订了森林健康计划(forest health program)。20世纪90年代以来，为了寻找更有效的森林生态系统健康监测方法，美国开展了FHM体系工程，该工程于1999年加入FIA，并逐步建立起覆盖全国性的FHM体系，该体系包括森林健康监测、评价和研究方面的内容。目前，在美国已建立了全国森林健康监测系统，森林健康监测已成为一项日常工作。围绕森林健康，美国发展了3种监测方法：一是调查监测方法(detection monitoring)；二是评价监测方法(evaluation monitoring)；三是立地生态系统监测方法(intensive site ecosystem monitoring)(Alexander et al.，1999)。森林健康监测是一种旨在确定森林年度基础上的状态变化，以及森林状况指标的发展趋势的国家方案。该方案使用地面绘图与调查、航空测量及其他生物和非生物数据源的数据，以解决影响森林生态系统可持续性森林健康问题。

（2）德国森林健康监测

德国国家级森林调查主要有全国森林资源清查、全国森林损害调查和全国森林土壤调查 3 种。同时，构建了 3 个水平的监测强度：水平Ⅰ是对林冠、土壤和叶片等的监测；水平Ⅱ是通过设置永久样地，认识森林生态系统功能中的关键因素和过程；水平Ⅲ是对特定的森林生态系统进行研究分析。3 个水平的监测强度从水平Ⅰ到水平Ⅲ依次递进，范围逐渐扩大（王彦辉，1998）。德国森林健康的监测内容在不断完善，不同监测等级的具体内容也不相同。除样地基本信息外，目前监测内容分为 9 个方面（德国林业和林产品研究中心，2002）：①树冠健康：主要指标为树叶损失率和变色；②森林土壤及土壤溶液化学：主要指标是各层土壤养分元素含量、阳离子交换量和组成、土壤溶液的各种阴阳离子含量，同时进行水分通量平衡计算；③树叶化学：即树木营养；④森林生长和收获：主要监测树高、胸径、蓄积量变化等，建议可能时记录胸径连续变化过程；⑤大气污染物沉降：包括干沉降、湿沉降、树冠拦截沉降等，测定以气体、颗粒和液体形式进入林地的各种污染物和营养元素；⑥加强样地的气象监测包括常规气象指标以及土壤温、湿度等；⑦地表植被监测分层测定植物种类及其丰富度和覆盖度；⑧物候监测；⑨空气质量监测：主要包括 O_3、SO_2、NO_2 等直接伤害植物和有利于改善干沉降估算的污染物（张会儒等，2014）。

（3）中国森林健康监测

从 20 世纪 80 年代开始，我国开始出现因环境污染而导致森林受害问题的报道，但大部分研究集中在酸雨的成因以及酸雨对单一物种及林分的影响上。20 世纪 90 年代，我国森林监测开始形成了森林健康的思想。2001 年，我国开展了中美合作森林健康项目。从 2002 年开始，国家林业局首先在江西省信丰县、云南省丽江纳西族自治县、贵州省麻江县、陕西省佛坪县、北京市八达岭林场建立了 5 个试验示范区，包括人工林 1216hm²，低效林改造 920hm²，设立病虫害监测样地 52 个，组织培训项目区林业工作人员 1500 人次。

国内森林健康监测以样地监测为主，研究者结合中国森林生态系统定位监测研究网络开展了大量工作，同时也尝试采用"3S"等信息监测方法，"3S"即遥感（remote sensing，RS）、地理信息系统（geographical information system，GIS）、全球定位系统（global positioning system，GPS）。2003 年 6 月 25 日，中共中央、国务院《关于加快林业发展的决定》[中发〔2003〕9 号]明确提出，"建立完善的林业动态监测体系，整合现有监测资源，对我国的森林资源、土地荒漠化及其他生态变化实行动态监测，定期向社会公布"。目前，全国已建立森林生态系统的监测技术网络体系。

（4）其他国家森林健康监测方法现状

澳大利亚于 2000—2001 年开展了森林健康管理项目（forest health management project），采用空间技术开展森林健康评估和有害生物种群动态的系统监测。在林区设立了森林定位观测站，监测和报告森林经营措施对水质、土壤、生物多样性等的影响，并结合科研项目开展长期的森林生态监测，监控森林经营活动对生态环境的影响（Department of Agriculture, Fisheries & Forestry, 2003）。目前，应用数字航空抓拍技术来提高森林健康监测水平(Angus et al., 2009)。

加拿大的森林健康监测开始于1936年。为了响应国际上广泛关注的酸雨对森林健康影响的问题,加拿大林务局(Canadian Forest Service, CFS)于1984年成立了全国酸雨早期预警系统(Acid Rain National Early Warning System, ARNEWS),并在全国建立了由150个样地组成的监测网络(Hall, 1995)。

瑞士在全国采用每间隔1km系统布设固定样地的公里网格调查方法,固定样地采用200m²和500m²系统同心圆样地,在同心圆内分别测定胸径大于12cm和36cm的树木,进行森林资源调查和森林健康监测。同时,从1991年开始,采用像片解析仪进行航空相片判断。利用GIS和遥感技术,将航片监测与地面监测相结合。

利用GIS和遥感技术,将航片监测与地面监测相结合成为很多国家森林健康监测的必选方法(Engesser et al., 2007; Yu et al., 2016)。除此之外,英国为了监测森林健康状况,减少树木病虫害,应用风媒传粉,借助基因扩散的能力监测森林健康(Cavers, 2015)。

18.1.2 不同尺度森林生态系统健康监测方法

森林生态系统组成与结构的多样性及其变化,涉及个体、斑块、生态系统、景观、区域等不同时空尺度,每个尺度都交织着复杂的生态学过程。因此,从森林健康监测的空间尺度上考虑,分为3个层次:小尺度监测(固定样地监测)、中尺度监测(典型监测)和大尺度监测(区域监测),将两两结合或三者结合起来进行的森林生态系统健康监测即为多尺度监测。

(1)小尺度森林生态系统健康监测方法

小尺度森林生态系统健康监测是从斑块尺度(patch scale)到生态系统尺度(ecosystem scale)上的监测,是定期对同一对象重复进行的森林生态系统健康调查,其结果具有可对比性,也称为长期固定样地监测(permanent sample plot monitoring)。小尺度森林生态系统健康监测的对象是某一特定森林生态系统或某一区域森林生态系统的结构和功能特征及其在人类活动影响下产生的变化。小尺度森林生态系统健康监测大多依托多个森林生态系统定位观测研究站,设置固定样地,利用物理、化学或生物学方法、借助多种先进仪器设备和高端技术手段对森林生态系统过程提取属性信息。根据森林生态系统健康监测的具体内容,小尺度森林生态系统健康监测包括:①干扰性森林生态系统健康监测;②污染性森林生态系统健康监测;③治理性森林生态系统健康监测。这3类森林生态系统健康监测以背景森林生态系统健康监测资料作为类比,以揭示自然或人类活动影响下生态系统内部各个森林健康指标和生态系统结构、功能以及过程所发生的变化及其程度。

(2)中尺度森林生态系统健康监测方法

中尺度森林生态系统健康监测是为了更好地理解特定的森林生态系统过程或证实森林受害的因果关系,或者开展某些特殊的研究,对特定目标或有代表性的区域开展生态系统空间尺度和区域尺度的研究和监测,也称为定点强化监测、专项监测、重点监测,包括对典型森林生态系统进行的专项监测,典型地区、小流域土地/林分类型的监测及其对各类标准地进行监测等。中尺度森林生态系统健康监测主要是针对某一特定森林生态系统健康的主要影响因素、主要过程以及森林生态系统结构和功能的变化，并通过综合分析不同来源的监测数据确定森林健康变化和森林受害的原因。典型监测点应分布在保护区域、远离污染源的小区域，水文独立、立地条件均质等不同的生境类型。中尺度监测的对象为几公顷到几十公顷的监测样地(大样地)。

(3)大尺度森林生态系统健康监测方法

大尺度森林生态系统健康监测为大范围或大区域的调查，一般以县级以上的区域为单位，通常采用基于数理统计理论的抽样技术，涵盖了小尺度森林生态系统健康和中尺度森林生态系统健康监测，也被称为宏观森林生态系统健康监测。大尺度森林生态系统健康监测的对象是区域范围内森林生态系统的结构与功能及其组合方式、镶嵌特征、动态变化和空间分布格局及其在人类活动和自然灾害等影响下的变化，最有效的监测方法是应用尺度森林技术和航空航天监测等高新技术手段，建立多学科集成的森林生态系统健康监测体系。大尺度生态监测是一项宏观和微观相结合的监测工作。宏观上要从景观水平对区域森林生态系统的总体特征有明确的认识，能把握区域森林生态系统健康变化的趋势，微观上对森林生态系统健康状况进行分析，建立系统的森林生态系统健康监测网络，以便定期、连续地开展森林生态系统健康监测工作。

(4)多尺度森林生态系统健康监测方法

一个完整的森林生态系统健康监测计划必须把各个空间尺度的监测结合起来，这样才能全面而又清楚地了解生态系统在人类活动或自然灾害影响下的综合变化，即综合森林生态系统健康监测。综合生态系统健康监测的内容应包含森林生态系统的多个方面，主要是对森林生态系统的结构、功能、生态系统过程等多个方面进行监测和研究。微观监测为宏观监测奠定基础，提供现状资料，宏观监测为微观监测提供指导，两者相互补充，相辅相成。这样由多个微观监测点再配合以宏观监测便可形成生态监测网，即综合监测。

18.2　森林生态系统健康评价

18.2.1　森林生态系统健康评价的内容

森林生态系统健康评价与人们对森林生态系统健康内涵的理解密切相关。在不同时期内，对森林健康内涵的不同理解，使得对森林生态系统健康进行评价的内容和方法也不同。在森林健康内涵的 3 个发展阶段，森林生态系统健康评价的内容如下：

(1)20 世纪 60 年代：森林病虫害防治角度的森林健康

20 世纪 60 年代，森林健康是西方国家针对人工造林林分结构单一、森林病虫害防治能力、水土保持能力薄弱等问题提出来的一个概念。这一时期，森林健康关注的往往是人为因素(酸雨、大气污染、砍伐及森林土地开发等)造成的森林衰退现象(不正常脱叶、冠层稀疏、脱色、叶子卷曲、大面积死亡以及人工林雪压、风折以及多发森林火灾和病虫害等现象)(Smith, 1985; Smith, 1990; Bussotti et al., 1992; Oszlanyi, 1997)。森林健康是指某一森林中的生物因素(病虫害)和非生物因素(空气污染、营林措施、木材采伐等)对现在或将来森林资源经营的目标不会造成威胁(徐小牛, 2008)。

(2)20世纪80年代到90年代初中期：森林生态系统角度的森林健康

20世纪80年代，森林健康代表森林的生产力和受压后的恢复能力(Radloff et al.，1991)。森林健康的指标为生态系统的活力、组织结构和恢复力(抵抗力)(Costanza et al.，1992)。Twery等(1996)认为森林健康是在景观更新、对大范围的干扰下具有恢复力、并能够保持自身生态弹性的一种状态，能够满足人们现在以及将来在经济、使用、产品和服务方面的需要。Covington(1997)提出健康的森林对外界环境引起的自身变化具有恢复力。森林生态系统健康是向人类提供服务并维持自身复杂性的一种状态(Monnig et al.，1992；O'Laughlin，1994a；O'Laughlin，1994b)。美国林务局认为森林生态系统健康包含森林病虫害管理、全球变化和生态系统经营(Dahms et al.，1997)。

(3)20世纪90年代末期至今：森林生态系统时空异质性和人类需求角度的森林健康

随着人们对森林生态系统认识的不断深入，对森林生态系统健康的理解已逐步涵盖林分、森林群落、森林生态系统以及森林景观等多个尺度，不仅包括空间尺度，而且包括时间尺度(O'Laughlin，1996；Alexander et al.，1999)。在空间尺度上，一棵树的健康不等于一个林分的健康，一个健康的林分中也可能存在着一定数量的不健康树木(被压木、病态木、枯死木等)，而是它们均存在于一个较低的水平上，对维护健康森林中的食物链和生物多样性、保持森林结构的稳定和生态系统平衡有益(高岚等，2009)。在时间尺度上，蔡小溪(2015)对不同演替阶段(中龄林、近熟林、成熟林和老龄林)针阔混交林森林健康进行了评价，测定了生产力指标、组织结构指标、抵抗力指标和森林土壤健康指标，应用因子提取，设立因子权重，得出研究区成熟林为健康状态，近熟林和老龄林为亚健康状态，中龄林为不健康状态。目前，一个广为接受的观点是：森林生态系统健康不仅仅是没有火灾和病虫害等胁迫，而应该从生态系统的生态、社会和经济效益方面整体来考虑。一个健康的森林生态系统不仅是内部具有良好的自我调节能力，而且对于外界环境的变化可以进行相应的自我调整，以保持一种稳定、可持续的状态(Dale，2000)。森林的健康必须满足两个条件：一是自身无疾病；二是能够满足人类对森林的各种需求。一个健康的森林生态系统在受到干扰时必须有维持自身的能力和快速恢复力(Benjamin，2003)。进入21世纪以后，人类健康与动物和生态系统健康之间的联系变得越来越明显(Peter et al.，2013)，森林健康的内涵也与生态服务功能和人类需求紧密联系在一起。

18.2.2 森林生态系统健康评价的方法

森林生态系统健康评价是森林保护和持续合理利用的基础，可以为科学地制定森林保护对策提供依据，对提高森林可持续经营水平和环境管理水平具有重要的指导作用。目前，森林生态系统健康评价常用的方法主要包括生态指示者法、健康距离法、指标体系法。

(1)生态指示者法

生态指示者法是采用一些指示类群(indicator taxa)来监测生态系统健康的方法(Leopold，1997)，是依据森林生态系统的关键物种、特有物种、稀有物种、濒危物种、特有动物、长寿命物种、森林土壤微生物和环境敏感物种等的数量、生物量、生产力、结构指标、功能指标及一些生理生态指标等的变化的比较，来反映健康与不健康生态系统之间的差距和程度的方法，也称为生物指示物评价法。生态系统在没有受到外界胁迫的条件下，通过自然演替为生态指示者造就了适宜的生境（对有些反方向的生态指示者，是不为其造就生境），致使生态指示者与生态系统趋于和谐的稳定发展状态（反方向的生态指示者，尤其不可能适宜生境）。当生态系统受到外界胁迫后，生态系统的结构和功能产生变化，这些生态指示者的适宜生境受到胁迫或破坏。因此，可以通过这些生态指示者的结构、功能指标和数量的变化来表示生态系统的健康程度（或受胁迫程度），同时也可以通过这些指示物种的恢复能力表示生态系统受胁迫后的恢复能力。由于森林生态系统的位置、类型、林龄和生物学特性不同等因素的影响，增加指示类群选择的难度。一般情况下，不论是何种生态指示者，都应该是对森林生态系统的变化具有敏感性，而且易于测量。

利用生态指示者法进行森林生态系统健康评价的实施步骤为：①选择长期受危害的森林类型；②选取对评价森林生态系统变化反应敏感的生态指示者；③对危害前后森林中的生态指示者进行调查；④根据危害前后生态指示者的变化，评价森林生态系统健康状况。

生态指示者法可以选一种或几种生态指示者对森林生态系统健康进行评价。因此，生态指示者法包括单物种生态系统健康评价和多物种（指示类群）生态系统健康评价。单物种生态系统健康评价法主要是选择对生态系统健康最为敏感的生态指示指标（生物量、活性、形态等）来对森林生态系统健康进行评价。这一物种只存在于特定生态系统中，并对环境因子特别敏感，当生态系统的某一项或几项环境因子发生微小变化时，都会对这一物种产生影响。同时这一物种的多少可以指示这一特定生态系统受胁迫的程度，也能反映生态系统对胁迫影响的反馈程度和恢复力。单物种生态系统健康评价法通常不适于复杂生态系统健康的评估，但对于单一目标的评价则有很好的效果。但是如果只使用单一物种，当外界干扰在更高层次上对生态系统的结构和功能作用而没有造成物种变化时，这一方法就不敏感。可以考虑采用不同生物组织层次上的多个物种多个指标来反映这种变化。

生态指示者评价法具有快捷、高效、简单易用的特点，如果生态指示者选择正确合理，可准确评价森林生态系统健康状况。但生态指示者法具有以下缺点：①如果只使用单一物种，可能对外界干扰造成的生态系统结构和功能变化反应不明显，这一方法就不能准确反映森林生态系统的健康状况；②指示物种的筛选标准及其对生态系统健康指示作用的强弱不明确（Dai et al.，2006），且未考虑社会经济和人类健康因素，加上生态系统的复杂性，难以全面反映生态系统的健康状况（Ma et al.，2001）；③指示物种的筛选标准不明确，找到真正合理的指示物种组合决非易事，有些采用了不合适的类群等，这些物种中有些可能不是必需的，有些甚至可能是不合适的，同时难于评价每个物种的作用；④生态指示者法不适用于以人类活动主导的森林生态系统的健康评价。可见，在生态系统健康研究中，指示物种及其指示物种的结构功能指标的选择应该谨慎，要综合考虑到它们的敏感性和可靠性，要明确它们对生态系统健康指示作用的强弱。

（2）健康距离法

健康距离法由陈高（2004）提出，他认为健康的森林生态系统是一个"模式生态系统集"，每一模式生态系统受到压力和干扰后，其结构和功能必然产生变化，并偏离原来的区域。因此，可以通过它与原来健康状态(或目标)的对比来评估这种变化，健康的度量可采用健康损益值——健康距离(health distance，HD)来表示(图18-1)。健康距离法是一种计算所评价森林生态系统健康状况与最接近原始状态的同一森林生态系统健康之间距离的方法，可以用于解释生态系统(或群落)的健康评估计算。该方法虽然得到了研究者的认同，但在实际运用中，寻找接近原始状态的森林生态系统存在较大困难。

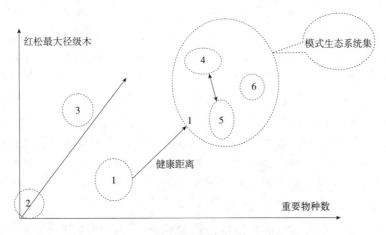

图18-1 模式生态系统集和健康距离示意图

(引自陈高，2004)

利用健康距离法评价森林生态系统健康的具体步骤为：①构建森林生态系统健康评价指标体系；②确定评价指标权重；③根据式(18-1)，计算评估生态系统与模式生态系统之间的距离；④根据距离的数值大小，判断森林生态系统健康状况，距离越大，说明森林越不健康。

图18-1中，1~6分别代表一定的林型，例如，1为次生白桦林，2为皆伐或其他严重干扰后的裸地，3为择伐林，4为椴树红松林，5为云冷杉红松林，6为其他。在4~6之间可相互转化，这种转化被看作健康的。

生态系统 A 和生态系统 B 的健康距离可以用下式计算：

$$HD(A, B) = \sum_{i=1}^{n} \left| \frac{B(x_i) - A(x_i)}{A(x_i)} \right| \times K_i \qquad (18\text{-}1)$$

式中 $x_1, \cdots, x_n$——所采用的评价健康指标；

$[B(x_i) - A(x_i)]/A(x_i)$——A 到 B 的相对距离；

K_i——指标 x_i 的权重，$K_1 + K_2 + \cdots + K_n = 1$。

距离实际上是事物之间的一种函数关系，是难于接近程度的一种表征。一般而言，干扰越大，压力越大，健康损益值越大，HD 越大，表明该生态系统(群落)就偏离模式生态系统越远，越不健康，对人类的服务功能越弱。

评价因子与指标体系的构建是森林生态系统健康评价的基础。其内容不仅包括森林生态系统的组成结构(生物和非生物因素)、功能过程、胁迫因素(人为干扰或自然因素)等，还应该从不同的尺度(生态系统尺度、群落尺度、个体尺度)进行指标体系的构建。指标体系的构建应遵循以下原则：要考虑生态系统整体性，既要考虑空间尺度，又要考虑时间尺度，而且选择的指标要易于测量，能够准确反映生态系统健康状况，提供生态系统过程的变化。从森林生态系统的生态要素、森林生理要素、胁迫要素、环境要素和气象要素等多个方面进行森林生态系统健康评价。健康距离法所需要的指标体系，具有指标体系法中指标体系的一切优点和缺点。

健康距离法能从群落尺度甚至更大尺度对森林生态系统健康进行定量评价，具有一定的弹性和可操作性。但健康距离法存在以下缺点：①指标体系的构建应综合考虑生态、社会、经济多方面的因素，评价指标较多，难于收集和测定；②在采用健康距离法进行评价时，找到与被评价森林类型相同的未受干扰（原始森林）生态系统在实际操作中是非常困难的。经过人类几千年的利用和破坏，原始森林已经非常少，而且要找同一地区同一植被类型显得更为困难。另外，在计算指标权重时也带有很强的主观性。健康距离法是计算所评价森林生态系统与模式森林生态系统之间的距离，来进行森林生态系统健康评价的方法。模式生态系统即健康的生态系统，对当地气候、水文、土壤等环境因子的最佳适应能力，是局部小区域上的自稳定系统。但是，在应用健康距离法进行森林生态系统健康评价时，很难找到满足条件的模式生态系统。因此，该方法在森林生态系统健康评价中还未得到广泛应用。

（3）指标体系法

指标体系法是根据森林生态系统特征构建一套科学合理的指标体系，通过对指标观测，对指标数据进行统计处理，进而定量评价森林生态系统健康的方法。选取的指标既可以是森林生态系统的结构、功能和过程指标，也可以是社会经济、景观格局和土地利用指标。该方法以其提供信息的全面性和综合性而被广泛应用于生态系统健康评价（Zhou et al.，2005）。国内目前已有的森林健康评价方法主要以指标体系法为基础发展而来。利用指标体系法进行森林生态系统健康评价的步骤为：

①构建指标体系：森林生态系统健康评价指标不仅包括生态系统水平指标、群落水平指标、种群及个体水平指标，而且还包括物理化学及生物学指标。因此，森林生态系统健康评价指标的选取具有较大的主观性。一般是根据森林健康评价的现实需要，构建森林生态系统健康评价指标体系。评价指标应反映生态系统本身特征的真实性，指标数值的变化能够真实地反映生态系统健康状况的变化；应有明确的涵义和可度量性；指标应尽可能采用已有的、为公众所熟悉的度量技术等；应形成一个体系，即各项指标构成一个标准，几个标准构成一个整体衡量的体系；应有一定的灵活性，因为任何标准和指标，都有一定的时效性和变化趋势。

②确定评价指标判定标准：评价指标标准值的确定是森林生态系统健康评价的关键，目前尚没有形成统一的判定标准。评价指标标准值的确定方法一般有主观赋权法（专家评判法、层次分析法等）和客观赋权法（变异系数法、相关系数法、熵值法和坎蒂雷赋权法等）。进行评价指标赋值时，首先将指标体系层次化，分为目标层、准则层、指标层和亚指标层；然后构造判断矩阵并赋值，最后进行一致性检验。如果选择的指标太多，运用主成分分析法或因子分析法对原有的指标体系进行筛选、合并，挑选出对森林生态系统变化最为敏感的指标，进行森林生态系统健康评价。

③建立评价模型：生态系统健康评价需要将评价指标，整合成几个综合数值来反

映生态系统健康情况。这需要把数量繁多的指数或指标组合起来，建立合适的森林生态系统健康评价模型，形成综合指数，通过指数大小来反映森林生态系统健康状况。

④划分评价等级：根据评价模型获得的结果，采用专家评判法将森林生态系统的健康指数划定区间，不同的区间表示不同的森林生态系统健康等级，用于判断森林生态系统健康状况。

森林生态系统健康评价概念模型如图 18-2 所示。

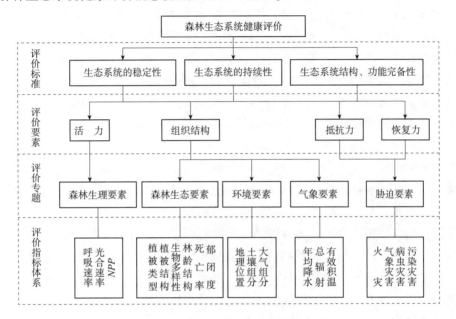

图 18-2　森林生态系统健康评价概念模型

(引自肖风劲，2004)

森林生态系统健康主要是基于森林生态系统的复杂性、稳定性、持续性以及生态系统的结构和功能的完备性来进行评价的。目前，采用 Costanza 所提出的活力(V)、组织结构(D)和恢复力或抵抗力(R)3 个层面指标体系的研究者较多。

生态系统健康的主要测量指标及其测量方法见表 18-1。

表 18-1　生态系统健康评价指标

生态系统 健康评价指标	相关概念	相关测定指标	起源领域	使用方法
活力	功能 生产力 生产量	初级总生产力、净初级生产力 国民生产总值 新陈代谢	生态学 经济学 生物学	测量、调查
组织结构	结构生物多样性	多样性指数 平均共有信息	生态学	网络分析
恢复力		生长范围 种群恢复时间 化解干扰能力	生态学	模型模拟
综合		优势度 生物整合性指数	生态学	

注：引自肖风劲，2004。

指标体系法是根据森林生态系统的特征建立指标体系，并进行森林生态系统健康定量评价的方法。指标体系法因其指标体系的全面性而广泛应用于森林生态系统健康评估。该方法的指标体系构建简单，可以根据研究的需要构建不同的指标体系。在所有的森林生态系统健康评价方法中，指标体系法是其他森林生态系统健康评价方法的基础。但是，指标体系法由于主观性较强，而且没有统一的指标体系构建标准，对森林生态系统健康评价结果影响较大。

由于指标体系法构建便捷，以其反映信息的全面性和完整性在目前的森林健康评估中占有重要地位。在实际操作中，它存在以下缺点：①鉴于森林生态系统的复杂性，指标体系的构建未能考虑森林生态系统的所有信息；②不同研究者根据不同的研究地点和研究方法，构建的指标体系存在着主观性、随意性；③某些指标的评价结果为定性描述，降低了森林生态系统健康评估结果的直观性和可靠性；④某些指标体系中，评价指标太多，评价指标观测与资料收集所需时间较长，不能及时准确反映森林生态系统的健康状况，实用性和可操作性较差。

(4) 结构功能组法

森林生态系统的结构决定其功能，而系统的最优结构和潜在功能很大程度上决定于森林立地质量，并和森林生态系统的经营管理措施密切相关。要构建健康森林，使其最大限度地发挥各种功能，必须借助合理的经营措施，使森林结构适应立地潜力和功能要求，实现立地环境、系统结构、系统功能、经营管理的统一。结构功能组法是综合森林生态系统多方面指标，从森林生态系统结构与功能的变化与演替过程、生态服务功能和产品服务的角度、森林生态系统与区域环境的相关关系以及森林生态系统的健康负荷能力及其受胁迫后的健康恢复能力等各方面来评价森林生态系统健康的一种方法。因此，结构功能组法是对森林生态系统健康的一种动态评估方法。

结构功能组评价法本质上是一种多指标的综合方法，具有直接、明确的功利性和实用价值。健康评价综合指数是这一阶段的典型特征，包括选择与计算单因子健康指数、确定各单因子权重、组装综合指数 3 个步骤。目前，结构功能评价的指标综合性尚不足，主要因为对功能所依赖的生态过程以及多个功能之间的关系并不完全清楚，诸多因子的综合较为牵强，缺乏对生态过程合理解释的支撑。

森林生态系统健康评价结构功能组法主要包括以下 6 个方面：单结构指标评价法、单功能指标评价法、复合结构指标评价法、复合功能指标评价法、复合自然指标体系评价法和社会—经济—自然复合指标体系评价法(表 18-2)。维持生态系统的健康状态，获得持续、稳定的生态系统服务功能，是生态系统健康研究的根本目的和重要任务。一般情况下，健康的生态系统提供高质量的生态服务，崩溃的生态系统丧失服务功能，健康与服务存在相对对应关系。

森林生态系统功能的全面发挥与森林生态系统的结构密切相关，结构决定功能，结构合理，功能才能正常发挥，结构与功能是生态系统的两个重要方面。因此，用结构功能组法来研究森林生态系统健康时，应充分考虑森林生态系统的复杂性和功能的多样性，进行指标选择。结构功能组可以是生态系统不同过程的功能和结构的组合，也可以根据评价重点的需要进行指标的组合，反映了生态系统不同尺度的健康评价转换。

表 18-2 生态系统健康评价结构功能组法

结构功能指标体系	评价指标
单结构指标评价	群落结构指标；生态系统结构指标；水平结构指标；垂直结构指标等
单功能指标评价	群落生物量、生产力；生态系统生物量、生产力；生态系统能量流；生态系统物质流；生态系统价值流；生态系统土地利用效率；生态系统服务功能；生态系统产品功能；生态系统、群落、物种、基因多样性指标等
复合结构指标评价	综合生态系统、群落等结构指标，建立指标体系评价，包括水平结构、垂直结构、分布特点、坡度、坡向、海拔等环境梯度因子
复合功能指标评价	综合生态系统、群落功能指标，建立指标体系，包括生物量、生产力、能量流、物质流、价值流、多样性、生态系统服务功能、生态系统产品功能等
复合自然指标体系评价	综合生态系统结构、功能方面的自然指标(包括生物量、生产力、能量流、物质流、多样性、结构、环境梯度因子等)，建立复合自然指标评价体系。可直接观测、野外测试的生态系统和群落指标
社会—经济—自然复合指标体系评价	自然生态系统结构和功能的侧试指标；区域社会指标；区域经济发展指标；区域环境因子指标；自然生态系统与社会经济相互制约指标等；建立社会—经济—自然复合指标体系

注：引自孔红梅，2002。

结构功能组法是对森林生态系统健康过程的动态评估方法，能够深入分析森林健康的变化趋势和探讨影响森林健康的因素。它将生态系统的结构和功能结合起来，发生量变到质变的飞跃，是森林生态系统健康评估的一大进步，但还存在以下缺点：①选择能够全面表征森林生态系统结构和功能的指标，还存在一定的困难；②在指标体系的构建上，具有一定的主观性；③由于对森林生态系统的过程还未得到全面理解，在中尺度和大尺度进行森林健康评估时，缺乏全面性和综合性。

18.3 森林生态系统健康预警

18.3.1 森林生态系统健康预警的含义和步骤

森林健康预警是指在生态系统或景观尺度上，基于森林健康现状分析，对未来趋势进行测度，预报森林健康异常状况出现的时空范围和危害程度，对于已有问题提出解决措施，对于即将出现的问题给出防范措施的报警和调控，保持健康森林的稳定性，持续发挥森林的生态、经济和社会效益。预警的一般步骤为明确警义、寻找警源、分析警兆、预报警度和排除警患(吴延熊，1998)(图 18-3)。

明确警义就是明确森林生态系统健康预警的对象，警义就是指警的含义，一般从两个方面考察：一是警素，即构成警情(灾害)的指标是什么，警素主要包括生产力警素、多样性警素、效益警素和灾害警素(图 18-4)；二是警度，即警情的程度，这也是监测预警研究的基础。寻找警源，即是寻找警情发生的根源；分析警兆，即分析警素发生异常变化导致警情发生的预兆；预报警度即预报警情发生的程度，它通常分为 4个等级，即无警、轻警、中警、重警(彭韶兵，2005)。

加拿大林务署(CFS)于 1984 年建立了国家酸雨早期预警系统(ARNEWS)，通过使

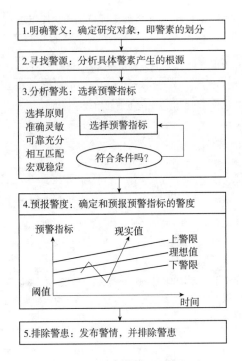

图 18-3   预警原理过程图

（引自吴延熊，1998）

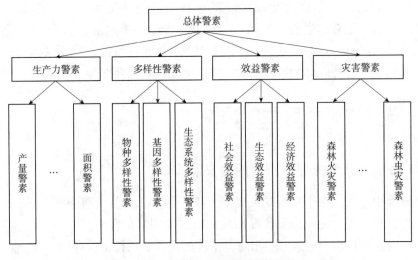

图 18-4   森林生态系统健康预警的警素

（引自吴延熊，1999）

用永久性样地对具有代表性的森林生态系统植被和土壤进行长期监测，从而发现酸沉降和其他污染造成的森林变化，进而评估酸雨对森林树木和土壤造成的伤害。

国内对森林的预警研究开始于 20 世纪 90 年代，也包括森林健康预警（forest health warning）。吴延熊等（1999）对森林资源预警系统进行了系统研究，包括区域森林资源预警系统概念框架的粗略构建、区域森林资源预警指标的研究、区域森林资源预警系统合理空间尺度的探讨、区域森林资源预警系统的哲学基础、区域森林资源预警系统运行机制的实例论证、区域森林资源预警的警度划分、区域森林资源预警的警兆识别、研建区域森林资源预警系统可能性的探讨等方面；王懿祥（2004）从系统论的角度出发，构建天然林风险压力模型，以确定或预测天然林在某一时期所处的状态，即是处于增长、稳定，还是衰退、甚至崩溃的状态，进而根据警限，发出警度预报，以便缓解甚至消除天然林系统所遭受的压力；在人工林和天然林的划分上，建立了森林分类识别模型；在天然林系统状态动态方面，提出了天然林系统状态预测模型；余新晓等（2010）用神经网络法进行了森林预警系统的构建和实例分析。总体来说，森林生态系统预警研究是一个新领域，预警方法的研究任重而道远。

18.3.2　森林生态系统健康预警的方法

（1）统计预警法

统计预警法是在掌握大量历史的和现在的数据资料的基础上，用相关关系法对警兆与警素之间的关系进行统计处理和分析，然后根据警兆的警级预测警素的警度，从而揭示出以森林生态系统数据资料所反映的内在客观规律，并据此对未来的森林健康状况进行预测（陈秋玲，2009）。

（2）层次分析预警法

20 世纪 70 年代中期，层次分析法（analytic hierarchy process，AHP）由美国著名运筹学家、匹兹堡大学教授 Saaty 提出（赵焕臣，1986），它模拟了人脑对客观事物的分析与综合过程，是将定量分析与定性分析有机结合起来的一种系统分析方法。其基本原理是把复杂系统分解成目标、准则、因素等不同层次，把研究对象作为一个系统，按照分解、比较判断、综合的思维方式进行决策，在此基础上进行定性和定量分析。层次分析法适用于结构较复杂，决策准则多且不易量化的决策问题。层次分析方法的步骤为（王慧敏等，2007）：

首先，分析森林生态系统中各因素之间的关系，建立系统的递阶层次结构，构造层次分析结构模型。在层次分析结构模型中，将复合系统分解成若干组成因素，这些因素按其属性分成若干组，形成不同层次，同一层的因素对下一层某些因素起支配作用，同时又受到上层因素的影响。层次分析结构模型最高层称之为目标层，只有一个因素，最下层为方案或对象层，中间层为实现目标可供选择的各种措施、决策方案等，称为措施层或方案层，可以有一层或多层。研究资源—环境—经济复合系统时，最低层中应包括由社会、经济、资源、环境等因素综合组成的发展方案。

其次，从层次分析结构模型的第二层开始，同一层次中各因素对上一层次中某一准则的重要性进行两两比较，构造判断矩阵：

$$A = (b_{ij})_{n \times n} \tag{18-2}$$

式中　A——判断矩阵；

　　　n——两两比较的因素数目；

　　　b_{ij}——因素 U_i 比 U_j 相对某一准则 C 重要性的比例标度。

第三，由判断矩阵计算被比较因素对该准则的相对权重，n 个因素（U_1，U_2，…，U_n）对于准则 e 的判断矩阵 A，n 个因素对于准则 C 的相对权重（W_1，W_2，…，W_n）。相对权重其向量形式为

$$W = (W_1, W_2, \cdots, W_n)^T \tag{18-3}$$

　　用特征根法求解判断矩阵的最大特征根与相应的特征向量，经归一化后的特征向量即为相对权重向量，并进行一致性检验。

　　最后，计算各层因素对系统目标的合成权重，同时可对各因素或准则根据其对系统目标实现程度的作用进行排序。

　　(3)模糊判定模型预警法

　　模糊判定模型预警法是借助模糊数学的一些概念，应用模糊关系合成的原理，将一些边界不清、不易定量的因素定量化并进行综合判定，通过构造等级模糊子集把反映被判定事物的模糊指标量化，然后利用模糊变化的原理对各指标进行综合，对实际的森林生态系统健康状况综合提供判定的方法。一般来说，模糊判定模型预警法的步骤如下：

　　①建立森林生态系统健康判定指标体系。

　　②确定判定等级域：$V = \{v_1, v_2, \cdots, v_n\}$，每一个等级对应一个模糊子集，一般情况下，评语等级 m 取$[3, 7]$中的整数，m 取奇数的情况居多，因为这样便于判定事物的等级归属，具体等级可以依据判定内容用适当的语言描述。如无警、轻警、中警、巨警。

　　③进行单指标判定：通过某种函数或关系建立模糊矩阵，确定各因子的隶属度，从而获得模糊矩阵。

　　④确定待判定因素的模糊权向量：$W = \{w_1, w_2, \cdots, w_n\}^T$，一般情况下，因素域的各指标对等级域的各等级来说并非是同等重要的，各指标对总体指标贡献大小也是不同的，因此在决定前要确定模糊权向量。利用合适的合成算子对待判定事物合成可得到模糊判定的结果向量。

本章小结

　　森林生态系统健康是一种状态，森林生态系统健康研究就是要对森林生态系统健康状态进行监测、评价和预警。森林生态系统健康监测是持续了解森林生态系统健康的有效方法，具有小尺度、中尺度、大尺度及多尺度监测 4 种类型，不同尺度的监测具有各自的监测方法和特征。森林生态系统健康评价是对衡量森林生态系统健康水平的进行评估，目前指示者法、指标体系法、健康距离法和结构功能组法 4 种方法，这 4 种方法都有其各自的优势和局限性，在具体的森林生态系统健康评价研究中应该根据研究的目标及具有的研究条件进行合理选择。森林生态系统健康预警是对森林生态系统健康状态发出预警的方法。森林生态系统健康预警有指标预警法、统计预警法、层次分析预警法和模糊判定模型预警法。这 4 种预警方法各具优缺点，可根据具体研究需要进行选择。

延伸阅读

　　1. 余新晓，甘敬，李金海，2010. 森林健康评价、监测与预警[M]. 北京：科学出版社.

2. 国家林业局造林绿化管理司，美国林务局国际合作司，美国孟菲斯动物园，2016. 森林健康在中国(中美森林健康合作 10 周年总结报告)[M]. 北京：中国林业出版社.

思 考 题

1. 不同尺度森林生态系统健康监测方法存在哪些差异？
2. 森林生态系统健康评价方法有哪些类型？各自适用于哪些情况？
3. 森林生态系统健康预警的方法有哪些？

第19章
R语言统计建模方法

[**本章提要**]森林生态学研究的不断发展和观测研究手段的快速进步，使研究者可以获得多源、大量、多样的研究数据，这对数据统计分析及建模提供了更高要求。R语言是一种开源且不断更新的统计绘图语言，其在数据处理方面具有众多优势，其在森林生态学研究领域的应用也越来越普及和深入。本章对R语言在森林生态学研究中统计建模方法进行了介绍。

19.1 R语言概述

R是一种统计绘图语言，也指实现该语言的软件多领域的统计资源。森林生态学研究需要从广泛的数据源获取数据，将数据片段融合到一起，对数据做清理和标注，用最新的方法进行分析，以有意义、有吸引力的图形化方式展示结果，最后将结果整合成令人感兴趣的报告并向利益相关者和公众发布。R正是一个适合完成以上目标的理想而又功能全面的计算机语言与平台。与源自贝尔实验室的S语言类似，R是一种为统计和绘图而生的语言和环境，是一套开源的数据分析解决方案，也是一个数据统计分析处理模型的分享平台。R是一种解释型语言，而不是编译语言，也就意味着输入的命令能够直接被执行，R的语法非常简单和直观(汤银才，2008)。

R有着非常多值得推荐的优点(Robert，2013)。在绝大多数情况下，它的功能不亚于甚至优于商业软件(陈堰平等，2013)，R中囊括了在其他软件中尚不可用的、先进的统计例程，新方法的更新速度是以周来计算的(Robert，2013)。首先，R是免费开源的，可运行于Windows、UNIX和Mac OS X多种平台之上，这使得R具有非常广泛的应用，也为R语言中包的持续增加和更新提供了良好的基础。它易于扩展，并为快速编程实现新方法提供了一套十分自然的语言，在其上可使用一种简单而直接的方式编写新的统计方法。R的最大优点之一就是用户可以自行添加函数。R可以自己编写函数来完成数据处理和分析任务。其次，R提供了各式各样的数据分析技术，是一个全面的统计研究平台，几乎任何类型的数据分析工作皆可在R中完成。R可以轻松地从各种类型的数据源导入数据，包括文本文件、数据库管理系统、统计软件，乃至专门的数据仓库。它同样可以将数据输出并写入到这些系统中。R的一个非常实用的特点是，分析的输出结果可轻松保存，并作为进一步分析的输入使用。并且 R 在数据探索分析、数据挖掘、大数据分析方面具有强大的功能。最后，R 是一种解释型语言，而不是编译语言，也就意味着输入的命令能够直接被执行，而不需要像一些语言要首先构成一个完整的程序形式（如 C，Fortan，Pascal，…）。R 拥有全面强大高水准的制图功能，可有效地实现数据可视化，使得更容易通过图形来寻找和发现森林生态学中的规律。

19.2 R 语言数据处理

R 拥有许多用于存储数据的对象类型，包括标量、向量、矩阵、数组、数据框和列表。它们在存储数据的类型、创建方式、结构复杂度以及用于定位和访问其中个别元素的标记等方面均有所不同。R 可以手工输入数据，亦可从外部源导入数据，数据源可为文本文件、电子表格、统计软件和各类数据库管理系统。函数是 R 处理数据的基石，它们可分为数值（数学、统计、概率）函数和字符处理函数。R 中提供了许多用来整合（aggregate）和重塑（reshape）数据的强大方法。在整合数据时，往往将多组观测替换为根据这些观测计算的描述性统计量，可以使用任何内建或自编函数来获取数据的概述；在重塑数据时，则会通过修改数据的结构（行和列）来决定数据的组织方式。R 拥有强大的索引特性，可以用于访问对象中的元素，也可利用这些特性对变量或观测进行选录和排除。将数据集读入 R 之后，很有可能需要将其转化为一种更有助于分析的格式，创建新变量、变换和重编码已有变量、合并数据集和选择观测的方法是使用 R 语言处理数据的基础步骤。在 R 中可以便捷地确定一个对象的数据类型，也可以轻松地将一种数据类型转换为其他类型。使用简单的公式就可以实现新变量的创建、现有变量的重编码、数据排序、变量重命名、数据与其他数据集进行横向合并（添加变量）和纵向合并（添加观测）、保留或丢弃变量等操作。缺失数据的现象是极其普遍的，现实世界中的大多数数据集都包含了缺失值。R 提供了 3 种缺失值处理方法：推理法、行删除法、多重插补。当数据存在冗余信息或有外部信息可用时，推理法可用来恢复缺失值；当数据是 MCAR，后续样本量的减少对统计检验效力不会造成很严重的影响时，行删除法非常有用；而当数据是 MCAR 或 MAR，并且缺失数据问题非常复杂时，多重插补将是一个非常实用的方法。R 中的一些软件包（mice、mi 和 Amelia）使得该方法应用起来非常容易。

R 有着自己独特的运行环境，可以从广泛的数据源导入数据，并组合和变换数据，便捷地将数据转变为适合进一步分析的形式。在导入和清理完数据后，下一步通常就是逐个探索每个变量了。这可提供每个变量的分布信息，对理解样本的特征、识别意外的或有问题的值，以及选择合适的统计方法都是有帮助的。利用 R 可以有效地实现二元相关关系的探索、卡方检验、t 检验以及非参数检验等统计分析，可描述数据、探索组间差异，并识别变量间那些显著的关系。通过参数检验（t 检验）和非参数检验（Mann-Whitney U 检验、Kruskal-Wallis 检验）方法研究组间差异，虽然关注的是数值结果，但也可将结果图形可视化。

19.3　R 语言数据分析模型——包

所有的 R 函数和数据集是保存在包(packages)里面的。只有当一个包被载入时，它的内容才可以被访问。这样做，一是为了高效(完整的列表会耗去大量的内存并且增加搜索的时间)，二是为了帮助包的开发者防止命名和其他代码中的命名冲突。标准(基本)包构成 R 原代码的一个重要部分，它们包括允许 R 工作的基本函数、文档中描述的数据集、标准统计和图形工具。在任何 R 的安装版本中，它们都会自动获得。在 R 常见问题集里面可以得到一个完整的列表。大量数据挖掘方面的算法包，使得 R 成为一款优秀的、不可多得的数据挖掘工具软件(黄文等，2014)。世界各地的使用者为 R 贡献了几百个包，其中一些包实现了特定的统计方法，另外一些给予数据和硬件的访问接口，其他则作为教科书的补充材料。一些包(推荐包)和二进制形式的 R 捆绑发布，更多的可以从 CRAN(http：//CRAN. R-project. org/和它的镜像)和其他一些资源，如 Bioconductor(http：//www. bioconductor. org/)下载得到。R 常见问题集含有一个已经发布包的列表。基本的安装提供了数以百计的数据管理、统计和图形函数。R 很多强大的功能都来自社区开发的数以千计的扩展(包)。目前在 R 网站上约有 4000 余个程序包，涵盖基础统计学、社会学、经济学、生态学、空间分析、系统发育分析、生物信息学等诸多方面。

有许多 R 函数可以用来管理包。初次安装一个包，使用命令 install. packages( )即可。不加参数执行 install. packages( )将显示一个 CRAN 镜像站点的列表，选择其中一个镜像站点之后，将看到所有可用包的列表，选择其中的一个包即可进行下载和安装。如果知道自己想安装的包的名称，可以直接将包名作为参数提供给这个函数。可以使用命令 install. packages("gclus")来下载和安装。一个包仅需安装一次，但和其他软件类似，包经常被其作者更新。使用命令 update. packages( )可以更新已经安装的包。要查看已安装包的描述，可以使用 installed. packages( )命令，这将列出安装的包以及它们的版本号、依赖关系等信息。

包的安装是指从某个 CRAN 镜像站点下载并将其放入库中的过程。要在 R 会话中使用它，还需要使用 library( )命令载入这个包。例如，要使用 gclus 包，执行命令 library(gclus)即可。当然，在载入一个包之前必须已经安装了这个包。在一个会话中，包只需载入一次。如果需要，可以自定义启动环境以自动载入频繁使用的包。载入包之后，就可以使用一系列新的函数和数据集了。包中往往提供了演示性的小型数据集和示例代码，能够让我们尝试这些新功能。帮助系统包含了每个函数的一个描述(同时带有示例)，每个数据集的信息也被包括其中。命令 help(package ="package_ name")可以输出某个包的简短描述以及包中的函数名称和数据集名称的列表。使用函数 help( )可以查看其中任意函数或数据集的更多细节。这些信息也能以 PDF 帮助手册的形式从 CRAN 下载。

19.4　R 语言统计建模

由于森林生态学研究中的统计建模通常都是一个复杂、多步骤、交互的过程，R

统计分析能有效地拟合线性模型、评价模型适用性，并解释模型的意义。R 已经很好地定义了统计模型拟合中的一些前提条件，因此，我们能构建出一些通用的方法以用于解决各种问题。R 提供了一系列紧密联系的统计模型拟合的工具，使得拟合工作变得简单。R 可以有效地对生态数据进行一元回归和多元回归，帮助理解一个预测变量（一元回归）或多个预测变量（多元回归）与某个被预测变量或效标变量之间的关系。同时，R 还有将分析结果可视化的卓越能力，而图形将有助于诊断潜在的问题、评估和提高模型的拟合精度，并发现数据中意料之外的信息瑰宝。

相关分析、回归分析、参数估计是用来建立统计模型的关键分析过程，R 在这方面具有非常强大的优势。R 可以计算多种相关系数，包括 Pearson 相关系数、Spearman 相关系数、Kendall 相关系数、偏相关系数、多分格（polychoric）相关系数和多系列（polyserial）相关系数，并可以相关系数表示二元关系，可以通过散点图和散点图矩阵进行可视化，而相关图（correlogram）则为以一种有意义的方式比较大量的相关系数提供了一种独特而强大的方法。R 中包含用于生成统计概要和进行假设检验的函数、样本统计量和频数表、独立性检验和类别型变量的相关性度量、定量变量的相关系数。

回归分析是一个广义的概念，通指那些用一个或多个预测变量（也称自变量或解释变量）来预测响应变量（也称因变量、效标变量或结果变量）的方法，是许多方法的总称，包括拟合模型、检验统计假设、修正数据和模型，以及为达到最终结果的再拟合等过程。通常，回归分析可以用来挑选与响应变量相关的解释变量，可以描述两者的关系，也可以生成一个等式，通过解释变量来预测响应变量。在森林生态学中，统计模型研究的重点是拟合和解释回归模型，鉴别模型潜在问题并解决它们，同时要解决变量选择问题。有效的回归分析本就是一个交互的、整体的、多步骤的过程。R 中具有多种将数值型结果变量和单个或多个预测变量间的关系进行建模的回归方法。回归有许多特殊变种。对于回归模型的拟合，R 提供的强大而丰富的功能和选项。

R 在提高模型拟合度上也有一定的优势，例如，在离群点的判断和处理上，删除离群点通常可以提高数据集对于正态假设的拟合度，而强影响点会干扰结果，通常也会被删除。删除最大的离群点或者强影响点后，模型需要重新拟合。若离群点或强影响点仍然存在，重复以上过程直至获得比较满意的拟合。R 的功效分析可以帮助我们在给定置信度的情况下，判断达到要求效果所需的样本大小，这一点对于研究设计非常重要。功效分析不仅可以帮助你判断在给定置信度和效应值的前提下所需的样本量，也能说明在给定样本量时检测到要求效应值的概率。

R 提供了重抽样和自助法等一些稳健的数据分析方法，它们能处理比较复杂的情况，如数据来源于未知或混合分布、小样本、异常值或者依据理论分布设计假设检验很复杂而且数学上非常难处理的问题，这些需占用大量计算机资源的方法很容易在 R 中实现，允许对那些不符合传统参数假设的数据去修正假设检验。R 中具有方差分析、协方差分析、重复测量方差分析、多因素方差分析和多元方差分析的分析模型，同时还讨论模型适用性的评价方法以及结果的可视化。

回归模型的假设条件很苛刻。结果或响应变量不仅是数值型的，而且还必须来自正态分布的随机抽样，但很多情况并不满足正态分布假设。广义线性建模是线性建模的一种发展，它通过一种简洁而又直接的方式使得线性模型既适合非正态分布的响应值又可以进行线性变换。广义线性模型扩展了线性模型的框架，它包含了非正态因变量的分析，在 R 中可以使用 glm( ) 函数来进行估计。在 R 中有两种流行的模型：Logistic 回归(因变量为类别型)和泊松回归(因变量为计数型)，可以用来完成一些非正态分布数据的回归分析。利用 R 可以完成一些特殊的回归分析，例如，OLS 回归是通过预测变量的加权和来预测量化的因变量，其中权重是通过数据估计而得的参数。用 R 函数能够拟合 OLS 回归模型、评价拟合优度、检验假设条件以及选择模型。R 中还包含用于某些特殊回归和数据分析问题标准模型的工具，如混合模型、局部近似回归、稳健回归、累加模型、树型模型。

19.5　R 语言绘图

R 具有强大的绘图功能，可用来实现数据及其分析结果的可视化(薛毅等，2006)，既可以利用简单的条形图和饼图(在较小程度上)了解类别型变量的分布，也可以通过堆砌条形图和分组条形图理解不同类别型输出的组间差异，还可通过直方图、核密度图、箱线图、轴须图以及点图可视化连续型变量分布，使用叠加的核密度图、并列箱线图和分组点图可视化连续型输出变量组间差异的方法。而这些只是 R 语言绘图的基础功能。R 还可以由对单变量的关注拓展到双变量和多变量图形中，用散点图、多组折线图、马赛克图、相关图、二维和三维散点图、散点图矩阵、气泡图、折线图、相关系数图和 lattice 等图形表现许多变量间关系。更有图形的定制、单变量分布的展示、组间差异的可视化等多种可视化数据和提取数据信息的完备工具箱。另外，R 还可以实现潜变量模型图形绘制、缺失数据模式的可视化方法和单条件或多条件变量图形的绘制技巧。

上述绘图功能大部分都是利用 R 的基础绘图系统创建的。除了基础图形，grid、lattice 和 ggplot2 软件包也提供了图形系统，它们克服了 R 基础绘图系统的低效性，大大扩展了 R 的绘图能力。grid 图形系统可以很容易控制图形基础单元，给予编程者创作图形极大的灵活性。lattice 包通过一维、二维或三维条件绘图，即利用所谓的栅栏(trellis)图形来对多元变量关系进行直观展示。ggplot2 包则基于一种全面的图形"语法"，提供了一种全新的图形创建方法。R 还可以创建交互式图形，因为与图形实时交互可以加深对数据的理解，很快洞察变量间的关系。所以，R 具有强大的将统计结果可视化的能力，这对于分析数据建立模型非常有意义。

本章小结

R 语言在森林生态学数据分析与建模方面具有众多独特的优势，越来越多地应用于森林生态学研究，成为森林生态学统计与建模的重要工具。大量的统计、绘图以及生态学分析、建模相关包的发布与更新，使得相关研究数据的统计、建模更加便捷高效，数据可视化效果也越来越生动。

延伸阅读

1. Kabacoff R I，2016. R 语言实战［M］. 4 版. 王小宁，刘撷芯，黄俊文，等译. 北京：人民邮电出版社.

2. Borcard D，Gillet F，Legendte，et al.，2014. 数量生态学——R 语言的应用［M］. 赖江山，译. 北京：高等教育出版社.

思 考 题

1. 为什么越来越多的生态学家选择使用 R 语言进行分析?

2. 如何发现适合自己研究的 R 语言包?

参考文献

边肇祺，张学工，2004. 模式识别[M]. 北京：清华大学出版社.

蔡小溪，2015. 不同演替阶段针阔混交林森林健康评价[D]. 哈尔滨：东北林业大学.

柴庆辉，2013. 基于地统计学的森林资源空间格局分析[D]. 南京：南京林业大学.

Lyell C，2008. 地质学原理[M]. 徐韦曼，译. 北京：北京大学出版社.

陈波，2013. 北京八达岭石佛寺森林生态系统服务功能与健康研究[D]. 保定：河北农业大学.

陈高，代力民，姬兰柱. 2004. 森林生态系统健康评估I：模式、计算方法和指标体系[J]. 应用生态学报，15(10)：1743-1749.

陈高，邓红兵，代力民，等. 2005. 森林生态系统健康评估II：案例实践[J]. 应用生态学报，16(1)：1-6.

陈秋玲，2009. 社会预警管理[M]. 北京：中国社会出版社.

陈世苹，2003. 内蒙古锡林河流域主要植物种、功能群和群落水分利用效率的研究[D]. 北京：中国科学院研究生院.

程柏涵，2016. 山区降水空间分布的影响因素及插值方法研究[D]. 北京：北京林业大学.

程楠楠，2016. 黄土高原土壤侵蚀与地貌形态耦合分析[D]. 杨凌：中国科学院大学.

侯景儒，郭光裕，1993. 矿床统计预测及地质统计学的理论与应用[M]. 北京：冶金工业出版社.

代力民，邵国凡，2006. 森林经营决策理论与实践[M]. 沈阳：辽宁科学技术出版社.

戴亚南，2003. 贵州小七孔景区钙华成因的水化学和碳氧同位素特征及古环境重建[D]. 重庆：西南师范大学.

邓文平，2015. 北京山区典型树种水分利用机制研究[D]. 北京：北京林业大学.

丁访军，2011. 森林生态系统定位研究标准体系构建[D]. 北京：中国林业科学研究院.

方精云，刘国华，徐嵩龄，1996. 中国陆地生态系统碳循环[C]//王庚晨，温玉璞. 温室气体浓度和排放监测及相关过程. 北京：中国环境科学出版社.

付尧，2016. 杉木人工林生态系统生物量及碳储量定量估测[D]. 北京：北京林业大学.

高岚，李兰英，2009. 外来森林有害生物入侵的环境经济影响评估方法与指标体系的研究[M]. 北京：中国林业出版社.

葛剑平，1996. 森林生态学建模与仿真[M]. 哈尔滨：东北林业大学出版社.

国家林业局，2014. 2013退耕还林生态效益监测国家报告[R]. 北京：中国林业出版社.

国家林业局，2015. 2014退耕还林生态效益监测国家报告[R]. 北京：中国林业出版社.

国家林业局，2016. 2015退耕还林生态效益监测国家报告[R]. 北京：中国林业出版社.

国家林业局，2018. 2016退耕还林生态效益监测国家报告[R]. 北京：中国林业出版社.

何远洋，2014. 辽东山区长白落叶松人工林生长收获模型与模拟研究[D]. 北京：北京林业大学.

洪毅，林健良，陶志穗，2004. 数学模型[M]. 北京：高等教育出版社.

胡玉峰，2004. 自动气象站原理与测量方法[M]. 北京：气象出版社.

黄光玉，2004. 库克油页岩和木质煤成气过程中碳同位素分馏的动力学研究[D]. 大庆：大庆石油学院.

黄良文，吴国培. 1991. 应用抽样方法[M]. 北京：中国统计出版社.

黄铁青，刘健，2002. 中国科学院资源环境科学领域野外观测试验站工作进展[J]. 中国科学院院刊，17(3)：231-234.

黄文，王正林，2014. 数据挖掘：R语言实战[M]. 北京：电子工业出版社.

侯景儒，黄竞先，1994. 非参数及多元地质统计学的理论分析及其应用[M]. 北京：冶金工业出版社.

侯浩，2016. 甘肃小陇山森林生态系统碳储量研究[D]. 杨凌：西北农林科技大学.

蒋观韬，2016. 基于 SWAT 模型的北洛河上游土地利用覆被变化水沙响应研究[D]. 杨凌：西北农林科技大学.

金勇进，蒋妍，李序颖，2002. 抽样技术[M]. 北京：中国人民大学出版社.

康海军，2016. 气候变化条件下杉木人工林适应性经营研究[D]. 福州：福建农林大学.

孔红梅，2002. 森林生态系统健康理论与评价指标体系研究[D]. 北京：中国科学院生态环境研究中心.

李博，2000. 生态学[M]. 北京：高等教育出版社.

李波，刘娅，姚燕，等，2010. 吉林省西部地区大气干湿沉降元素通量及来源[J]. 吉林大学学报(地球科学版)，4(1)：176-182.

李崇贵，赵宪文，李春干，2006. 森林蓄积遥感估测的理论与实现[M]. 北京：科学出版社.

李海奎，雷渊才，2010. 中国森林植被生物量和碳储量评估[M]. 北京：中国林业出版社.

李吉君. 天然气生成过程中的碳同位素分馏作用研究[D]. 大庆：大庆石油学院

李金昌，2010. 应用抽样技术[M]. 北京：科学出版社.

李景文，1994. 森林生态学 [M]. 2 版. 哈尔滨：东北林业大学出版社.

李俊清，2010. 森林生态学 [M]. 2 版. 北京：高等教育出版社.

李文华，赵景柱，2004. 生态学研究回顾与展望[M]. 北京：气象出版社

李雪松，贾德彬，钱龙娇，等，2018. 基于同位素技术分析不同生长季节杨树水分利用[J]. 生态学杂志，37(3)：840-846.

李玉成，葛宏华，周忠泽，等，2001. 再建气候环境演化历史的碳同位素技术[J]. 安徽大学学报(自然科学版)，25(3)：73-78.

李玉平，江小清，刘苑秋，2007. 碳、氮同位素示踪法在农林业中的应用[J]. 江西科学，25(5)：582-587.

李振基，陈晓麟，郑海雷，2015. 生态学 [M]. 4 版. 北京：科学出版社.

梁贵，2015. 石栎—青冈林土壤有机碳贮量和钾含量的空间分布格局研究[D]. 长沙：中南林业科技大学.

林定夷，1986. 科学研究方法概论[M]. 杭州：浙江人民出版社.

林金明，宋冠群，赵利霞，等，2006. 环境、健康与负氧离子[M]. 北京：化学工业出版社.

林先贵，2010. 土壤微生物研究原理与方法[M]. 北京：高等教育出版社.

林业部科技司，1994. 森林生态系统定位研究方法[M]. 北京：中国科学技术出版社.

刘爱利，王培法，丁园圆，2012. 地统计学概论[M]. 北京：科学出版社.

刘汗，2006. 土壤入渗性能的降雨产流测量方法及其试验研究[D]：中国农业大学.

刘辉，2009. 流溪河水库颗粒有机物碳氮稳定同位素时空变化[D]. 广州：暨南大学.

刘春雨，国庆喜，2013. 小兴安岭典型集水区水文过程模拟研究[J]. 南京林业大学学报(自然科学版)，37(4)：69-74.

刘京涛，刘世荣，2006. 植被蒸散研究方法的进展与展望[J]. 林业科学，42(6)：108-113.

刘来福，黄海洋，曾文艺，2009. 数学模型与数学建模[M]. 北京：北京师范大学出版社.

刘立武，2015. 五指山市林地景观格局及森林碳储量时空演变研究[D]. 长沙：中南林业科技大学.

刘敏，2012. 基于 GIS 的森林资源调查空间平衡抽样方法研究[D]. 南京：南京林业大学.

刘敏，王玉杰，赵洋毅，等，2010. 重庆缙云山水源涵养林地土壤水文效应[J]. 中国水土保持，

（5）：41-44.

刘绍民，李小文，施生锦，等，2010a. 大尺度地表水热通量的观测、分析与应用[J]. 地球科学进展，25（11）：1113-1127.

刘绍民，2010b. 大尺度地表水热通量的观测、分析与应用[R]. 兰州：中国气象局干旱气象研究所.

刘世荣，温远光，王兵，1996. 中国森林生态系统水文生态功能规律[M]. 北京：中国林业出版社.

刘双，2013. 基于 GIS 地统计分析的森林生产力空间格局分析[D]. 南京：南京林业大学.

刘素真，2016. 土壤有机碳储量估算及其空间分布——以福建省为例[D]. 北京：北京林业大学.

刘文清，崔志成，刘建国，等，2004. 大气痕量气体测量的光谱学和化学技术[J]. 量子电子学报，21（2）：202-210.

刘勇卫，贺雪鸿，1993. 遥感精解[M]. 北京：测绘出版社.

刘元珍，2008. 网络流量测量技术研究与分析[D]. 无锡：江南大学.

鲁绍伟，陈波，潘青华，等，2013a. 北京山地不同海拔人工油松林枯落物及其土壤水文效应[J]. 水土保持研究，20（6）：54-58.

鲁绍伟，陈波，潘青华，等，2013b. 北京山地 7 种人工纯林枯落物及土壤水文效应[J]. 内蒙古农业大学学报（自然科学版），34（5）：53-59.

龙秋波，贾绍凤，2012. 茎流计发展及应用综述[J]. 水资源与水工程学报，（4）：18-23.

卢俐，刘绍民，孙敏章，等，2005. 大孔径闪烁仪研究区域地表通量的进展[J]. 地球科学进展，20（9）：932-938.

栾玉广，1986. 自然科学研究方法[M]. 合肥：中国科学技术大学出版社.

马克平，2008. 大型固定样地：森林生物多样性定位研究的平台[J]. 植物生态学报，32（2）：237.

马全，2014. 基于 MIKE SHE 模型的湟水流域干旱评估预报模型研究[D]. 杨凌：西北农林科技大学.

马世骏，1990. 现代生态学透视[M]. 北京：科学出版社.

麦特洛夫，2013. R 语言编程艺术[M]. 陈堰平，等译，北京：机械工业出版社.

彭少麟，赵平，任海，等，2002. 全球变化压力下中国东部样带植被与农业生态系统格局的可能性变化[J]. 地学前缘，9（1）：217-226.

蒲婷婷，2016. 人工黄栌混交林色彩空间异质性与美景度的关系研究[D]. 北京：北京林业大学

祁彪，崔杰华，2015. 稳定同位素比例质谱仪（IRMS）的原理和应用[E/OL]. https：//wenku. baidu. com/view/c5e2cb50f90f76c661371adf. html.

乔延艳，2016. 冠层分层数对森林生态系统碳通量模拟精度的影响——以长白山温带针阔混交林为例[D]. 沈阳：沈阳农业大学.

Robert I. Kabacoff，2013. R 语言实战[M]. 高涛 晓楠 陈钢，译. 北京：人民邮电出版社.

容丽，2006. 喀斯特石漠化区植物水分适应机制的稳定同位素研究[D]. 昆明：中国科学院研究生院（地球化学研究所）.

司建华，2007. 热脉冲技术测定树干液流研究进展[J]. 冰川冻土，29（3）：475-481.

史宇，2011. 北京山区主要优势树种森林生态系统生态水文过程分析[D]. 北京：北京林业大学.

孙伟，林光辉，陈世苹，等，2005. 稳定性同位素技术与 Keeling 曲线法在陆地生态系统碳/水交换研究中的应用[J]. 植物生态学报，29（5）：851-862.

孙振钧，周东兴，2010. 生态学研究方法[M]. 北京：科学出版社.

汤国安，杨昕，2006. ArcGIS 地理信息系统空间分析实验教程[M]. 北京：科学出版社.

汤银才，2008. R 语言与统计分析[M]. 北京：高等教育出版社.

唐海萍，2003. 陆地生态系统样带研究的方法与实践——中国东北样带植被—环境关系研究[M]. 北京：科学出版社.

唐焕文，贺明峰，2002. 数学模型引论[M]. 2版. 北京：高等教育出版社.

唐守正，王彦辉，2002. 空气污染对森林影响的统一采样、评价、监测和分析的方法和标准手册[M]. 北京：中国科学出版社.

滕菱，任海，彭少麟，等，2000. 中国东部陆地农业生态系统南北样带的自然概况[J]. 生态科学，19(4)：1-10.

王兵，崔向慧，杨锋伟，2004. 中国森林生态系统定位研究网络的建设与发展[J]. 生态学杂志，23(4)：84-91.

王兵，郭泉水，杨锋伟，等，2003. 森林生态系统定位观测指标体系(LY/T 1606—2003)[S]. 北京：中国标准出版社.

王兵，鲁绍伟，李红娟，等，2011. 森林生态系统长期定位观测(LY/T 1952—2011)[S]. 北京：国家林业局.

王兵，赵广东，杨锋伟，2006. 基于样带观测理念的森林生态站构建和布局模式[J]. 林业科学研究，19(3)：385-390.

王兵，张维康，牛香，王晓燕，2015. 北京10个常绿树种颗粒物吸附能力研究[J]. 环境科学(2)：1-10.

王庚辰，2000. 气象和大气环境要素观测与分析[M]. 北京：中国标准出版社.

王慧敏，仇蕾，2007. 资源—环境—经济复合系统诊断预警方法及应用[M]. 北京：科学出版社.

王璐，2016. 东北天然云冷杉林土壤肥力空间异质性及质量评价[D]. 北京：北京林业大学.

王华田，马履一，2002. 利用热扩式边材液流探针(TDP)测定树木整株蒸腾耗水量的研究[J]. 植物生态学报，22(6)：661-667.

王权，1997. 全球变化陆地样带研究及其进展[J]. 地球科学进展，12(1)：43-49.

王仁铎，胡光道，1987. 线性地质统计学[M]. 北京：地质出版社.

王晓燕，2007. 黄土高原不同空间尺度森林植被对径流的影响[D]. 北京：北京林业大学.

王晓燕，鲁绍伟，杨新兵，等，2012. 北京密云油松人工林林冠截留模拟[J]. 西北农林科技大学学报(自然科学版)，40(2)：85-91.

王银山，2009. 艾比湖湿地主要盐生植物水分利用效率研究[D]. 乌鲁木齐：新疆大学.

王懿祥，2004. 天然林监测预警系统研究[D]. 昆明：云南省林业科学院.

王跃思，王迎红，2008. 中国陆地和淡水湖泊与大气间碳交换观测[M]. 北京：科学出版社.

王赞红，2003. 气降尘监测研究[J]. 干旱区资源与环境，17(1)：54-59.

王政权，1999. 地统计学及在生态学中的应用[M]. 北京：科学出版社.

魏天兴，朱金兆，张学培，等，1998. 晋西南黄土区刺槐油松林地耗水规律的研究[J]. 北京林业大学学报，20(4)：36-40.

魏天兴，朱金兆，张学培，1999. 林分蒸散耗水量测定方法述评[J]. 北京林业大学学报，21(3)：85-91.

吴楚材，郑群明，钟林生，2001. 森林游憩区空气负离子水平的研究[J]. 林业科学，37(5)：75-81.

吴鹏鸣，1989. 环境空气监测质量保证手册[M]. 北京：中国环境科学出版社.

吴绍洪，潘韬，戴尔阜，2006. 植物稳定同位素研究进展与展望[J]. 地理科学进展，25(3)：1-11.

吴延熊，1998. 区域森林资源预警系统的研究[D]. 北京：北京林业大学.

吴延熊，1999. 区域森林资源预警系统的研究[M]. 昆明：云南科学技术出版社.

熊启才，曹吉利，张东生，等. 2005. 数学模型方法及应用[M]. 重庆：重庆大学出版社.

徐立恒，2006. 天然气碳同位素分馏作用及其在徐家围子地区的应用[D]. 大庆：大庆石油学院.

徐小牛，2008. 林学概论[M]. 北京：中国农业大学出版社.

姚鸿云，2017. 退化草原的稳定碳同位素特征及影响机理[D]. 呼和浩特：内蒙古农业大学.

易现峰，2007. 稳定同位素生态学[M]. 北京：中国农业出版社.

于贵瑞，张雷明，孙晓敏，等，2005. 亚洲区域陆地生态系统碳通量观测研究进展[J]. 中国科学(D辑)，34(2)：15-29.

余新晓，陈丽华，1996. 黄土地区防护林生态系统水量平衡研究[J]. 生态学报，16(3)：239-245.

余新晓，甘敬，李金海，等. 2010. 森林健康评价、监测与预警[M]. 北京：科学出版社.

于海涛，2006. 抽样技术在数据挖掘中的应用研究[D]. 合肥：合肥工业大学.

于洋，2016. 陕西省耕地土壤养分状况及耕地地力评价研究[D]. 杨凌：西北农林科技大学.

袁知洋，2015. 基于GIS和地统计学的武功山山地草甸土壤养分空间变异研究[D]. 南昌：江西农业大学.

曾庆波，李意德，陈步峰，等，1997. 热带森林生态系统研究与管理[M]. 北京：中国林业出版社.

张超，2016. 三峡库区森林碳储量估测研究[D]. 北京：北京林业大学.

张福锁，申建波，1999. 根际微生态系统理论框架的初步构建[J]. 中国农业科技导报，(4)：15-20.

张会儒，雷相东，黄选瑞，等，2014. 典型森林类型健康经营技术研究[M]. 北京：中国林业出版社.

章家恩，2006. 生态学常用实验研究方法与技术[M]. 北京：化学工业出版社.

张丽，2016. SWAS模型参数优化与土地利用变化的径流效应研究——以葫芦河流域为例[D]. 杨凌：西北农林科技大学.

张萍，2009. 北京森林碳储量研究[D]. 北京：北京林业大学.

张小全，徐德应，2002. 森林生长和产量生理生态模型[M]. 北京：中国科学技术出版社.

张小由，康尔泗，司建华，等，2006. 胡杨蒸腾耗水的单木测定与林分转换研究[J]. 林业科学，(7)：28-32.

张新时，周广胜，高琼，等，1997. 全球变化研究中的中国东北森林-草原陆地样带(NECT)[J]. 地学前缘，4(1-2)：145-151.

张亚楠，2012. 基于模型南方型杨树人工林长期生产力研究[D]. 南京：南京林业大学.

张永利，杨峰伟，王兵，等，2010. 中国森林生态系统服务功能研究[M]. 北京：科学出版社.

张维康，王兵，牛香，2015. 北京不同污染地区园林植物对空气颗粒物的滞纳能力[J]. 环境科学，(11)：1-11.

张文军，2007. 生态学研究方法[M]. 广州：中山大学出版社.

张治国，2007. 生态学空间分析原理与技术[M]. 北京：科学出版社.

赵焕臣，1986. 层次分析法：一种简易的新决策方法[M]. 北京：科学出版社.

赵士洞，2005. 美国国家生态观测站网络(NEON)——概念、设计和进展[J]. 地球科学进展，20(5)：578-583.

赵宪文，1997. 林业遥感定量估测[M]. 北京：中国林业出版社.

赵业婷，2014. 基于GIS的陕西省关中地区耕地土壤养分空间特征及其变化研究[D]. 杨凌：西北农林科技大学.

赵志模，周新远，1984. 生态学引论：害虫综合防治的理论及应用[M]. 重庆：科学技术文献出版社.

郑师章，吴千红，1994. 普通生态学：原理、方法和应用[M]. 上海：复旦大学出版社.

郑兴波，张岩，顾广虹，2005. 碳同位素技术在森林生态系统碳循环研究中的应用[J]. 生态学杂志，（11）：84-88.

《中国森林资源核算研究》项目组，2015. 生态文明制度构建中的中国森林资源核算研究[M]. 北京：中国林业出版社.

郑永飞，陈江峰，2000. 稳定同位素地球化学[M]. 北京：科学出版社.

钟林生，吴楚材，肖笃宁，1998. 森林旅游资源评价中的空气负离子研究[J]. 生态学杂志，17（6）：56-60.

中野秀章，1983. 森林水文学[M]. 北京：中国林业出版社.

周东兴，2009. 生态学研究方法与应用[M]. 哈尔滨：黑龙江人民出版.

周广胜，2003. 全球碳循环[M]. 北京：气象出版社.

周梅，2003. 大兴安岭落叶松林生态系统水文过程与规律研究[D]. 北京：北京林业大学.

Alexander S A, Palmer C J, 1999. Forest health monitoring in the United States: First Four Years [J]. Environmental Monitoring and Assessment, 55(2): 267-277.

Althausen D, Muller D, Ansmann A, et al. , 2000. Scanning six-wavelength eleven-channel aerosol lidar [J]. Journal of Atmospheric and Oceanic Technology, (17): 1469.

Alvarez E R, Garcia R B, 1993. Models of patch dynamics in tropical forests[J]. Trends in Ecology & Evolution, 8(6): 201-205.

Andersson F O, Feger K H, Hüttl R F, et al. , 2000. Forest ecosystem research—priorities for Europe [J]. Forest Ecology & Management, 132(1): 111-119.

Andreia C, Turchetto Z, Fabiano S, et al. , 2016. Phylogeography and ecological niche modelling in *Eugenia uniflora* (Myrtaceae) suggest distinct vegetational responses to climate change between the southern and the northern Atlantic Forest[J]. Botanical Journal of the Linnean Society, 182(3): 670-688.

Andrejko M J, Fiene A F, Cohen D, 1983. Comparison of ashing techniques for determination of the inorganic content of peats[J]. Testing of Peats & Organic Soils, 1(2): 5-20.

Angel U, Imma F, Antonio M, et al. , 2004. Comparing Penman-Monteith and Priestley-Taylor approaches as reference-evapotranspiration inputs for modeling maize water _ use under Mediterranean conditions[J]. Agruicultural Water Managment, (66): 205-219.

Arnold J G, Allen P M, 1996. Estimating hydrologic budgets for three Illinois watersheds[J]. Journal of Hydrology, (176): 57-77.

Aubinet M, Chermanneb B, Vandenhaute M, et al. , 2001. Long term carbon dioxide exchange above a mixed forest in the Belgian Ardennes [J]. Agricultural and Forest Meteorology, (108): 293- 315.

Bachmair S M, Weiler P A, Troch, 2012. Intercomparing hillslope hydrological dynamics: Spatio-temporal variability and vegetation cover effects[J]. Water Resources Research, (48): 1-18.

Baldocchi D D, 2003. Assessing the eddy covariance technique for evaluating carbon dioxide exchange rates of ecosystems: Past, present and future[J]. Global Change Biology, (9): 479-492.

Barrios E, Kwasiga F, Sprent J I, 1997. Light fraction soil organic matter and available nitrogen following trees and maize[J]. Soil Science Society of America Journal, (61): 826-831.

Batjes N H, 1996. Total carbon and nitrogen in the soils of the world [J]. European Journal of Soil Science, (47): 151-163.

Batjes N H, 2004. Estimation of soil carbon gains upon improved management within croplands and grasslands of Africa[J]. Environment, Development & Sustainability, (6): 133-143.

Battle M, Bender P, Tans J, et al. , 2000. Global carbon sinks and their variability inferred from atmospheric O_2 and $\delta^{13}C$ [J]. Science, (287): 2467-2470.

Bengtson P, Basiliko N, Prescott C E, et al. , 2007. Spatial dependency of soil nutrient availability and microbial properties in a mixed forest of *Tsuga heterophylla* and *Pseudotsuga menziesii*, in coastal British Columbia, Canada[J]. Soil Biology & Biochemistry, (39): 2429-2435.

Berndtsson R, Bahri A, Jinno K, 1993. Spatial dependence of geochemical elements in a semiarid agricultural field: Ⅱ, geostatistical properties [J]. Soil Science Society of America Journal, (57): 1323- 1329.

Beven K J, Kirkby M J, 1979. A physically based variable contributing model of basin hydrology [J]. Hydrological Sciences Bulletin, 24(1): 43-69.

Bilek F, 2012. Genetic geochemical model for mining affected groundwaters of the Lusatian post-mining district[J]. Applied Geochemistry, 27(6): 1081-1088.

Bennett B M. 2006. Note on systematic sampling[J]. Statistics & Probability, 19(13): 654-663.

Bolger, T J, Pate M U, Turner N, 1995. Estimates of seasonal nitrogen fixation of annual subterranean clover-based pastures using the 15 N natural abundance technique[J]. Plant and Soil , (175): 57-66.

Bormann F H, Likens G E, Fisher D W, et al. , 1968. Nutrient loss accelerated by clear-cutting of a forest ecosystem[J]. Science, 159(3817): 882-888.

Bouchon, 1979. Structure des peuplements forestiers[J]. Annals of Forest Science, (136): 175-209.

Boxman P, Blanck K, Brandrud T E, et al. , 1998. Vegetation and soil biota response to experimentally-changed nitrogen inputs in coniferous forest ecosystems of the NITREX project [J] . Forest Ecology & Management, 101(1-3): 65-79.

Braakhekke M C, Christian B M , Hoosbeekb M R, et al. , 2011. SOMPROF: A vertically explicit soil organic matter model[J]. Ecological Modelling, 222(10): 1712-1730.

Braswell B H, Schimel D S, LinderE B, 1997. The response of global terrestrial ecosystems to interannual temperature variability[J]. Science, (278): 870-873.

Brown S, Gillespie A J, Lugo A E, 1991. Biomass of tropical forests in South and Southeast Asia [J]. Cananian Journal of Forest Research, (21): 276-289.

Brown S, Lenart M, Mo J M, et al. , 1995. Structure and organic matter dynamics of a human-impacted pine forest in a MAB Reserve of subtropical China[J]. Biotropica, (27): 276-289.

Brown S, Lugo A E, 1982. The storage and production of organic matter in tropical forests and their role in the global eathoneyele [J]. BiotroPiea(14): 161-187.

Brown S L, Schroeder P, Kern J S, 1999. Spatial distribution of biomass in forests of the eastern USA [J]. Forest Ecology & Management, (123): 81-90.

Buongiorno J, Dahir, et al. , 1994. Tree size diversity and economic returns in uneven-aged forest stands [J]. Forest Science, (40): 83-103.

Burgess T M, Webster R, 1980a. Optimal interpolation and isarithmic mapping of soil properties. I. The variogram and punctual kriging[J]. Soil Scinece, (31): 315-331.

Burgess T M, Webster R, 1980b. Optimal interpolation and isarithmic mapping of soil properties: II. Block kriging[J]. Annals of Forest Science(31): 333-341.

Burkhard B, Kroll F, Müller F, et al. , 2009. Landscapes capacities to provide ecosystem services - a concept for land-cover based assessments[J]. Landscape Online, (15), 1-22.

Businger J A, 1986. valuation of the accuracy with which dry deposition can be measured with current micrometeorological technique [J]. Journal of Climate & Applied Meteorology, (25): 1100-1124.

Bussotti F, Gellini R, Grossoni P, et al. , 1992. Mediterranean forest tree decline in Italy [M]. Rome: Consiglio Nazionale delle Ricerehe(CNR).

Cambsrdella C A, Elliott E T, 1992. Particulate soil organic matter changes across a grass land cultivation sequence[J]. Soil Science Society of America Journal, (56): 777-783.

Cambardella C A, Moorman T B, Parkin T B, et al. , 1994. Field-scale variability of soil properties in central Iowa soils[J]. Soil Science Society of America Journal, (58): 1501-1511.

Cammeraat E L, 2004. Scale dependent thresholds in hydrological and erosion response of a semi-arid catchment in southeast Spain[J]. Agriculture, Ecosystem and Environment, (104): 317-332.

Canadell J G, Steffen W L, White P S, 2002. IGBP/GCTE terrestrial transects: Dynamics of terrestrial ecosystems under environmental change[J]. Journal of Vegetation Science, (13): 297-450.

GCTE Core Project Office, 1994. GCTE core research 1993 annual report[R]. Report No. 1. Canberra Australia: 8-20.

Carpenter S R, Brock W A, Hanson P C, 1999. Ecological and social dynamics in simple models of ecosystem management[J]. Conservation Ecology, 3(2): 4.

Cavers S, 2015. Evolution, ecology and tree health: Finding ways to prepare Britain´s forests for future threats[J]. Forestry, 88(1): 1-2.

Cerri C E, Bernoux M, Chaplot V, et al. , 2004. Assessment of soil property spatial variation in an Amazon pasture: basis for selecting an agronomic experimental area[J]. Geoderma, (123): 51-68.

Chen J, Franklin J F, 1995. Growing-season microclimate gradients from clearcut edges into old-growth Douglas-fir forests[J]. Ecological Applications, (5): 74-86.

Christensen B T, 2001. Physical fractionation of soil and structural and functional complexity in organic matter turnover[J]. European Journal of Soil Science, (52): 345-353.

Chuai X W, et al, 2012. Spatial variability of soil organic carbon and related factors in Jiangsu Province, China[J]. Pedosphere, 22(3): 404-414.

Ciais P P, Tans M, Trolier J W, et al. , 1995. A large northern hemisphere terrestrial CO_2 sink indicated by the $^{13}C/^{12}C$ ratio of atmospheric CO_2[J]. Science, (269): 1098-1001.

Committee on the National Ecological Observatory Network, 2004. NEON-Addressing the nations environmental challenges[M]. Washington DC: The National Academy Press.

Conant R T, Paustian K, 2002. Spatial variability of soil organic carbon in grasslands: implications for detecting change at different scales[J]. Environmental Pollution, (116): 127-135.

Conant R T, Smith G R, Paustian K, 2003. Spatial variability of soil carbon in forested and cultivated sites[J]. Journal of Environmental Quality, (32): 278-286.

Condit R S, Ashton P B, Bunyavejchewin S, et al. , 2006. The importance of demographic niches to tree diversity[J]. Science, (313): 98-101.

Condit R, , Ashton P, Baker P, et al. , 2000. Spatial patterns in the distribution of tropical treespecies [J]. Science, (288): 1414-1418.

Condit R, 1998. Tropical forest census plots: Methods and results from Barro Colorado Island, Panama and a comparison with other plots[M]. Berlin: Springer.

Condit R S, Ashton P B, et al. , 2006. The importance of demographic niches to tree diversity[J]. Science, (313): 98-101.

Conkling B L, Byers G E, 1992. Forest health monitoring field methods guide (internal report) [R]. LasVegas: U. S. Environmental Protection Agency.

Conkling B L, Byers G E, 1993. Forest health monitoring field methods guide, revised july, internal report[R]. LasVegas: U. S. Environmental Protection Agency.

Constance I M, Nathan L S, 2015. Temperate forest health in an era of emerging megadisturbance [J]. Science, 34(6250): 823-826.

Costes E, Gearcia E, Jourdan C, et al. , 2006. Co-ordinated growth between aerial and root systems in young apple plants issued from in vitro culture[J]. Annals of Botany, 97(1): 85-96.

Cottam G, Curtis J T, 1956. The use of distance measures in phytosociological sampling [J]. Ecology, (37): 451-460.

Curran P J, Dungan J L, Gholz H L, 1992. Seasonal LAI in slash pine estimated with Land sat TM [J]. Remote Sensing of Environment, (39): 3-13.

Curtis R O, DeMars D J, Herman F R, 1981. Which dependent variable in site-index-height-age regressions[J]. Annals of Forest Science, (20): 74-87.

Curtis R O, 1967. Height-diameter and height-diameter-age equations for second-growth Douglas-fir [J]. Annals of Forest Science, (13): 365-375.

Covington W W, Fule P Z, Moore M M, 1997. Restoring ecosystem health in ponderosa pine forests of the southwest [J]. Journal of Forestry, (4): 23-29.

Cronan C S, Grigal D F, 1995. Use of calcium/aluminum ratios as indicators of stress in forest ecosystems [J]. Journal of Environmental Quality, (24): 2010-226.

Dai Q H, Liu G B, Tian J L, et al. , 2006. Health diagnoses of eco-economy system in Zhifanggou small watershed on typical erosion environment [J]. Acta Ecologica Sinica, 26(7): 22110-2228.

Dai Z, Li C, Trettin C, et al. , 2010. Bi-criteria evaluation of MIKE SHE model for a forested watershed on South Carolina coastal plain[J]. Hydrology & Earth System Sciences Discussions, 7(1): 179-219.

Daily G C, 1995. Restoring value to the worlds degraded lands[J]. Science, (269): 350-354.

Daly C, Taylor G H, Gibson W P, et al. , 2000. High-quality spatial climate data sets for the United States and beyond [J]. Transactions of the ASAE-American Society of Agricultural Engineers, (43): 1957-1962.

Daniel S F, Richard G F, Åke Brännström, et al. , 2016. Plant: A package for modelling forest trait ecology and evolution[J]. Methods in Ecology & Evolution, 7(2): 136-146.

Department of Agriculture, Fisheries and Forestry, 2003. Australia's state of the forest report [R]. Canberra ACT: Department of Agriculture, Fisheries and Forestry of Australia.

Diaz M A, Haag-Kerwer R, Wingfield E, et al. , 1996. Relationships between carbon and hydrogen isotope ratios and nitrogen levels in leaves of Clusia species and two other Clusiaceae genera at various sites and different altitudes in Venezuela[J]. Trees Structure and Function, (10): 351-358.

Dixon L C W, Ducksbury P G, Singh P, 1985. A new three-term conjugate gradient method[J]. Journal of Optimization Theory and Applications, (3): 285-300.

Dixon R K, 1994. Carbon pools and fluxes of global forest ecosystems[J]. Science, (263): 185-190.

Dobson A P, Bradshaw A D, Baker A J M, 1997. Hopes for the future: Restoration ecology and conservation biology [J]. Science, (277): 515-522.

Doruska P F, Burkhart H E, 1994. Modeling the diameter and locational distribution of branches within the crown of loblolly pine trees in unthinned plantation[J]. Canadian Journal of Forest Research, (24): 2362-2376.

Du J, Xie S, Xu Y, et al. , 2007. Development and testing of a simple physically-based distributed rainfall-runoff model for storm runoff simulation in humid forested basins[J]. Journal of Hydrology, 336(3-4):

334-346.

Dye P J, Olbrich B W, Poulter A G, 1991. The influence of growth rings in Pinus patula on heat pulse velocity and sap flow measurement[J]. Journal of Experimental Botany, (42): 867- 870.

Eissenstat D M, Yanai R D, 1997. The ecology of root lifespan[J]. Advances in Ecological Research, (27): 1-60.

Ehleringer J R, Cooper T A, 1988. Correlations between carbon isotope ratio and microhabitat in desert plants[J]. Oecologia, (76): 562-566.

Ehrlinger J R, Dawson T, 1992. Water uptake by plants: Perspectives from stable isotope composition [J]. Plant Cell Environment, (15): 1073-1082.

Ehleringer J R, Sage R F, Flanagan L B, et al., 1991. Climate change and the evolution of C_4 photosynthesis[J]. Trends in Ecology & Evolution, (6): 95-99.

Ewan M P, Eric C, Sarah L D et al., 2016. Investigating the role of prior and observation error correlations in improving a model forecast of forest carbon balance using four-dimensional variational data assimilation[J]. Agricultural and Forest Meteorology, (228-229): 299-314.

FAO, 1996. Forest resources assessment 1990: Survey oftropical forest cover and study of change processes[R]. Rome, Italy: FAO.

Farquhar G D, O'leary M, Berry J, 1982. On the relationship between carbon isotope discrimination and the intercellular carbon dioxide concentration in leaves[J]. Functional Plant Biology, (9): 121-137.

Fang J Y, Guo Z D, Piao S L, et al., 2007. Terrestrial vegetation carbon sinks in China, 1981-2000 [J]. Science in China (Series D), (50): 1341-1350.

Fang J Y, Liu G H, Xu S L, 1996. Soil carbon pool in China and its global significance[J]. Journal of Environmental Science, (8): 249-254.

Farquhar G D, Ehleringer J R, Hubick K T, 1989. Carbon isotope discrimination and photosynthesis [J]. Annual Review of Plant Biology, (40): 503-537.

Field C B, Randerson J T, Malmstrom C M, 1995. Global net primary production: Combing ecology and remote sensing [J]. Remote Sensing of Environment, (51): 74-88.

Flanagan L, Ehleringer J, Marshall J, 1992. Differential uptake of summer precipitation among co-occurring trees and shrubs in a pinyon-juniper woodland[J]. Plant, Cell & Environment, (15): 831-836.

Foken T, Aubinet M, Leuning R, 2012. The eddy covariance method[M]. Berlin: Springer.

Fortin M J, Drapeau P, Legendre P, 1989a. Spatial autocorrelation and sampling design in plant ecology [J]. Plant Ecology, (83): 209-222.

Freeman E A, Moisen G G, 2007. Evaluating kriging as a tool to improve moderate resolution maps of forest biomass[J]. Environmental Monitoring & Assessment, (128): 395-410.

Francey R, Gifford R, Sharkey T, et al., 1985. Physiological influences on carbon isotope discrimination in huon pine (*Lagarostrobos franklinii*)[J]. Oecologia, (66): 211-218.

Francey R, Tans P, Allison C, et al., 1995. Changes in oceanic and terrestrial carbon uptake since 1982[J]. Nature, (373): 326-330.

Forsman E D, Meslow E C, Wight H M, 1984. Distribution and biology of the spotted owl[J]. Journal of Wildlife Management, (87): 64.

Franklin S E, 2001. Remote sensing for sustainable forest management [M]. Boca Raton: Lewis.

Fred H S, Costanza R, John W, et al., 1985. Dynamic spatial simulation modeling of coastal wetland habitat succession[J]. Ecological Modelling, 29(1-4): 261-281.

Freeze R A, Harlan R L, 1969. Blueprint for a physically-based digitally-simulated hydrologic response model[J]. Journal of Hydrology, (9): 237-258.

Friedl M A, Davis F W, Miehaelsen J, et al. , 1995. Scaling and uncertainty in the relationship between the NDVI and land surface biophysical variables: An analysis using a scene simulation model and data from FIFE [J]. Remote Sensing, (54): 233-246.

Gat J, 1996. Oxygen and hydrogen isotopes in the hydrologic cycle[J]. Annual Review of Earth and Planetary Sciences, (24): 225-262.

Gentry A H, 1992. Four new species of *Meliosma* (Sabiaceae)from Peru[J]. Novon, 2(2): 155-158.

George W K, Peter M V, William L S, et al. , 1995. Terrestrial transects for global change research [J]. Vegetatio, (121): 53-65.

Gill R A, Jackson R B, 2000. Global patterns of root turnover for terrestrial ecosystems [J]. New Philologist, (147): 13-31.

Gilmore D W, Seymour R S, 2004. Crown architecture of *Abies balsamea* from four canopy positions [J]. Tree Physiology, (17): 71-80.

Gilbert B K, Lowell K, 1997. Forest attributes and spatial autocorrelation and interpolation: Effects of alternative sampling schemata in the boreal forest[J]. Landscape & Urban Planning, 37(2-3): 235-244.

Goncharov A A, Khramova E Y, Tiunov A V, 2014. Spatial variations in the trophic structure of soil animal communities in boreal forests of Pechora-Llych Nature Reserve[J]. Eurasian Soil Science, 47(5): 441-448.

Goovaerts P, 1997. Geostatistics for natural resources evaluation [M]. New York: Oxford University Press.

Goovaerts P, 1999. Using elevation to aid the geostatistical mapping of rainfall erosivity[J]. Catena, (34): 227-242.

Gosz J R, 1996. International long-term ecological research: priorities and opportunities[J]. Trends in Ecology & Evolution, 11(10): 444.

Goward S N, Tucker C J, Dye D G, 1985. North American vegetation patterns observed with the NOAA-7 advanced very high resolution radiometer[J]. Plant Ecology, (64): 3-14.

Graveland J, Wal R, Bolen J H, et al. , 1994. Poor reproduction in forest passerines from decline of snail abundance on acidified soils [J]. Nature, (368): 446-448.

Graya D R, ReÂgnieÁrea J, Boulet B, 2000. Analysis and use of historical patterns of spruce budworm defoliation to forecast outbreak patterns in Quebec [J]. Forest Ecology and Management, (127): 217-231.

Grayson R B, Moore I D, McMahon TA, 1992. Physically based hydrologic modeling Ⅰ. A terrain-based model for investigative purposes[J]. Water Resources Research, 28(10): 2639-2658.

Gross K L, Pregitzer K S, Burton A J, 1995. Spatial variation in nitrogen availability in three successional plant communities[J]. Journal of Ecology, (83): 357-367.

Groot P A, 2004. Handbook of stable isotope analytical techniques[M]. Mol-Achterbos: Elsevier.

Hicks B B, Brydges T G, 1994. A strategy for integrated monitoring[J]. Environmental Management, 18 (1): 1-12.

Halfon E, 1984. Error analysis and simulation of mirex behavior in lake Ontario [J]. Ecological Modelling, 22(1-4): 213-252.

Halfon E, 1983. Is there a best model structure? II. Comparing the model structures of different fate models[J]. Ecological Modelling, 20(2-3): 153-163.

Hall J P, 1995. Forest health monitoring in Canada: How healthy is the boreal forest [J]. Water, Air & Soil Pollution, (82): 77-85.

Hame T, Salli A, Andersson K, et al. , 1997. A new methodology for the estimation of biomass of coniferour inated boreal forest using NOAA/AVHRR data [J]. International Journal of Remote Sensing, 18 (15): 3211-3243.

Hancock G R, 2006. The impact of different gridding methods on catchment geomorphology and soil erosion over long timescales using a landscape evolution model[J]. Earth Surface Processes & Landforms, 31 (8): 1035-1050.

Harvey M, 1995. Intuitive biostatistics[M]. New York: Oxford University Press.

Hasenauer H, Monserud R A, 1996. A crown ratio model for Austrian forests[J]. Forest Ecology & Management(84): 49-60.

Hasenauer H, Monserud R A, 1997. Biased predictions for tree height increment models developed from smoothed 'data'[J]. Ecological Modelling, (98): 13-33.

Hasenauer H, 2000. Die simultanen eigenschaften von waldwachstums modellen [M]. Berlin: Paul Parey.

Hastings A, 1977. Spatial heterogeneity and the stability of predator-prey systems [J]. Theoretical Population Biology, 12(1): 37-48.

Hargrove W W, Hoffman F M, 1999. Using multivariate clustering to characterize ecoregion borders [J]. Computing in Science & Engineering, 1(4): 18-25.

Hargrove W W, Hoffman F M, 2004. Potential of multivariate quantitative methods for delineation and visualization of ecoregions[J]. Environmental Management, 34(1): 39-60.

Hefeeda M, Bagheri M, 2009. Forest fire modeling and early detection using wireless sensor networks [J]. Ad Hoc & Sensor Wireless Networks, (7): 1610-224.

Henderson S, Caemmerer S, Farquhar G, 1992. Short-Term measurements of carbon isotope discrimination in several C4 species[J]. Functional Plant Biology, (19): 263-285.

Hengl T, Heuvelink G S, 2004. A generic framework for spatial prediction of soil variables based on regression-kriging[J]. Geoderma, (120): 75-93.

Hirata Y, Tabuchi R, Patanan P, et al. , 2014. Estimation of aboveground biomass in mangrove forests using high-resolution satellite data[J]. Journal of Forest Research, 19(1): 34-41.

Hiroaki I, Joel P C, David C S, 1982. Branch growth and crown form in old coastal Douglas 2 fir [J]. Forest Ecology & Management, (131): 81-91.

Hobbie J E, Carpenter S R, Grimm N B, et al. , 2003. The US long term ecological research program [J]. BioScience, 53(1): 21-32.

Hoefs J, 2009. Stable isotope geochemistry[M] New York: Springer.

Hökkä H, 1997. Height-diameter curves with random intercepts and slopes for trees growing on drained peatlands[J]. Forest Ecology & Management, (97): 63-72.

Hollinger D Y, Kelliher F M, Byers J N, et al. , 1994. Carbon dioxide exchange between an undisturbed old-growth temperate forest and the atmosphere [J]. Ecology, 75(1): 134-150.

Holmstrom H, Fransson J E, 2003. Combining remotely sensed optical and radar data in kNN-estimation of forest variables[J]. Forest Science, (49): 409-418.

Honda H, Hatta H, Fisher J B, 1997. Branch geometry in Cornus kousa (Cornaceae): Computer simulations[J]. American Journal of Botany, 84(6): 745-755.

Hooper D U, Vitousek P M, 1997. The effects of plant composition and diversity on ecosystem processes [J]. Science, (277): 1302-1305.

Houghton JT, Meira F L, Callander B, et al. , 1996. Climate change 1995: The science of climate change[J]. World Conservation, 5(1): 8-9.

Huang S, Titus S J, 1999. Comparison of nonlinear height diameter functions for major Alberta tree species[J]. Canadian Journal of Forest Research, (22): 1297-1304.

Huber B, 1932. Observation and measurements of sap flow in plant[J]. Berichte der Deutscher Botanishcen Gessellschaft, (50): 89- 109.

Hueglin C, Gaegauf C, Künzel S, et al., 1997. Characterization of wood combustion particles: Morphology, mobility, and photoelectric activity [J]. Environmental Science & Technology, (31): 3439-3447.

Huesca M, Litago J, Palacios-Orueta A, et al., 2009. Assessment of forest fire seasonality using MODIS fire potential: A time series approach[J]. Agricultural & Forest Meteorology, (149): 1946-1955.

Hughes L, 2000. Biological consequences of global warming: Is the signal already apparent? [J]. Trends in Ecology & Evolution, 15(2): 56-61.

IPCC, 2001 Climate change 2001-the scientific basis[M]. Cambridge: Cambridge University Press.

IPCC, 2003. Good practice guidance for land use, land-use change and forestry [R]. Institute for Global Environmental Strategies(IGES), Hayama.

Issaks E H, Srivastava R M, 1989. An introduction to applied geostatistics [M]. New York: Oxford University Press.

Ito A, 2005. Modelling of carbon cycle and fire regime in an east Siberian larch forest[J]. Ecological Modelling, 187(2-3): 121-139.

James F C, Shugart H H, 1970. A quantitative method of habitat description[J]. Audubon Field Notes, (24): 727-736.

Jayaraman K, Lappi J, 2001. Estimation of height-diameter curves through multilevel models with special reference to even-aged teak stands[J]. Forest Ecology & Management, (142): 155-162.

Jeffers J N, 1978. An Introduction to Systems Analysis: With Ecological Applications[M]. Baltimore: University Park Press.

Jang C S, Chen S K, Cheng Y T, 2016. Spatial estimation of the thickness of low permeability topsoil materials by using a combined ordinary-indicator kriging approach with multiple thresholds[J]. Engineering Geology, (207): 56-65.

Johnson J C, Birdsery R A, PanY D, 2001. Boimass and NPP estimation for the Mid-Atlantic region (USA)using plot-level inventory data[J]. Ecological Application, (11): 1174-1193.

Jørgensen S E, Bendoricchio G, 2001. Fundamentals of ecological modelling [M]. 3rd ed. Oxford: Elsevier.

Jørgensen S E, Patten B C, Straskraba M, 2000. Ecosystem emerging IV: Growth [J]. Ecological Modelling, (126): 249-284.

Journel A G, Huijbregts C J, 1978. Mining geostatistics [M]. London: Academic Press.

Julien P Y, Sahafian B, 1991. CASC2D user manual-A two dimensional watershed precipitation-runoff model[D]. Fort Collins: Civil Engineering Rep Colorado State University.

Jutras P, Prasher S O, Mehuys G R, 2010. Artifcial neural network prediction of street tree growth patterns[J]. Transactions of the ASABE, 53(3): 983-992.

Kauppi P E, Mielikainen K K, 1992. Biomass and carbon budget of Europen forests, 1971 to 1990 [J]. Science, (256): 70-74.

Kawamura K, Takeda H, 2004. Rules of crown development in the clonal shrub Vaccinium hirtum in a low-light understory: A quantitative analysis of architecture[J]. Canadian Journal of Botany-Revue Canadienne

De Botanique, 82(3): 329-339.

Keith E, Schilling, Calvin F, 2009. Modeling nitrate-nitrogen load reduction strategies for the Des Moines River, Iowa using SWAT[J]. Environmental Management, (44): 671-682.

Kelly R H, Paton W J, Crocker G J, et al., 1997. Simulating trends in soil organic carbon in long term experiments using the CENTURY model[J]. Geoderma, (81): 75-901.

Kimmins J P, 1996. The health and integrity of forest ecosystems: Are they threatened by forestry [J]. Ecosystem Health, 2(1): 5-18.

Kirwan N, Oliver M A, Moffat A J, et al., 2005. Sampling the soil in long-term forest plots: The implications of spatial variation[J]. Environmental Monitoring and Assessment, (111): 149-172.

Knotters M, Brus D J, Oude Voshaar J H, 1995. A comparison of kriging, co-kriging and kriging combined with regression for spatial interpolation of horizon depth with censored observations[J]. Geoderma, (67): 227-246.

Kumar N, Kumar P, Basil G, et al, 2014. Characterization and evaluation of hydrological processes responsible for spatiotemporal variation of surface water quality at Narmada estuarine region in Gujarat, India [J]. Applied Water Science, (3): 1-10.

Krajicek J E, Brinkman K A, Gingrich S F, 1961. Crown competition—a measure of density[J]. Forest Science, 7(1): 35-42.

Lal R, 2003. Global potential of soil carbon sequestration to mitigate the greenhouse effect[J]. Critical Reviews in Plant Sciences, (22): 151-184.

Lappi J, 1997. A longitudinal analysis of height/diameter curves[J]. Forest Science, (43): 555-570.

León B, 2006. Sabiaceae endémicas del perú[J]. Revista Peruana de Biología, (13): 602.

Laurance W F, Useche D C, Rendeiro J, et al., 2012. Averting biodiversity collapse in tropical forest protected areas[J]. Nature, 489(7415): 290-294.

Leenaers H, Okx J P, Burrough P A, 1990. Comparison of spatial prediction methods for mapping floodplain soil pollution[J]. Catena, (17): 535-550.

Lefohn A S, Knudsen H P, McEvoy L R, 1988. The use of kriging to estimate monthly ozone exposure parameters for the southeastern United States[J]. Environmental Pollution, (53): 27-42.

Lefsky M A, Harding D, Cohen W B, et al., 1999. Surface lidar remote sensing of basal area and biomass in deciduous forests of Eastern Maryland [J], USA Remote Sensing of Environment, 67(2): 83-98.

Leopold J C, 1997. Getting a handle on ecosystem health [J]. Science, (276): 887.

Li H B, Reynolds J F, 1995. On definition and quantification of heterogeneity [J]. Oikos, (73): 280-284.

Li S, Zhao Z, Miao X, et al., 2010. Investigating spatial non-stationary and scale-dependent relationships between urban surface temperature and environmental factors using geographically weighted regression[J]. Environmental Modelling & Software, (25): 1789-1800.

Li Z W, Wang J H, Tang H, et al., 2016. Predicting grassland leaf area index in the meadow steppes of Northern China: A comparative study of regression approaches and hybrid geostatistical methods[J]. Remote Sensing, 8(8): 1-18.

Li Z W,, Zeng G M, Zhang H, et al., 2007. The integrated eco-environment assessment of the red soil hilly region based on GIS: A case study in Changsha City, China [J]. Ecological Modeling, (202): 540-546.

Lindenmayer D B, Likens G E, 2010. The science and application of ecological monitoring[J]. Biological Conservation, 143(6): 1317-1328.

Lindstrom M J, Bates D M, 1990. Nonlinear mixed effects models for repeated measures data[J]. Biometrics, (15): 673-687.

Liu D, Wang Z, Zhang B, et al., 2006. Spatial distribution of soil organic carbon and analysis of related factors in croplands of the black soil region, Northeast China [J]. Agriculture, Ecosystems & Environment, (113): 73-81.

Liu F J, Edwards W R, 1993. A study on temporal and specialdynamic change of sap flow of *Populus deltoids* [J]. Forest Research, 6(4): 368-372.

Mann L K. 1986. Changes in soil carbon storage after cultivation[J]. Soil Science(142): 279-288.

Long J N, Smith E W, 1992. Volume increment in *Pinus contorta* var. *laufolia*: The influence of stand development and crown dynamics[J]. Forest Ecology & Management, (53): 53-64.

Lu D, Mausel P, Brondizio E, et al., 2002. Aboveground biomass estimation of successional and mature forests using TM images in the Amazon Basin[M]// Richardson D, van Osterom P, Advances in spatial data handling. New York: Springer-Verlag.

Ma K M, Kong H M, Guan W B, et al., 2001. Ecosystem health assessment: Methods and directions [J]. Acta Ecologica Sinica, 21(12): 2106-2116.

MacArthur R H, MacArthur J W, 1961. On bird species diversity[J]. Ecology, (42): 594-598.

Maite M, Ane Z, Jesus AU, et al., 2015. Evaluation of SWAT models performance to simulate streamflow spatial origin. The case of a small forested watershed [J]. Journal of Hydrology, (525): 326-334.

Mao F J, Li P H, Zhou G M, et al., 2016. Development of the BIOME-BGC model for the simulation of managed Moso bamboo forest ecosystems[J]. Journal of Environment Management, (172): 29-39.

Markus O H, 2010. Assessing the long-term species composition predicted by PROGNAUS[J]. Forest Ecology & Management, (259): 614-623.

Massman W J, Lee X, 2002. Eddy covariance flux corrections and uncertainties in long-term studies of carbon and energy exchanges[J]. Agricultural & Forest Meteorology, 113(1-4): 121-144

Marshall D C, 1958. Measurement of sap flow in conifers by heattransport[J]. Plant Physiology, (33): 385- 396.

Matheron G, 1963. Principles of geostatisticsEcon [J]. Geology, (58): 1246-1266.

McBratney A B, Odeh I O A, Bishop T F A, et al., 2000. An overview of pedometric techniques for use in soil survey[J]. Geoderma, (97): 293-327.

Measures R M, 1984. Laser remote sensing: Fundamentals and applications [M]. New York: Wiley.

Menyailo O B, Hungate J, Lehmann G, et al., 2003. Tree species of the central amazon and soil moisture alter stable isotope composition of nitrogen and oxygen in nitrous oxide evolved from soil[J]. Isotopes in Environmental & Health Studies, (39): 41-52.

Mende W, Albrecht K F, 2001. Beschreibung und interpretation des fich tenwachs tums mit hilfe des evolon-modells[J]. Forstwissens Chaftliches Centralblatt, (120): 53-67.

Meng Q, Cieszewski C, Madden M, 2009. Large area forest inventory using Landsat ETM +: A geostatistical approach[J]. ISPRS Journal of Photogrammetry and Remote Sensing, (64): 27-36.

Mensforth, L J, Thorburn, S D, Tyerman G R, et al., 1994. Sources of water used by riparian *Eucalyptus camaldulensis* overlying highly saline groundwate[J]. Oecologia, (100): 21-28.

Michael K, George G, 1997. Geostatistics in evaluating forest damage surveys: considerations on methods for describing spatial distributions[J]. Forest Ecology & Management, (95): 131-140.

Moncrieff J B, Malhi Y, Leuning R, 1996. The propagation of errors in long-term measurement of landatmosphere fluxes of carbon and water [J]. Global Change Biology(2): 231-240.

Monserud R A, Sterba H, 1999. Modeling individual tree mortality for Austrian forest species[J]. Forest Ecology & Management, (113): 109-123.

Monserud R A, Sterba H, 1996. A basal area increment model for individual trees growing in even- and uneven-aged forest stands in Austria[J]. Forest Ecology & Management, (80): 57-80.

Mulder J, Stein A, 1994. The solubility of aluminum in acidic forest soils: Longterm changes due to acid deposition [J]. Geochimica et Cosmochimica Acta, (58): 85-94.

Myneni R B, Keeling C D, Tucker C J, et al. 1997. Increased plant growth in the northern high latitudes from 1981 to 1991[J]. Nature, (386): 698-702.

Nachtmann G, 2006. Height increment models for individual trees in Austria depending on site and competition[J]. Austrian Journal of Forest Science, (123): 199-222.

Nanh L, Jason W, Karamat S, 2010. Determination of ammonia and greenhouse gas emissions from land application of swine slurry: A comparison of three application methods[J]. Bioresource Technology, (101): 1662-1667.

Nanos N, Calama R, Montero G, et al 2004. Geostatistical prediction of height/diameter models [J]. Forest Ecology & Management, (195): 221-235.

Nilsson B, 1979. Meteorological influence on aerosol extinction in the 0.2-40μm wavelength range [J]. Optica Applicata, (18): 34-57.

Norby R J, Jackson R B, 2000. Root dynamics and global change: Seeking an ecosystem perspective [J]. New Phytologist, (147): 3-12.

Odeh I O A, McBratney A B, 2000. Using AVHRR images for spatial prediction of clay content in the lower Namoi Valley of eastern Australia[J]. Geoderma, (97): 237-254.

Okae A D, Ogoe J I, 2006. Analysis of variability of some properties of a semideciduous forest soil [J]. Communications in Soil Science & Plant Analysis, (37): 211-223.

O'Laughlin J, Livingston R L, Their R, et al., 1994a. Defining and measuring forest health [J]. Journal of Sustainable Forestry, (2): 65-85.

O'Laughlin J, Sampson R N, Adams D L, et al., 1994b. Assess in forest health conditions in Idaho with forest inventory data [J]. Journal of Sustainable Forestry, (2): 221-247.

O'Laughlin J, 1996. Forest ecosystem health assessment issues: Definition, measurement, and management implications [J]. Ecosystem Health, 2(1): 110-39.

Osmond C, Winter K, Ziegler H, 1982. Functional significance of different pathways of CO_2 fixation in photosynthesis[J]. Encyclopedia of Plant Physiology, (12): 479-547.

Overbeck J A, Salisbury M S, Mark M B, et al., 1995. Required energy for a laser radar system incorporating a fiber amplifier or an avalanche photodiode [J]. Applied Optics, 34(33): 7724-7730.

Pannatier Y, 1996. Variowin: Software for spatial data analysis in 2D: with 37 illustations[M]. New York: Springer.

Park J C, Jang D H, 2016. Application of MK-PRISM for interpolation of wind speed and comparison with co-kriging in South Korea[J]. Mapping Science & Remote Sensing, 53(4): 421-443.

Pataki D E, Ellsworth D C, Evans R D, et al., 2003. Tracing changes in ecosystem function under elevated carbon dioxide conditions[J]. Bioscience, (53): 805-818.

Pebesma E J, 2006. The role of external variables and GIS databases in geostatistical analysis[J]. Transactions in GIS, (10): 615-632.

Peter R, Lisa C, 2013. Links among human health, animal health, and ecosystem health[J]. Annual

Review of Public Health, (34): 1810-204.

Pu X, Gao G, Fan Y, et al. 2016. Parameter estimation in stratified cluster sampling under randomized response models for sensitive question survey[J]. PLOS One, 11(2): 148-267.

Phua M H, Saito H, 2003. Estimation of biomass of a mountainous tropical forest using Landsat TM data [J]. Canadian Journal of Remote Sensing, 29(4): 429-440.

Pratt W K, 1969. High-power rhodamine 6G laser with an extended service [M]. New York: Wiley.

Rachel M S, Thorley L L, Taylor S A, et al. , 2015. The role of forest trees and their mycorrhizal fungi in carbonate rock weathering and its significance for global carbon cycling[J]. Plant, Cell & Environment, 38 (9): 1947-1961.

Ray D K, Nair U S, Lawton R O, et al. , 2006. Impact of land use on Costa Rican tropical montane cloud forests: Sensitivity of orographic cloud formation to deforestation in the plains[J]. Journal of Geophysical Research, (111): D02108.

Risto L, Erkki P, 2007. Basic Sampling Techniques[M]. Chichester: John Wiley & Sons Inc.

Curtis R O, DeMars D J, Herman F R, 1981. Which dependent variable in site-index-height-age regressions[J]. Foroest Science, (20): 74-87.

Ruey S, 2005. Analysis of financial time series second edition[M]. Hoboken: John Wiley & Sons Inc.

Runkle J R, 1991. Gap dynamics of old-growth eastern forests: Management implications[J]. Natural Areas Jouranal, (11): 19-25.

Sadler E J, Busscher W J, Bauer P J, Karlen D L, 1998. Spatial scale requirements for precision farming: A case study in the southeastern USA[J]. Agronomy Journal, (90): 191-197.

Saetre P, 1999. Spatial patterns of ground vegetation, soil microbial biomass and activity in a mixed spruce-birch stand[J]. Ecography, (22): 183-192.

Šamonil P, Timková J, Vašíčková I, 2016. Uncertainty in the detection of disturbance spatial patterns in temperate forests[J]. Dendrochronologia, (37): 46-56.

Samra J S, Gill H S, Bhatia V K, 1989. Spatial stochastic modeling of growth and forest resource evaluation[J]. Forest Science, (35): 663-676.

Saúl M H, Rüdiger G, Ignacio S R, et al. , 2015. Simulation of CO_2 fluxes in European forest ecosystems with the coupled soil-vegetation process model "Landscape DNDC" [J]. Forests, 6 (6): 1779-1809.

Scheaffer R L, Mendenhall L O, 1990. Elementary survey sampling [M]. Boston: PWSK-ENT Publishing Company.

Schimel D, Keller M, Duffy P, et al. , 2009. The NEON strategy: Enabling continental scale ecological forecasting[M]. Boulder: NEON Inc.

Schleser G, Jayasekera R, 1985. δ13 C-variations of leaves in forests as an indication of reassimilated CO_2 from the soil[J]. Oecologia, (65): 536-542.

Schlesinger W H, Reynolds J F, Cunningham G L, et al. , 1990. Biological feedbacks in global desertification[J]. Science, (247): 1043-1048.

Schloeder C A, Zimmerman N E, Jacobs M J, 2001. Comparison of methods for interpolating soil properties using limited data[J]. Soil Science Society of America Journal, (65): 470-479.

Schreuder H T, 1971. 3-P Samplings and some alternatives[J]. Forest Science, (17): 103-118.

Schwinning S, Ehleringer J R, 2001. Water use trade leaves in forests as an indication of reassimilated CO_2 from the soil[J]. Oecologia, (65): 536-542

Scolforo H F, Scolforo J R S, Mello J M, et al. , 2016. Spatial interpolators for improving the mapping of carbon stock of the arboreal vegetation in Brazilian biomes of Atlantic forest and Savanna[J]. Forest Ecology & Management, (376): 24-35.

Seilkop S K, Finkelstein P L, 1987. Acid precipitation patterns and trends in eastern North America, 1980-84[J]. Journal of Climate & Applied Meteorology, (26): 980-994.

Sellers P J, 1987. Canopy reflectance, photosynthesis, and transpiration, II. The role of biophysics in the linearity of their interdependence[J]. Remote Sensing of Environment, (21): 143-183.

Senkowsky S, 2003. NEON: Planning for a new frontier in biology[J]. BioScience, 53(5): 456-461.

Shearer G, Kohl D, 1988. Estimates of N_2 fixation in ecosystems: The need for and basis of the ^{15}N natural abundance method[J]. Ecological Studies, (68): 342-374.

Shearer G B, Kohl D H, 1986. N_2-fixation in field settings: Estimations based on natural ^{15}N abundance [J]. Australian Journal of Plant Physiology, (13): 699-756.

Sichel H S, 1947. An experimental and theoretical investigation of bias error in mine sampling with special reference to narrow gold reefs [J]. Mineral Processing and Extractive Metallurgy IMM Transactions Section, (56): 403.

Silva A F, Barbosa A P, Zimback C R L, et al., 2016. Estimation of croplands using indicator kriging and fuzzy classification[J]. Computers & Electronics in Agriculture, (111): 1-11.

Skudnik M, Jeran Z, Batič F, et al., 2016. Spatial interpolation of N concentrations and $\delta^{15}N$ values in the moss *Hypnum cupressiforme* collected in the forests of Slovenia [J]. Ecological Indicators, 61(2): 366-377.

Smith W H, 1985. Forest quality and air quality [J]. Journal of Forestry, 83(2): 83-92.

Smith W H, 1990. The health of north American forests: Stress and risk assessment [J]. Journal of Forestry, 88(1): 32-35.

Sonja V, Otto E, 2012. Evaluation of the individual tree growth model prognaus[J]. Centralblatt fur das Gesamte Forstwesen, 129(1): 235-261.

Spies T A, Franklin J F, 1989. Gap characteristics and vegetation response in coniferous forests of the Pacific Northwest[J]. Ecology, (70): 543-545.

Stage A R, Salas C. 2007. Interactions of elevation, aspect, and slope in models of forest species composition and productivity[J]. Forest Science, 53(4): 486-492.

Stage F, Banchero N, 1972. Analogue-computer corrections for removal of sampling distortion in catheter-densitometer and thermistor systems[J]. Medical & Biological Engineering, (2): 206-211.

Steele S J, Gower S T, Vogel J G, et al., 1997. Root production, net primary production and turnover in aspen, jack pine and black spruce forests in Saskatchewan and Manitoba, Canada[J]. Tree Physiology, (17): 577-587.

Steffen W L, 1995. Rapid progress in IGBP transect[J]. Global Change Newsletter, (24): 15-16.

Sternberg L D, 1989. A model to estimate carbon dioxide recycling in forests using ratios and concentrations of ambient carbon dioxide[J]. Agricultural & Forest Meteorology, (48): 163-173.

Stith J L, Radke L F, Hobbs P V, 1981. Particle emissions and the production of ozone and nitrogen oxides from the burning of forest slash [J]. Atmospheric Environment, (15): 73-82.

Stocker T F, Dahe Q, Plattner G K, 2013. Climate change 2013: The physical science basis. working group I contribution to the fifth assessment report of the intergovernmental panel on climate change[R]. Summary for Policymakers. IPCC.

Stork N E, Samways M J, Eeley H A, 1996. Inventorying and monitoring biodiversity[J]. Trends in Ecology & Evolution, 11(1): 39-40.

Swanson R H, Whitfield D W A, 1981. A numerical analysis of heatpulse velocity theory and practice [J] . Journal of Experimental Botany(32): 221-239.

Swinbank W C. 1951. The measurement of vertical transfer of heat and water vapor by eddies in the lower atmosphere [J]. Journal of Meteorology, 8(3): 135-145.

Tilman D, 1990. Constraints and tradeoffs: Toward a predictive theory of competition and succession [J]. Oikos, (58): 3-15.

Tokola T, Pitkänen J, Partinen S, et al., 1996. Point accuracy of a non-parametric method in estimation of forest characteristics with different satellite materials[J]. International Journal of Remote Sensing, (17): 2333-2351.

Torres IB, Pérez F, Fernández G, et al., 2006. Spatial structure of an early post-fire plant community changes with time and scale[J]. Forest Ecology & Management(234): S204.

Triantafilis J, Odeh I O A, McBratney A B, 2001. Five geostatistical models to predict soil salinity from electromagnetic induction data across irrigated cotton[J]. Soil Science Society of America Journal, (65): 869-878.

Trotter C M, Dymond J R, Goulding C J, 1997. Estimation of timber volume in a coniferous plantation forest using Landsat TM[J]. International Journal of Remote Sensing, (18): 2209-2223.

Tucker C J, 1979. Red and photographic infrared linear combinations for monitoring vegetation[J]. Remote sensing of Environment(8): 127-150.

Tucker C J, Vanpraet C, Boerwinkle E, et al., 1983. Satellite remote sensing of total dry matter accumulation in the Senegalese Sahel [J]. Remote Sensing of Environment, (13): 461-474.

Twery M, Gottschalk K W, 1996. Forest health: Another fuzzy concept [J]. Journal of Forest, 94 (8): 20.

Tvieux B E, Gauer N, 1994. Finite element modeling of storm water runoff using Grass GIS[J]. Microcomputer in Civil Engineering, 9(4): 263-270.

Vaughan H, Brydges T, Fenech A, et al., 2001. Monitoring long-term ecological changes through the Ecological Monitoring and Assessment Network: Science-based and policy relevant [J]. Environmental Monitoring & Assessment, 67(1-2): 3-28.

Vemm S B, Baldocehi D D, Anderson D E, et al., 1986. Eddy fluxes of CO_2, water vapor and sensible heat yer a decide our forest[J]. Boundary-Layer Meteorol, 36(1): 71-91.

Vilar R, Lavrov A, 2000. Estimation of required parameters for detection of small smoke plumes by lidar [J]. Applied Physics A-materials Science & Processing, (71): 225.

Vitousek P M, LSanford J, 1986. Nutrient cycling in moist tropical forest[J]. Annual Review of Ecology and Systematics, (17): 137-167.

Vogt K A, Vogt D J, Bloomfield J, 1998. Analysis of some direct and indirect methods for estimating root biomass and production of forests at an ecosystem level[J]. Plant Soil, (200): 71-89.

Vogel J, 1978. Recycling of carbon in a forest environment, Oecol[J]. Plantarum, (13): 89-94.

Walker X J, Mack M C, Johnstone J F. 2015. Stable carbon isotope analysis reveals widespread drought stress in boreal black spruce forests[J]. Global Change Biology, 21(8): 3102-3113.

Walker S M, Desanker P V, 2004. The impact of land use on soil carbon in Miombo Woodlands of Malawi[J]. Forest Ecology & Management, (203): 345-360.

Wang H, Hall C A S, Cornell J D, et al., 2002. Spatial dependence and the relationship of soil organic carbon and soil moisture in the Luquillo Experimental Forest, Puerto Rico[J]. Landscape Ecology, (17): 671-684.

Wang S, Huang M, Shao X, et al. , 2004. Vertical distribution of soil organic carbon in China [J]. Environmental Management, (33): 200-209.

Watt M S, Palmer D J, 2012. Use of regression kriging to develop a carbon: Nitrogen ratio surface for New Zealand[J]. Geoderma, (183): 49-57.

Webster R, 1985. Quantitative spatial analysis of soil in the field [J]. Advance in Soil Science, (3): 61-70.

Webster R, Welham SJ, Potts JM, et al. , 2006. Estimating the spatial scales of regionalized variables by nested sampling, hierarchical analysis of variance and residual maximum likelihood[J]. Computers & Geosciences, (32): 1320-1333.

Wicklum D, Davies R W, 1995. Ecosystem health and integrity [J]. Canadian Journal of Botany, 73 (7): 997-100.

Wofsy S C, Goulden M L, Munger J W, et al. , 1993. Net exchange of CO_2 in a mid-latitude forest [J]. Science, (260): 1314-1317.

Wilson K B, Meyers T P, 2001. The spatial variability of energy and carbon dioxide fluxes at the floor of a deciduous forest[J]. Boundary-Layer Meteoml, 98(3): 443-447.

Whittaker R H, Likens G E, 1975. Methods of Assessing Terrestrial Productivity [M]. New York: Springer-Verlag.

Woodwell G M, Whittaker R H, Reiners W A, et al. , 1978. The biota and the world carbon budge [J]. Science, (199): 141-146.

Wykoff W R, 1990. Basal area increment model for individual conifers in the northern Rocky Mountains [J]. Forest Science, 36(4): 1077-1104.

Yang X, Jin W, 2010. GIS-based spatial regression and prediction of water quality in river networks: A case study in Iowa[J]. Journal of Environmental Management, (91): 1943-1951.

Young M T, Bechle M J, Sampson PD, et al. , 2016. Satellite-based NO_2 and model validation in a national prediction model based on universal kriging and land-use regression[J]. Environmental Science & Technology, 50(7): 3686-3694.

Yu S C, Shin D B, Ahn J W, 2016. A study on concepts and utilization of Geo-Spatial Big Data in South Korea[J]. KSCE Journal of Civil Engineering, 20(7): 2893-2901.

Yu Z, Lakhtakia M N, Barron E J, 1999. Modeling the river basin response to single storm events simulated by mesoscale meteorological at various resolutions[J]. Journal of Geophysical Research, (104): 19675-19690

Zhang C, Tang Y, Xu X, et al. , 2011. Towards spatial geochemical modelling: Use of geographically weighted regression for mapping soil organic carbon contents in Ireland[J]. Applied Geochemistry, (26): 1239-1248.

Zhang L, Guo Z F, Kang Z Z, et al. , 2009. Web-based visualization of spatial objects in 3DGIS [J]. Science in China, 52(9): 1588-1597.

Zhang P C, Shao G F, Zhao G, et al. , 2000. China's forest policy for the 21st century[J]. Science, (288): 2135-2136.

Zhang W K, Wang B, Niu X, 2015. Study on the adsorption capacities for airborne particulates of landscape plants in different polluted regions in Beijing (China) [J]. International Journal of Environmental Research & Public Health, (12): 9623-9638.

Zhang X C, Nearing M K, Miller W P, 1998. Modeling inter-rill sediment delivery[J]. Soil Science Society of America Journal, (62): 438-444.

Zhao M S , Zhang G L, Wu Y J, et al. , 2015. Driving forces of soil organic matter change in Jiangsu Province of China[J]. Soil Use & Management, 31(4): 440-449.

Zhao Z B, Wang H C, Du J, et al. , 2016. Spatial distribution of forest carbon based on gis and geostatistical theory in a small Earth-Rocky Mountainous area of North China[J]. Journal of Biobased Materials & Bioenergy, 10(2): 90-99.

Zheng D, Heath L S, Ducey M J, 2008. Spatial distribution of forest aboveground biomass estimated from remote sensing and forest inventory data in New England, USA [J]. Journal of Applied Remote Sensing, (2): 312-320.

Zhou W H, Wang R S, 2005. An entropy weight approach on the fuzzy synthetic assessment of Beijing urban ecosystem health, China [J]. Acta Ecologica Sinica, 25(12): 3244-3251.

Zimmerman M H, 1983. Xylem Structure and the ascent of sap[M]. Berlin: Springer-Verlag.

Zollweg J A, Gburek W J, Steenhuis T S, 1996. SmoRMod a GIS-integrated precipitation runoff model [J]. Transactions of the Asae, (39): 1299-1307.